Springer-Lehrbuch

Jörg Härterich · Aeneas Rooch

Das Mathe-Praxis-Buch

Wie Ingenieure Mathematik anwenden – Projekte für die Bachelor-Phase

Springer Vieweg

Jörg Härterich
Ruhr-Universität Bochum
Bochum, Deutschland

Aeneas Rooch
Ruhr-Universität Bochum
Bochum, Deutschland

ISBN 978-3-642-38305-2   ISBN 978-3-642-38306-9 (eBook)
DOI 10.1007/978-3-642-38306-9

Die Deutsche Nationalbibliothek verzeichnet diese Publikation in der Deutschen Nationalbibliografie; detaillierte bibliografische Daten sind im Internet über http://dnb.d-nb.de abrufbar.

Springer Vieweg

Springer Spektrum ist eine Marke von Springer DE. Springer DE ist Teil der Fachverlagsgruppe Springer Science+Business Media
www.springer-vieweg.de

Vorwort

Mathematik spielt in allen ingenieurwissenschaftlichen Studiengängen eine zentrale Rolle. Üblicherweise jedoch werden mathematische Konzepte und Techniken in den ersten Semestern auf Vorrat gelernt, ohne dass die Relevanz für das eigentliche Studienfach deutlich wird. Viele Studentinnen und Studenten verstehen nicht, warum sie sich mit abstrakter und schwieriger Mathematik beschäftigen sollen, da sie keine Anbindung des Stoffes an technische Fragen und damit keinen Nutzen sehen; dies kann dazu führen, dass sie ihre Motivation und ihr Interesse verlieren und im Extremfall sogar ihr Studium abbrechen.

Aus diesem Grund haben wir an der Ruhr-Universität Bochum das interdisziplinäre Programm *MathePraxis* entwickelt. Es richtet sich an Anfängerinnen und Anfänger in technischen Studiengängen, denen wegen des mangelnden Anwendungsbezugs zunehmend die Motivation fehlt oder die einfach mehr über die Mathematik in ihrem Fach erfahren möchten. Denn häufig fragen zukünftige Ingenieure[1] in mathematischen Lehrveranstaltungen: „Wozu braucht man das?" Die Antworten jedoch, die Mathematikdozenten geben, stellen sie unserer Beobachtung nach selten zufrieden; und in der Tat haben die meisten Mathematiker höchstens eine vage Vorstellung davon, wie mathematische Techniken im Ingenieursalltag benutzt werden. Erst in späteren Semestern haben die Studentinnen und Studenten ausreichend Grundlagen in Mathematik, Physik und Technik erlernt, um Praxisprobleme anzugehen; erst dann offenbaren die einführenden Lehrveranstaltungen ihren Nutzen. Unser Ziel war es, mit *MathePraxis* diese Erkenntnis vorzuziehen und den Anfängern interessante Praxisprobleme aus verschiedenen Bereichen der Ingenieurwissenschaften vorzustellen, die sie mit Hilfe ihrer Mathematikkenntnisse aus den ersten beiden Semestern lösen können – eine große Herausforderung, denn Praxisprobleme zeichnen sich ja gerade dadurch aus, dass sie eben nicht schnell mit Grundlagenwissen bewältigt werden können, und attraktive technische Fragen erfordern oft nicht nur fortgeschrittene mathematische Methoden, sondern auch Erfahrung und Ausdauer.

In Kooperation mit Lehrstühlen der Fakultät für Maschinenbau und der Fakultät für Bauingenieurwesen der Ruhr-Universität Bochum haben wir vier Projekte erarbeitet und sie in den Jahren 2011 bis 2013 mit mehreren Studentengruppen aus den Fächern Maschinenbau, Bauingenieurwesen und Umwelttechnik erprobt.

---

[1] Sämtliche Bezeichnungen in diesem Buch sollen in gleicher Weise für Personen jeden Geschlechts gelten.

Eine Grundidee von *MathePraxis* besteht darin, den Teilnehmern möglichst viel Freiheit zu geben, in kleinen Gruppen von etwa sechs Personen ihr Vorgehen selbst zu planen, sich notwendige Informationen zu beschaffen und verschiedene Wege zur Lösung der Probleme auszuprobieren. Gleichzeitig sollen sie aber innerhalb von etwa 50 Arbeitsstunden auch zu einem erhellenden und befriedigenden Schluss kommen. Zu diesem Zweck führen Leittexte zur Lösung der vier Praxisprobleme und helfen bei Vereinfachungen und anspruchsvollen Rechnungen, die an der einen oder anderen Stelle nötig sind, um die spannenden Themen trotz ihrer Komplexität mit dem Mathematik-Stoff des ersten Studienjahres erfolgreich behandeln zu können.

In diesem Buch sind diese Leittexte versammelt, ergänzt um einen ausführlichen Lösungsteil, nützliche Anmerkungen und Tipps. Sie sollen ermöglichen, die Praxisprojekte selbst zu behandeln – sowohl in kleinen Gruppen im Rahmen einer Lehrveranstaltung oder einer Projektwoche als auch im Selbststudium als Ergänzung zu den regulären Mathematik- und Mechanikveranstaltungen.

Wir hoffen, dass sich viele Studentinnen und Studenten auf diese Weise schon früh in ihrem Studium selbst vom Nutzen der Mathematik überzeugen können.

Jörg Härterich und Aeneas Rooch
Bochum, im Mai 2013

Inhaltsverzeichnis

Jörg Härterich, Martin Mönnigmann, Aeneas Rooch, Moritz Schulze Darup

II   Cool bleiben: Design eines Rippenkühlers   51

Jörg Härterich, Aeneas Rooch

III   Mit Trigonometrie schaukelfrei ans Ziel: Kransteuerung   97

Jörg Härterich, Martin Mönnigmann, Aeneas Rooch

Abbildungsverzeichnis

Teil I

Balancieren mit Differentialgleichungen: Der Segway

Jörg Härterich, Martin Mönnigmann, Aeneas Rooch, Moritz Schulze Darup

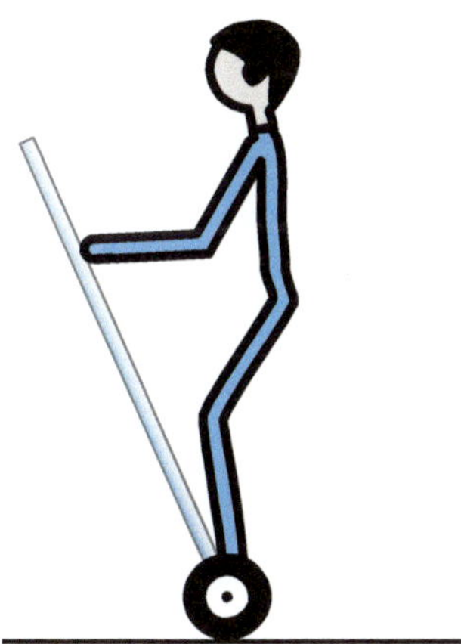

1 Die Aufgabe

1.1 Steckbrief

Praxisproblem	Ein Segway ist ein instabiles System. Ohne Regelung kann die aufrechte Position nicht eingehalten werden – der Segway fällt um.
Frage	Wie kann ein Segway so geregelt werden, dass er nicht umfällt?
Mathematik	Gewöhnliche Differentialgleichungen 2. Ordnung, lineare Systeme gewöhnlicher Differentialgleichungen 1. Ordnung, Eigenwerte, trigonometrische Funktionen, Taylorreihen.
Anschauung	Versuchsaufbau, bei dem eine Regelung ein Pendel so ausbalanciert, dass es Kopf steht (inverses Pendel) sowie Nachbau eines Miniatur-Segways mit einfachen Mitteln.
Stichwörter	Segway, inverses Pendel, Regelungstechnik.

1.2 Ausführliche Projektbeschreibung

Ein Segway (kurz für *Segway Personal Transporter*) ist ein Hingucker und ein Beispiel für faszinierende Alltagstechnik: Eigentlich müsste der Elektromotorroller umfallen, da seine aufrechte Position instabil ist, doch er balanciert sich aus – eine Regelung sorgt für die richtige Ansteuerung der Motoren. So trotzt das Gerät scheinbar der Schwerkraft. Durch Gewichtsverlagerung kann der Fahrer darüber hinaus die Fahrtrichtung vorgeben und den Segway steuern.

Wieso fällt ein Segway nicht um?

Dieses Projekt beantwortet diese Frage, indem es eine Idee vermittelt, wie die Regelung funktioniert: Es stellt ein Regelungskonzept für den Segway vor und beleuchtet die zu Grunde liegende Mathematik. Die Teilnehmer sollen das Prinzip anhand eines inversen Pendels – eines Pendels, das auf dem Kopf steht (Abb. 1.1) – erkunden und nachvollziehen. Wenn das Pendel exakt senkrecht steht, befindet es sich in Ruhe und bewegt sich nicht; allerdings ist die Ruhelage instabil: Sobald auch nur eine kleine Störung auftritt, etwa in Form eines Luftzugs oder einer

J. Härterich, A. Rooch, *Das Mathe-Praxis-Buch*, Springer-Lehrbuch,
DOI 10.1007/978-3-642-38306-9_1, © Springer-Verlag Berlin Heidelberg 2014

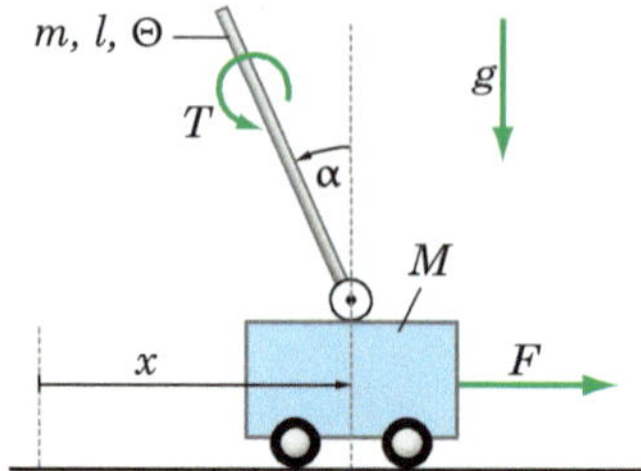

Abb. 1.1: Ein inverses Pendel, das aus seiner oberen Ruhelage um den Winkel α ausgelenkt ist. Der Aufhängepunkt x soll mit der Kraft F horizontal bewegt werden, sodass das Pendel aufrecht stehen bleibt. Eingezeichnet sind weitere relevante Parameter für das Modell des inversen Pendels (eine Erklärung folgt in Abschn. 3.1)

Erschütterung, hat das Pendel die Tendenz, aus der Ruhelage auszubrechen und nach unten zu fallen. Der Aufhängepunkt des inversen Pendels ist horizontal bewegbar, und diese Beweglichkeit nutzen wir, um das Pendel auszubalancieren und in seiner instabilen oberen Ruhelage zu halten – wie beim Balancieren eines Regenschirms auf der Fingerspitze. Vereinfacht lässt sich die Aufgabe wie folgt umreißen:

Sorgen Sie dafür, dass das Pendel nicht umfällt, indem Sie den Aufhängepunkt je nach Bewegung des Pendels automatisch nach links oder rechts bewegen.

1.3 Mathematische Inhalte

Das müssen Sie können:

- Taylorformel anwenden

- lineare Systeme gewöhnlicher Differentialgleichungen lösen, Fundamentalsystem bestimmen

- Nullstellen eines Polynoms finden

- Eigenwerte und Eigenvektoren definieren und berechnen können

- Matrix diagonalisieren

- lineare Gleichungssysteme als einzelne Zeilen und in Matrixschreibweise darstellen sowie sie lösen

- Determinanten von Matrizen bestimmen

2 Die Schritte zum Ziel

2.1 Ein einfaches Modell aufstellen

Um zu verstehen, wie ein Segway die Balance hält, betrachten wir ein etwas einfacheres Problem: Wir wollen herausfinden, wie sich ein inverses Pendel nur durch horizontales Bewegen seines Aufhängepunkts so beeinflussen lässt, dass es in seiner instabilen oberen Ruhelage, das heißt auf dem Kopf, stehen bleibt.

1. Stellen Sie als Vorbereitung das Thema in einer Präsentation für Nicht-Ingenieure vor:

   - Was ist ein Segway? Wie funktioniert er?

   - Was ist ein inverses Pendel? Wie funktioniert die Regelung prinzipiell? Gibt es Analogien aus dem Alltag?

   - Was sind Gemeinsamkeiten, was sind Unterschiede zwischen einem Segway und einem inversen Pendel?

   Die Präsentation soll für ein nicht fachkundiges Publikum ausgerichtet sein und 10–15 Minuten dauern.

2. Schreiben Sie einen Exkurs für ein Schulbuch, das in einem Mathe-Leistungskurs verwendet wird:

   - Was ist eine Bewegungsgleichung?

   - Was ist eine Differentialgleichung?

   - Wo kommen beide im Ingenieursalltag vor?

   - Geben Sie einfache Beispiele!

2.2 Die Bewegung des Pendels verstehen und beschreiben

Wenn wir die Bewegung des inversen Pendels nach unseren Wünschen beeinflussen wollen, müssen wir zunächst verstehen, wie das Pendel auf Bewegungen des Wagens reagiert. Der Wagen wird gemäß Abb. 1.1 über eine Kraft F angetrieben.

J. Härterich, A. Rooch, *Das Mathe-Praxis-Buch*, Springer-Lehrbuch,
DOI 10.1007/978-3-642-38306-9_2, © Springer-Verlag Berlin Heidelberg 2014

Der Zusammenhang zwischen der Antriebskraft F, der Wagenposition x und dem Pendelwinkel α kann in guter Näherung über die Bewegungsgleichung

$$\ddot{x} = -\frac{ml}{M+m}\dot{\alpha}^2 \sin\alpha + \frac{ml}{M+m}\ddot{\alpha}\cos\alpha + \frac{1}{M+m}F$$
$$\ddot{\alpha} = \frac{3}{4l}\ddot{x}\cos\alpha + \frac{3g}{4l}\sin\alpha + \frac{3}{4ml^2}T$$

beschrieben werden. (Diese Bewegungsgleichung lassen sich mit Hilfe des *Lagrange-Formalismus* finden, der üblicherweise im Rahmen einführender Mechanik-Kurse vorgestellt wird.) Dabei hat das Pendel die Masse m, den Schwerpunkt-Drehpunkt-abstand l und das Massenträgheitsmoment Θ, der Wagen die Masse M. Mit dem Moment T, das ebenfalls Einfluss auf das System ausübt, modellieren wir Störungen wie etwa Luftbewegungen, setzen jedoch, um die Rechnungen zu vereinfachen, $T = 0$. g bezeichnet die Schwerebeschleunigung.

1. Die Größen $x(t)$ und $\alpha(t)$ (im Folgenden oft kurz x und α) geben an, wie sich Wagenposition x und Pendelwinkel α zum Zeitpunkt t verhalten.

   Wie man schnell erkennt, beinhalten die obigen Bewegungsgleichung nicht nur die gesuchten Funktionen x und α, sondern auch ihre zeitlichen Ableitungen – die Bewegungsgleichungen sind (gekoppelte) Differentialgleichungen. Darüber hinaus sind die Gleichungen nichtlinear, da Produkte wie $\dot{\alpha}^2 = \dot{\alpha} \cdot \dot{\alpha}$ und trigonometrische Funktionen wie $\cos\alpha$ auftreten. Die analytische Lösung der Differentialgleichungen, das heißt die exakte Berechnung der Funktionen x und α, ist daher extrem schwierig, wenn nicht gar unmöglich. Haben Sie eine Idee, wie Sie dieses Problem lösen und den gesuchten Funktionen x und α auf die Spur kommen können?

2. Schreiben Sie eine Übersicht für Erstsemester in ingenieurwissenschaftlichen Studiengängen:

   - Was ist eine Taylorentwicklung?

   - Wozu braucht man sie?

   - Stellen Sie exemplarisch die Taylorentwicklung um $x_0 = 0$ bis zur zweiten Ordnung für folgende Funktionen vor:

     a) $f_1(x) = \frac{1}{x+1}$

     b) $f_2(x) = \sin(x)$

     c) $f_3(x) = \cos(x)$

     d) $f_4(x) = x \cdot e^x$

   - Zeichnen Sie die Funktionen und die zugehörigen Näherungen zusammen in jeweils ein Koordinatensystem! Sie können dazu einen Computer benutzen (müssen es aber nicht).

3. Bestimmen Sie die Taylorentwicklung der Ordnung 1 der Funktionen $\sin\alpha$, $\cos\alpha$ und $\dot\alpha^2$ und setzen Sie sie in die Bewegungsgleichung ein. Vernachlässigt man das Moment T ($T = 0$), so erhalten Sie nach einigen Umformschritten die linearisierten Bewegungsgleichungen

$$\ddot{x} = \frac{3mg}{4M + m}\alpha + \frac{4}{4M + m}F$$
$$\ddot{\alpha} = \frac{3g(M + m)}{l(4M + m)}\alpha + \frac{3}{l(4M + m)}F.$$

Schreiben Sie die beiden Gleichungen nun in eine Vektorgleichung

$$\dot{\vec{x}} = \mathbf{A}\vec{x} + \vec{b}F$$

mit dem Vektor

$$\vec{x} = \begin{pmatrix} x \\ \dot{x} \\ \alpha \\ \dot{\alpha} \end{pmatrix}$$

um. Ermitteln Sie hierzu die Systemmatrix $\mathbf{A}$ und den Vektor $\vec{b}$.

4. Schreiben Sie eine Anleitung/ein Rezept: Wie funktioniert das Diagonalisieren einer Matrix? Erklären Sie dabei mit Formeln, aber auch mit eigenen Worten: Was ist ein Eigenwert? Was ist ein Eigenvektor?

5. Im nächsten Schritt wollen wir die Bewegungsgleichungen lösen, die wir jetzt als lineares Differentialgleichungssystem dargestellt haben. Frischen Sie Ihr Wissen zu dem Thema auf und machen Sie sich mit den Methoden vertraut, um lineare Differentialgleichungssysteme zu lösen – werden Sie Experte! Schreiben Sie schließlich eine Anleitung, mit der Sie einem Anfänger anschaulich und übersichtlich erklären: Wie löst man homogene, lineare DGL-Systeme?

6. Gehen Sie zunächst davon aus, dass keine Kraft wirkt ($F = 0$). In diesem Fall gilt offensichtlich auch $\vec{b}F = 0$; die Bewegungsgleichungen gehen also in ein homogenes Differentialgleichungssystem über. Lösen Sie in dieser Situation die oben aufgestellte linearisierte Bewegungsgleichung $\dot{\vec{x}} = \mathbf{A}\vec{x}$ des inversen Pendels für die folgenden konkreten Werte:

   - Die Masse des Wagens betrage $M = \frac{1}{2}$ kg,
   - die Masse des Pendels $m = 1\frac{3}{4}$ kg,
   - der Abstand von Dreh- und Schwerpunkt betrage $l = \frac{1}{2}$ m
   - und die Schwerebeschleunigung $g = 10\,\mathrm{m/s^2}$.

7. Interpretieren Sie die Lösung der linearisierten, homogenen Bewegungsgleichung: Beschreiben Sie mit eigenen Worten, was sie über die Bewegung des
   Pendels aussagt. Ist das Pendel stabil?

2.3 Zwischenbilanz

Wir haben die homogene, linearisierte Bewegungsgleichung des inversen Pendels
gelöst und die Lösung

$$
\vec{x}(t) = \begin{pmatrix} x(t) \\ \dot{x}(t) \\ \alpha(t) \\ \dot{\alpha}(t) \end{pmatrix} = \begin{pmatrix} c_1 - 7c_4 e^{-6t} + 7c_3 e^{6t} + c_2(1+t) \\ c_2 + 42c_4 e^{-6t} + 42c_3 e^{6t} \\ -18c_4 e^{-6t} + 18c_3 e^{6t} \\ 108c_4 e^{-6t} + 108c_3 e^{6t} \end{pmatrix}
$$

erhalten, die uns angibt, wie sich der Aufhängepunkt x und der Winkel α zur Zeit
t verhalten und ändern. Blicken Sie zurück und ziehen Sie eine Zwischenbilanz;
halten Sie dazu einen kurzen Vortrag (Dauer: 10–15 Minuten):

- Wie haben Sie das Ergebnis erreicht?

- Welche Tricks und Vereinfachungen haben Sie benutzt?

- Geben Sie uns eine Einschätzung: Sind die Vereinfachungen legitim? Wie
  wirken sie sich Ihrer Meinung nach auf das Ergebnis aus? Berechnen Sie dazu,
  in welchem Wertebereich sich die Funktionen $\sin x$, $\cos x$ und x^2 höchstens
  um 1% von ihrer Linearisierung unterscheiden.

2.4 Regelung durch Zustandsrückführung

Wir haben die Bewegungsgleichung für das inverse Pendel gelöst und dabei festgestellt, dass die Eigenbewegung des inversen Pendels (welche sich für $F = 0$ einstellt)
instabil ist. Glücklicherweise müssen wir das System nicht sich selbst überlassen,
sondern können über die Kraft F Einfluss auf die Bewegung des Wagens nehmen.
Ein solcher Eingriff verändert natürlich das Bewegungsverhalten des Systems – die
oben berechnete Lösung des homogenen Differentialgleichungssystems beschreibt
die Pendelbewegung dann nicht mehr korrekt. Unser Ziel ist es, einen geeigneten
Kraftverlauf $F(t)$ zu ermitteln, der zu einer stabilen Lösung der Bewegungsgleichung führt. Es ist anschaulich klar, dass so ein F keine konstante Größe sein wird:
Um auf unterschiedlich Auslenkungen des Pendels reagieren zu können, muss die
aktuelle Krafteinleitung offensichtlich vom Zustand des inversen Pendels abhängen
(bei großen Pendelwinkeln muss der Wagen beispielsweise stärker beschleunigt werden als bei kleinen Auslenkungen). Wir suchen also eine Funktion $F(\vec{x}(t))$, die die

Kraft $F(t)$ in Abhängigkeit vom Systemzustand $\vec{x}(t)$ so festlegt, dass das inverse Pendel stabilisiert wird.

1. Wenn wir annehmen, dass die aufzuschaltende Kraft F linear von Zustandsvektor $\vec{x}$ abhängt, ergibt sich ein Ansatz für ein sogenanntes *Regelgesetz* zu $F = -\mathbf{K}\vec{x}$. Die Matrix $\mathbf{K}$ wird in diesem Zusammenhang als *Reglermatrix* bezeichnet und gibt an, wie genau der Zustandsvektor $\vec{x}$ die Kraft F beeinflusst. Das Minuszeichen in der Gleichung ist Konvention im Bereich der Regelungstechnik. Setzt man dieses Regelgesetz in das linearisierte Differentialgleichungssystem $\dot{\vec{x}} = \mathbf{A}\vec{x} + \vec{b}F$ ein, so ergibt sich

$$\dot{\vec{x}} = \underbrace{(\mathbf{A} - \vec{b}\mathbf{K})}_{\mathbf{A}'}\vec{x}.$$

   Mit unseren konkreten Werten erhält man

$$\mathbf{A} = \begin{pmatrix} 0 & 1 & 0 & 0 \\ 0 & 0 & 14 & 0 \\ 0 & 0 & 0 & 1 \\ 0 & 0 & 36 & 0 \end{pmatrix} \quad \text{und} \quad \vec{b} = \begin{pmatrix} 0 \\ \frac{16}{15} \\ 0 \\ \frac{8}{5} \end{pmatrix}.$$

   Mit einer geschickten Wahl von $\mathbf{K}$ hat die neue DGL $\dot{\vec{x}} = \mathbf{A}'\vec{x}$ eine stabile Lösung. Probieren Sie die folgenden verschiedenen Reglermatrizen $\mathbf{K}$ aus, indem sie konkret nachrechnen, ob sie bei $\mathbf{A}'$ für negative Eigenwerte sorgen:

$$\mathbf{K}_1 = \begin{pmatrix} -\frac{1}{4} & 0 & \frac{469}{24} & 0 \end{pmatrix}$$
$$\mathbf{K}_2 = \begin{pmatrix} \frac{1}{2} & -\frac{3}{8} & \frac{637}{24} & \frac{-7}{2} \end{pmatrix}$$
$$\mathbf{K}_3 = \begin{pmatrix} -\frac{3}{2} & -\frac{25}{8} & \frac{363}{8} & \frac{25}{3} \end{pmatrix}$$

2. Erklären Sie den Zusammenhang zwischen den Eigenwerten von $\mathbf{A}$, beziehungsweise $\mathbf{A}'$, und der Stabilität des Systems.

3. Bereiten Sie eine Präsentation vor (Dauer 20–30 Minuten), in der Sie anderen Ingenieurstudenten und Mathematikern anhand des inversen Pendels erläutern, inwieweit die Stabilisierung des Segways mathematische Methoden erfordert. Achten Sie dabei auf folgende Punkte:

   - Einführung: Was ist ein Segway?

   - Was macht man mit einer nichtlinearen Bewegungsgleichung, die man analytisch nur schwer oder gar nicht lösen kann?

   - Wirken sich die Vereinfachungen auf die Ergebnisse aus?

   - Was macht eine Regelung? Was ist der mathematische Trick dahinter? Woran kann man erkennen, dass eine Bewegungsgleichung stabil ist?

- Denken Sie daran, dass das Publikum aus „interessierten Laien" besteht, die (nur) Kenntnisse aus den grundlegenden Mathematik-Kursen besitzen.

- Gestalten Sie die Präsentation schön (nicht zu viel Text, anschauliche Grafiken, auflockernde Bilder) – so wie Sie sie als Zuhörer gerne hätten.

- Dennoch sollten alle Gruppen-Mitglieder auch Fragen zu einzelnen Details beantworten können.

3 Die Lösungen

3.1 Ein einfaches Modell aufstellen (Aufgaben 2.1)

> **Hinweis für die Übungen**
>
> Im Internet lässt sich viel Material finden, um anschaulich vorzustellen, was ein Segway ist und wie er funktioniert – von technischen Daten und Konstruktionsskizzen bis hin zu humorvollen Videos mit Kunststücken. Hier ist es der Kreativität und dem Engagement der Teilnehmer überlassen, welche Aspekte sie vorstellen und wie sie die Vorstellung gestalten. Auch über inverse Pendel lässt sich Einiges finden; da später aber ohnehin die Bewegungsgleichungen für das inverse Pendel vom Dozenten vorgestellt werden müssen, kann auch die gesamte Einführung des Modells vom Dozenten übernommen und die Aufgabe entsprechend reduziert werden. Wichtig ist in jedem Falle jedoch vor allem die Einsicht, dass ein inverses Pendel einem stehenden Segway entspricht und die Regelung eines fahrenden Segways, das sich durch Gewichtsverlagerung steuern lassen soll, entsprechend schwieriger ist.

Ein inverses Pendel ist kein mathematisches Pendel, wie es häufig in Aufgaben als einfaches Modell verwandt wird (das heißt keine Punktmasse, die an einem masselosen Stab befestigt ist), sondern ein physikalisches Pendel[1], dessen Masse m, Schwerpunkt-Drehpunktabstand l und Massenträgheitsmoment Θ bekannt sind, siehe Abb. 1.1.

Im Modell ist das Pendel über ein reibungsfreies Gelenk mit dem Wagen der Masse M verbunden. Wir nehmen weiterhin an, dass der Wagen sich über die Kraft F reibungsfrei in horizontaler Richtung bewegen lässt. Die Antriebskraft F wird über einen Elektromotor generiert. Neben der Kraft F übt das Moment T Einfluss auf das System aus.

Um die Rechnungen hier zu vereinfachen, wird $T = 0$ gesetzt. Im Rahmen der Simulationen, die später erfolgen, werden jedoch Störungen berücksichtigt, siehe Abschn. 3.5.

---

[1] Bei der Modellierung von Pendeln unterscheidet man wie folgt: Beim *mathematischen Pendel* wird der Stab als masselos und die Pendelmasse als Punktmasse betrachtet. Im Gegensatz dazu berücksichtig das *physikalische Pendel* den massebehafteten Stab. Das physikalische Pendel liefert daher ein realistischeres Modell.

J. Härterich, A. Rooch, *Das Mathe-Praxis-Buch*, Springer-Lehrbuch,
DOI 10.1007/978-3-642-38306-9_3, © Springer-Verlag Berlin Heidelberg 2014

> Im Gegensatz zur Kraft, die im Betrieb eingestellt werden kann, dient das Moment dazu, Störungen wie etwa Luftbewegungen abzubilden. Im Bereich der Regelungstechnik wird die Kraft F daher als *Stellgröße* bezeichnet, während das Moment T eine *Störgröße* ist.

Die Bewegungsgleichungen weisen mit Blick auf den Pendelwinkel α zwei Ruhelagen auf: $\alpha = 0$ und $\alpha = \pi$. Wir betrachten die obere, instabile Ruhelage bei $\alpha = 0$. Die untere Ruhelage, die ein hängendes Pendel beschreibt, ist für uns in diesem Zusammenhang uninteressant.

Der fundamentale Unterschied zwischen einem Segway und unserem vereinfachten Segway-Modell in Form eines inversen Pendels ist, dass das Pendel einfach nur still in der Ruhelage gehalten werden soll, während sich der Segway durch Gewichtsverlagerungen steuern lässt. Wir diskutieren die Unterschiede detaillierter aus regelungstechnischer Sicht in Kap. 4.

Hinweis für die Übungen

Was Bewegungsgleichungen und Differentialgleichungen sind und wo beide im Alltag auftauchen, sollten Ingenieurstudenten nach ihrem ersten Semester beantworten können. Beides kann aber auch schnell durch eine Internetrecherche umfassend beantwortet werden. Die Aufgabe „Schreiben Sie einen Exkurs für ein Schulbuch" zielt nicht nur darauf ab, dieses grundlegende Wissen zu festigen, sondern auch, das Wesentliche eines Themas ansprechend darzustellen – eine im Ingenieurberuf gefragte Kompetenz.

3.2 Die Bewegung des Pendels verstehen und beschreiben (Aufgaben 2.2)

3.2.1 Aufstellen der Bewegungsgleichung

Die Bewegungsgleichungen des inversen Pendels

$$\ddot{x} = -\frac{ml}{M+m}\dot{\alpha}^2 \sin \alpha + \frac{ml}{M+m}\ddot{\alpha} \cos \alpha + \frac{1}{M+m}F \qquad (3.1)$$

$$\ddot{\alpha} = \frac{3}{4l}\ddot{x} \cos \alpha + \frac{3g}{4l} \sin \alpha + \frac{3}{4ml^2}T \qquad (3.2)$$

sind nicht ganz einfach herzuleiten (im Gegensatz etwa zu der Bewegungsgleichung (16.1) der schwingenden Masse im Projekt *Immer mit der Ruhe: Schwingungstilgung*), deshalb geben wir sie vor.

Hinweis für die Übungen

Die Bewegungsgleichungen (3.1) und (3.2) werden mittels der Lagrangeschen Gleichungen 2. Art aufgestellt; Details dazu werden üblicherweise im Rahmen einführender Mechanik-Kurse behandelt.

 Ob man *mehrere* Bewegungsgleichungen oder *ein* System aus Bewegungsgleichungen betrachtet, ist Ansichtssache; man spricht häufig schlicht von *der* Bewegungsgleichung eines Systems, auch wenn das System durch ein Gleichungssystem, das heißt mehrere Gleichungen beschrieben wird.

Eine Gleichung des Typs

$$\ddot{x} = f(\dot{x}, x, t)$$

heißt *Differentialgleichung zweiter Ordnung*, denn es taucht die zweite Ableitung $\ddot{x}$ der gesuchten Funktion x auf (konkret lässt sich $\ddot{x}$ durch die Ableitung $\dot{x}(t)$, die Funktion $x(t)$ selbst und die Zeit t ausdrücken). Die Funktion f kann sehr kompliziert sein, deshalb ist es im Allgemeinen schwer, solche Gleichungen analytisch zu lösen.
Ein Spezialfall sind Gleichungen des Typs

$$\ddot{x} + a(t)\,\dot{x} + b(t)\,x = c(t),$$

sie heißen *lineare Differentialgleichungen zweiter Ordnung*. Wir nehmen dabei an, dass die Funktionen $a(t)$, $b(t)$ und $c(t)$ auf einem bestimmten Intervall definiert und stetig sind. Ist die Funktion $c(t) = 0$, heißt die Differentialgleichung *homogen*. Häufig sind die Funktionen $a(t)$ und $b(t)$ sogar konstant, hängen also nicht von der Zeit t ab; wir erinnern auf den S. 168 und 170 daran, wie man die Differentialgleichung in diesem Fall löst.

Die Gleichungen (3.1) und (3.2) sind Differentialgleichungen zweiter Ordnung. Allerdings haben sie nicht bloß die Struktur $\ddot{x} = f(\dot{x}, x, t)$ und $\ddot{\alpha} = g(\dot{\alpha}, \alpha, t)$, sondern

$$\ddot{x} = f(\dot{x}, x, \ddot{\alpha}, \dot{\alpha}, \alpha, t)$$
$$\ddot{\alpha} = g(\dot{\alpha}, \alpha, \ddot{x}, \dot{x}, x, t),$$

das heißt, $\ddot{x}$ hängt zusätzlich noch von α und seinen Ableitungen ab, ebenso beinhaltet die Gleichung für $\ddot{\alpha}$ zusätzlich x und seine Ableitungen – man sagt, die beiden Differentialgleichungen sind *gekoppelt*.

3.2.2 Linearisieren der Bewegungsgleichung

Die Bewegungsgleichungen liefern die gesuchten Funktionen x und α nicht direkt: Es sind Differentialgleichungen, die auch Ableitungen von x und α beinhalten. Außerdem treten α und $\dot{\alpha}$ in nichtlinearen Funktionen auf.

In Abschn. 3.3 werden wir sehen, dass der Sinus gar nicht so schlimm nichtlinear ist: Es gibt ein recht großes Intervall, in dem die Abweichungen der linearisierten Näherung von der tatsächlichen Funktion weniger als 1% betragen. Es existieren nichtlineare Funktionen, deren Linearisierungen nur für deutlich kleinere Bereiche gültig sind. Deshalb spricht man beim Sinus von einer *schwach* beziehungsweise *moderat nichtlinearen* Funktion (die Bezeichnung schwach ist geläufiger).
Die gekoppelten, nichtlinearen Differentialgleichungen (3.1) und (3.2) sind übrigens nichtlinear auf Grund des Pendelns: Hier treten nichtlineare Funktionen wie Sinus und Kosinus sowie Produkte auf. Untersuchte man nur den Antriebswagen alleine (was etwas langweilig wäre), so wäre das Modell linear; betrachtet man jedoch das System „inverses Pendel auf Antriebswagen", so koppelt man zwei Systeme – ein lineares und ein nichtlineares.

Wir werden die nichtlinearen Funktionen im Folgenden linearisieren, das heißt durch einfache, lineare Funktionen annähern. Dabei müssen wir im Hinterkopf behalten, dass die Linearisierung nur für kleine Pendelauslenkungen α um die Ruhelage $\alpha = 0$ gültig ist. Diese Näherung rechtfertigt der Regelungstechniker, indem er annimmt, dass die später entworfene Regelung so gut funktionieren wird, dass die Pendelposition im geregelten Betrieb nur geringfügig von der Ruhelage abweichen wird.

Hinweis für die Übungen

Schon jetzt können die Teilnehmer diskutieren, ob die Linearisierung legitim ist, schließlich ist es nur eine grobe Näherung. Wir werden diese Frage später noch rigoros aufgreifen und die Qualität der Näherung berechnen.

Nun bestimmen wir die Linearisierung der Bewegungsgleichungen (3.1) und (3.2), das heißt ihre Taylorentwicklung um den Arbeitspunkt $(x_0, \dot{x}_0, \alpha_0, \dot{\alpha}_0) = (0,0,0,0)$. Eigentlich müssen wir die Bewegungsgleichungen jeweils als ganzes linearisieren; der Einfachheit halber nehmen wir uns jedoch alle auftretenden nichtlinearen Funktionen einzeln vor und entwickeln sie einzeln um $\alpha_0 = 0$ und $\dot{\alpha}_0 = 0$ (nichtlineare Funktionen von x und $\dot{x}$ treten nicht auf). Wir brechen die Entwicklungen in eine Taylorreihe jeweils nach der ersten Ordnung ab und erhalten:

$$\sin \alpha \approx \alpha$$
$$\cos \alpha \approx 1 \tag{3.3}$$
$$\dot{\alpha}^2 \approx 0$$

 Mithilfe der *Taylorformel* kann man eine Funktion $f : \mathbb{R} \to \mathbb{R}$ in der Umgebung eines Punktes $a \in \mathbb{R}$ (das heißt *lokal*) durch ein Polynom annähern. Es gilt:

$$f(x) = f(a) + \frac{f'(a)}{1!}(x - a) + \frac{f''(a)}{2!}(x - a)^2 + \ldots + \frac{f^{(n)}(a)}{n!}(x - a)^n + R_n(x).$$

Die Funktion f muss dabei $n + 1$ Mal stetig differenzierbar sein, und $R_n(x) = \int_a^x \frac{(x-t)^n}{n!} f^{(n+1)}(t)\, dt$ ist das sogenannte *Restglied*. Vernachlässigt man R_n (das heißt, lässt man das Restglied aus), so hat man f durch ein Polynom n-ten Grades angenähert:

$$f(x) \approx f(a) + \frac{f'(a)}{1!}(x - a) + \frac{f''(a)}{2!}(x - a)^2 + \ldots + \frac{f^{(n)}(a)}{n!}(x - a)^n$$

Es gibt auch eine Taylorformel für den Fall, dass f eine Funktion nicht nur einer, sondern mehrerer Variablen ist, siehe S. 16.

 Einige Funktionen besitzen eine Darstellung als *Potenzreihe*, das heißt es gilt

$$f(x) = \sum_{k=0}^{\infty} a_k\, x^k.$$

Kennt man die Potenzreihendarstellung einer Funktion f, so kann man daraus leicht Taylorpolynome ablesen und muss nicht mühsam Ableitungen bestimmen – „aus alt mach neu". Beispielsweise wissen wir, dass

$$\sin(x) = \sum_{n=0}^{\infty} (-1)^n \frac{x^{2n+1}}{(2n+1)!} = x - \frac{x^3}{3!} + \frac{x^5}{5!} - \cdots \qquad \text{für alle } x \in \mathbb{R},$$

$$\cos(x) = \sum_{n=0}^{\infty} (-1)^n \frac{x^{2n}}{(2n)!} = 1 - \frac{x^2}{2!} + \frac{x^4}{4!} - \cdots \qquad \text{für alle } x \in \mathbb{R},$$

$$e^x = \sum_{n=0}^{\infty} \frac{x^n}{n!} = 1 + x + \frac{x^2}{2!} + \frac{x^3}{3!} + \cdots \qquad \text{für alle } x \in \mathbb{R},$$

$$\ln(1 + x) = \sum_{n=1}^{\infty} (-1)^{n+1} \frac{x^n}{n} = x - \frac{x^2}{2} + \frac{x^3}{3} - \cdots \qquad \text{für } -1 < x \leq 1,$$

und daraus erhalten wir sofort die folgenden linearen Näherungen für x nahe 0:

$$\sin(x) \approx x, \qquad \cos(x) \approx 1, \qquad e^x \approx 1 + x, \qquad \ln(1 + x) \approx x$$

Es gibt auch eine *Taylorformel* für Funktionen $f : \mathbb{R}^m \to \mathbb{R}$ in der Umgebung eines Punktes $\vec{a} \in \mathbb{R}^m$. Sie allgemein aufzuschreiben, ist etwas unhandlich; bis zur Ordnung 2 kann man sie allerdings mithilfe der Jacobi-Matrix $J_f(\vec{a})$ von f im Punkt $\vec{a}$ sowie der Hesse-Matrix $H_f(\vec{a})$ von f im Punkt $\vec{a}$ gut darstellen. Es gilt

$$f(\vec{x}) \approx f(\vec{a}) + J_f(\vec{a})(\vec{x} - \vec{a}) + \frac{1}{2}(\vec{x} - \vec{a})^T H_f(\vec{a})(\vec{x} - \vec{a});$$

dabei bezeichnen wir mit $(\vec{x} - \vec{a})^T$ den transponierten Vektor $(\vec{x} - \vec{a})$.

Hinweis für die Übungen

Die Funktion $\dot{\alpha}^2 \sin \alpha$ zu linearisieren, indem man die Faktoren $\dot{\alpha}^2$ und $\sin \alpha$ einzeln linearisiert und die Linearisierungen dann nachher wieder zusammensetzt, ist – formal betrachtet– natürlich haarsträubend, aber Vereinfachungen sind bei der Lösung eines Praxisproblems nicht prinzipiell verboten – man muss halt herausfinden, ob sie zu einem brauchbaren Resultat führen.
Die formale Linearisierung des Terms $\dot{\alpha}^2 \sin \alpha$ funktioniert so: Wir nehmen an, dass die Variablen α und $\dot{\alpha}$ unabhängig voneinander sind, und machen eine Taylorentwicklung der Funktion $f(\vec{x}) = f(x_1, x_2) = x_2^2 \sin x_1$ um den Punkt $\vec{a} = (0,0)$. Es ist $J_f(x_1, x_2) = (x_2^2 \cos x_1, 2x_2 \sin x_1)$, und so erhalten wir

$$\begin{aligned} f(x_1, x_2) &\approx f(\vec{a}) + J_f(\vec{a})(\vec{x} - \vec{a}) \\ &= J_f(0)\vec{x} \\ &= (0 \cdot 1, 0 \cdot 0)\vec{x}, \end{aligned}$$

also $f(x_1, x_2) \approx 0$, das heißt $\dot{\alpha}^2 \sin \alpha \approx 0$. Die Annahme, dass wir α und $\dot{\alpha}$ dabei als eigenständige Variablen x_1, x_2 auffassen dürfen, kann man mathematisch formal rechtfertigen.

Wir setzen die Linearisierungen in die Bewegungsgleichungen (3.1) und (3.2) ein und erhalten die linearisierten Bewegungsgleichungen um die obere Gleichgewichtslage:

$$\ddot{x} = \frac{ml}{M + m}\ddot{\alpha} + \frac{1}{M + m}F \tag{3.4}$$

$$\ddot{\alpha} = \frac{3}{4l}\ddot{x} + \frac{3g}{4l}\alpha \tag{3.5}$$

Aus praktischen Gründen möchte man die Gleichungen in einer etwas anderen Gestalt haben und setzt dazu Gleichung (3.4) in Gleichung (3.5) sowie Gleichung (3.5) in Gleichung (3.4) ein. Man erhält:

$$\ddot{x} = \frac{3mg}{4M + m}\alpha + \frac{4}{4M + m}F \tag{3.6}$$

$$\ddot{\alpha} = \frac{3g(M + m)}{l(4M + m)}\alpha + \frac{3}{l(4M + m)}F \tag{3.7}$$

> **Hinweis für die Übungen**
>
> Wenn $F = 0$ wäre, könnte man (3.7) durch einen Exponentialansatz $\alpha(t) = e^{at}$ mit einer noch zu bestimmenden Konstante $a \in \mathbb{R}$ lösen und danach in (3.6) einsetzen. (3.6) kann dann durch simples zweifaches Integrieren gelöst werden.

> **Hinweis für die Übungen**
>
> Wäre man ausschließlich daran interessiert, das inverse Pendel auszubalancieren, und spielte die Position x keine Rolle, so reichte es hier aus, nur mit Gleichung (3.7) weiterzuarbeiten. Später in Abschn. 3.5 wollen wir allerdings in einer Computersimulation untersuchen, wie sich das Pendel bei einem Sollwertsprung verhält, das heißt, wir geben vor, dass der Aufhängepunkt auf eine bestimmte Position verfahren soll, ohne dass das Pendel umfällt; für solche typischen Aufgaben der Regelungstechnik benötigen wir auch Gleichung (3.6).

3.2.3 Lösen der Bewegungsgleichung

Wir interessieren uns für die Position x des Wagens und den Pendelwinkel α. Die Differentialgleichungen (3.6) und (3.7) beschreiben jedoch die Änderung der *Wagengeschwindigkeit* und die Änderung der *Winkelgeschwindigkeit* des Pendels. Es bietet sich daher an, neben x und α auch die Wagengeschwindigkeit $\dot{x}$ und die Winkelgeschwindigkeit $\dot{\alpha}$ als Systemzustände zu betrachten. Fasst man alle Systemzustände in dem Vektor $\vec{x}$ zusammen, so ergibt sich:

$$\vec{x} = \begin{pmatrix} x \\ \dot{x} \\ \alpha \\ \dot{\alpha} \end{pmatrix}$$

Die zeitliche Ableitung dieses Zustandsvektors ist

$$\dot{\vec{x}} = \begin{pmatrix} \dot{x} \\ \ddot{x} \\ \dot{\alpha} \\ \ddot{\alpha} \end{pmatrix}.$$

Offensichtlich können wir $\ddot{x}$ und $\ddot{\alpha}$ durch die Gleichungen (3.6) und (3.7) ausdrücken. Darüber hinaus entspricht die Positionsänderung $\dot{x}$ per Konstruktion dem zweiten Zustand im Vektor $\vec{x}$, und die Winkeländerung $\dot{\alpha}$ ist just der vierte Zustand im Vektor $\vec{x}$. Damit können wir die Änderung $\dot{\vec{x}}$ des Systemzustands $\vec{x}$ als

Linearkombination des aktuellen Systemzustands $\vec{x}$ und der momentanen Kraft F schreiben:

$$\underbrace{\begin{pmatrix} \dot{x} \\ \ddot{x} \\ \dot{\alpha} \\ \ddot{\alpha} \end{pmatrix}}_{\dot{\vec{x}}} = \underbrace{\begin{pmatrix} 0 & 1 & 0 & 0 \\ 0 & 0 & \frac{3mg}{4M+m} & 0 \\ 0 & 0 & 0 & 1 \\ 0 & 0 & \frac{3g(M+m)}{l(4M+m)} & 0 \end{pmatrix}}_{\mathbf{A}} \underbrace{\begin{pmatrix} x \\ \dot{x} \\ \alpha \\ \dot{\alpha} \end{pmatrix}}_{\vec{x}} + \underbrace{\begin{pmatrix} 0 \\ \frac{4}{4M+m} \\ 0 \\ \frac{3}{l(4M+m)} \end{pmatrix}}_{\vec{b}} F \qquad (3.8)$$

In dieser kompakten Darstellung des linearisierten Modells (3.6) und (3.7) als

$$\dot{\vec{x}} = \mathbf{A}\vec{x} + \vec{u} \qquad (3.9)$$

heißt $\mathbf{A}$ die Systemmatrix und $\vec{u}$ der Steuervektor; wir haben hier $\vec{u} = \vec{b}F$.

Das Zustandsmodell (3.9) ist ein DGL-System 1. Ordnung, da nur die erste Ableitung $\dot{\vec{x}}$ des Zustands $\vec{x}$ auftaucht. Das System ist gekoppelt, da $\mathbf{A}$ keine Diagonalmatrix ist und sich die einzelnen Zustände somit beeinflussen. Ist $F = 0$, ist das System homogen; ist $F \neq 0$, ist es inhomogen.

Wie oben erläutert kann über die Kraft F Einfluss auf das System genommen werden. F wird daher als *Systemeingang* oder *Stellgröße* bezeichnet. Zunächst interessieren wir uns aber nur für das Verhalten des Pendels ohne Einflüsse äußerer Kräfte – wir setzen daher $F = 0$. In diesem Fall ist damit auch $\vec{b}F = 0$, und das Zustandsraummodell (3.9) vereinfacht sich zu

$$\dot{\vec{x}} = \mathbf{A}\vec{x}. \qquad (3.10)$$

Zum Lösen dieser Bewegungsgleichung nehmen wir nun die folgenden konkreten Werte:

- Die Masse des Wagens betrage $M = \frac{1}{2}$ kg,

- die Masse des Pendels $m = 1\frac{3}{4}$ kg,

- der Abstand von Dreh- und Schwerpunkt betrage $l = \frac{1}{2}$ m

- und die Schwerebeschleunigung $g = 10\,\mathrm{m/s^2}$.

> **Hinweis für die Übungen**
>
> Diese Werte sind exemplarisch gewählt, weil sie im Folgenden zu Zahlen führen, mit denen sich leicht rechnen lässt; ohnehin sind die Masse des Wagens und des Pendels und der Drehpunkt-Schwerpunkt-Abstand in jedem Versuchsaufbau unterschiedlich. Wir diskutieren in Kap. 4, wie sich ein inveses Pendel im Experiment umsetzen lässt.

Wir lösen nun die DGL (3.10), das heißt $\dot{\vec{x}} = \mathbf{A}\vec{x}$, mit

$$\mathbf{A} = \begin{pmatrix} 0 & 1 & 0 & 0 \\ 0 & 0 & 14 & 0 \\ 0 & 0 & 0 & 1 \\ 0 & 0 & 36 & 0 \end{pmatrix}.$$

Der klassische Weg ist, die Matrix $\mathbf{A}$ zu diagonalisieren. (Dies entspricht einer Koordinatentransformation, wobei das DGL-System in den neuen Koordinaten entkoppelt und daher einfach zu lösen ist. Die Eigenbewegungen des Systems werden durch die Eigenwerte und Eigenvektoren der Matrix $\mathbf{A}$ beschrieben. Diese Eigenwerte finden wir als Nullstellen des charakteristischen Polynoms.) Das charakteristische Polynom lautet hier

$$\chi_{\mathbf{A}}(\lambda) = \lambda^4 - 36\lambda^2 = \lambda^2(\lambda^2 - 36),$$

und die Nullstellen lassen sich sofort ablesen:

$$\lambda_1 = 0, \quad \lambda_2 = 0, \quad \lambda_3 = 6, \quad \lambda_4 = -6.$$

 Lineare DGL-Systeme des Typs $\dot{\vec{x}} = A\vec{x}$, wobei $\vec{x} \in \mathbb{R}^n$ ein Vektor und $A \in \mathbb{R}^{n \times n}$ eine Matrix ist, löst man, indem man die Matrix A diagonalisiert.

Wenn $\mathbf{A}$ diagonalisierbar ist (das heißt, wenn wir zu jedem Eigenwert λ_i von $\mathbf{A}$ einen Eigenvektor $\vec{v}_i$ finden und wir zu einem mehrfachen Eigenwert auch genau so viele linear unabhängige Eigenvektoren finden, wie der Eigenwert im charakteristischen Polynom auftritt), dann ist jede Lösung der DGL eine Linearkombination der simplen Basis-Bausteine $\vec{x}_i(t) = e^{\lambda_i t}\vec{v}_i$ (das heißt, die Bausteine werden mit Vorfaktoren multipliziert und addiert).

Es kann jedoch sein, dass $\mathbf{A}$ nicht diagonalisierbar ist; dann gibt es verschiedene Rezepte zur Lösung, abhängig von der konkreten Situation, in der man sich befindet. Wenn die Matrix komplexe Eigenwerte hat, können wir eine komplexe Lösung berechnen und wissen dann, dass Real- und Imaginärteil jeweils eine reelle Lösung sind. Wenn die Matrix reelle Eigenwerte hat, deren algebraische Vielfachheit jedoch nicht identisch mit der geometrischen Vielfachheit ist (das heißt: ein Eigenwert kommt im charakteristischen Polynom als Nullstelle k Mal vor, aber es lassen sich weniger als k zugehörige, linear unabhängige Eigenvektoren finden), dann muss man mit sogenannten Hauptvektoren auffüllen.

Da Hauptvektoren in Kursen und Lehrbüchern oft kurz kommen, geben wir ab S. 184 eine Anleitung und behandeln einige Beispiele zu Diagonalisieren und Hauptvektoren.

Ohne die vollständige Lösung zu kennen, können wir bereits sehen, dass unsere DGL $\dot{\vec{x}} = \mathbf{A}\vec{x}$ eine instabile Lösung haben kann, denn zum Eigenwert $\lambda_3 = 6$ ist der Basis-Baustein für die Lösung $\vec{x}_3(t) = e^{\lambda_3 t}\vec{v}_3 = e^{6t}\vec{v}_3$. Wenn t wächst, wird dieser

Term beliebig groß, das heißt, $x(t)$ und $\alpha(t)$ nehmen beliebig große Zahlenwerte an – es stellt sich keine Ruhelage ein.

Der Vollständigkeit halber lösen wir die DGL trotzdem kurz: Oben haben wir bereits errechnet, dass $\lambda_1 = 0$, $\lambda_2 = 0$, $\lambda_3 = 6$ und $\lambda_4 = -6$ die Eigenwerte von $\mathbf{A}$ sind.

 Ist $\vec{v}$ ein Eigenvektor einer Matrix $\mathbf{A}$ zum Eigenwert λ, so ist $c \cdot \vec{v}$ für jede beliebige Konstante $c \in \mathbb{R}$ ebenfalls ein Eigenvektor von $\mathbf{A}$ zum Eigenwert λ.

Die zugehörigen Eigenvektoren $\vec{v}_i$ sind Basis-Elemente des Lösungsraumes der Gleichung $(\mathbf{A} - \lambda_i \mathbf{I})\vec{v}_i = 0$. Zu $\lambda_3 = 6$ und $\lambda_4 = -6$ lassen sich problemlos die Eigenvektoren

$$\vec{v}_3 = \begin{pmatrix} 7 \\ 42 \\ 18 \\ 108 \end{pmatrix}, \quad \vec{v}_4 = \begin{pmatrix} -7 \\ 42 \\ -18 \\ 108 \end{pmatrix}$$

finden, jedoch macht der doppelte Eigenwert $\lambda_{1,2} = 0$ Schwierigkeiten: Da er doppelt ist, brauchen wir, wenn die Diagonalisierung gelingen soll, zwei (linear unabhängige) Eigenvektoren, die Gleichung zur Bestimmung von Eigenvektoren

$$(\mathbf{A} - \lambda_1 \mathbf{I})\vec{v}_1 = \mathbf{A}\vec{v}_1 \overset{!}{=} 0$$

liefert jedoch nur die eine Lösung

$$\vec{v}_1 = \begin{pmatrix} 1 \\ 0 \\ 0 \\ 0 \end{pmatrix}.$$

Wie eben beschrieben, muss nun ein Hauptvektor $\vec{w}$ der k-ten Stufe ($k \geq 2$) gefunden werden, der die Gleichung $(\mathbf{A} - \lambda_i \mathbf{I})^k \vec{w} = 0$ löst. Bereits auf der 2. Stufe finden wir den Hauptvektor

$$\vec{w} = \begin{pmatrix} 1 \\ 1 \\ 0 \\ 0 \end{pmatrix},$$

und damit ergibt sich die folgende allgemeine Lösung der DGL $\dot{\vec{x}} = \mathbf{A}\vec{x}$, wobei $c_1, \ldots, c_4 \in \mathbb{R}$ Konstanten sind, die sich aus den Anfangsbedingungen ergeben:

$$\vec{x}(t) = c_1 \vec{v}_1 e^{\lambda_{1,2}t} + c_2(t\vec{v}_1 + \vec{w})e^{\lambda_{1,2}t} + c_3\vec{v}_3 e^{\lambda_3 t} + c_4\vec{v}_4 e^{\lambda_4 t}$$

$$= c_1 \begin{pmatrix} 1 \\ 0 \\ 0 \\ 0 \end{pmatrix} + c_2 \left(t \begin{pmatrix} 1 \\ 0 \\ 0 \\ 0 \end{pmatrix} + \begin{pmatrix} 1 \\ 1 \\ 0 \\ 0 \end{pmatrix} \right) + c_3 \begin{pmatrix} 7 \\ 42 \\ 18 \\ 108 \end{pmatrix} e^{6t} + c_4 \begin{pmatrix} -7 \\ 42 \\ -18 \\ 108 \end{pmatrix} e^{-6t}$$

$$= \begin{pmatrix} c_1 - 7c_4 e^{-6t} + 7c_3 e^{6t} + c_2(1+t) \\ c_2 + 42c_4 e^{-6t} + 42c_3 e^{6t} \\ -18c_4 e^{-6t} + 18c_3 e^{6t} \\ 108c_4 e^{-6t} + 108c_3 e^{6t} \end{pmatrix}.$$

Wir betrachten die dritte Komponente (zur Erinnerung: $\vec{x}$ hat die Einträge x, $\dot{x}$, α, $\dot{\alpha}$), die uns den Winkel α zur Zeit t angibt: $\alpha(t) = -18c_4 e^{-6t} + 18c_3 e^{6t}$. Wenn die Konstante c_3 nicht gerade 0 ist, strebt der erste Term mit wachsender Zeit gegen 0, der zweite gegen $\pm\infty$; die Lösung ist also nicht stabil.

Hinweis für die Übungen

Ist die Anfangsbedingung $\vec{x}(0) = 0$, ergibt sich $c_1 = \ldots = c_4 = 0$, das heißt: Das Pendel steht aufrecht – bewegungslos und völlig in Ruhe –, und nichts passiert. Dass dieser Fall in der Realität nicht eintritt, sondern das Pendel (scheinbar von allein) umfällt, liegt daran, dass man das System nicht in die perfekte Ruhelage versetzen kann: Das System wird durch Ungenauigkeiten beim Positionieren und äußere Einflüsse wie Luftbewegungen gestört.

3.3 Zwischenbilanz (Aufgaben 2.3)

Wir haben das ursprünglich nichtlineare Differentialgleichungssystem (3.1) und (3.2) vereinfacht, indem wir das System zunächst linearisiert haben. Hierzu haben wir die nichtlinearen Ausdrücke durch ihre Taylorentwicklungen (3.3) ersetzt und das linearisierte DGL-System in die Gestalt (3.9) überführt. Wir wollen im Folgenden untersuchen, wie sich die gemachten Vereinfachungen auswirken.

In einem ersten Schritt analysieren wir, wie genau die Funktionen $\sin(x)$ und $\cos(x)$ über ihre jeweiligen Approximationen angenähert werden. Danach untersuchen wir, wie sich das lineare System im Vergleich zum nichtlinearen verhält. Hierzu simulieren wir, wie beide Modelle auf eine impulsförmige Krafteinleitung, das heißt einen kurzen Stoß, reagieren.

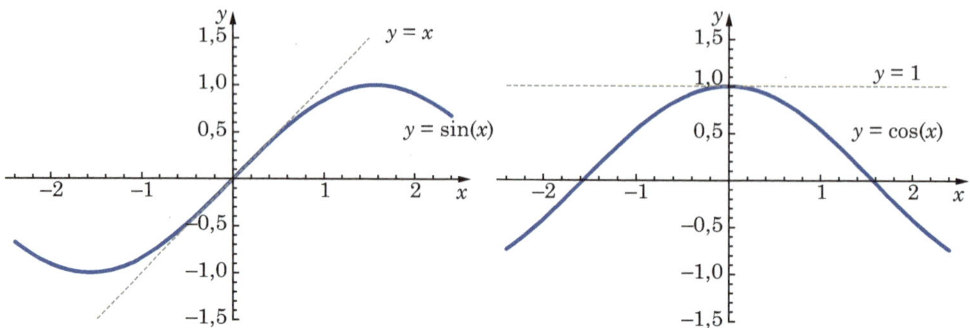

Abb. 3.1: Linearisierung um den Punkt $a = 0$ (*gestrichelt*) und ursprüngliche Funktion (*durchgehend*) für die Funktionen $f(x) = \sin(x)$ (*links*) und $f(x) = \cos(x)$ (*rechts*)

Hinweis für die Übungen

Es kann interessant sein, den Teilnehmern die Aufgabe, die Wertebereiche zu bestimmen, in denen sich die Funktionen $\sin x$, $\cos x$ und x^2 höchstens um 1% von ihrer Linearisierung unterscheiden, nicht zu stellen, sondern abzuwarten, welche Ideen sie bei der Frage haben, ob die Vereinfachungen legitim sind. Erfahrungsgemäß ist ihnen bewusst, dass sie durch die Linearisierung einen Fehler machen, aber sie versuchen selten, ihn zu quantifizieren. Das kann im Anschluss an die Präsentation auch gut mit der ganzen Gruppe gemeinsam gemacht werden.

In Abb. 3.1 sind die Funktionen $\sin x$ und $\cos x$ sowie die zugehörigen linearen Näherungen dargestellt. Durch Ablesen aus der Grafik erkennen wir, dass die Linearisierung von $\sin x$ etwa im Bereich $-0{,}5 < x < 0{,}5$ gut mit der Originalfunktion übereinstimmt und die von $\cos x$ im Bereich $-0{,}2 < x < 0{,}2$. Mathematisch präzise kann man angeben, in welchem Bereich die Näherungen (3.3) höchstens um 1% von der Originalfunktion abweichen:

$$\left| \frac{x - \sin(x)}{\sin(x)} \right| \overset{!}{\leq} 0{,}01 \quad \Leftrightarrow \quad -0{,}244097 \leq x \leq 0{,}244097$$

$$\left| \frac{1 - \cos(x)}{\cos(x)} \right| \overset{!}{\leq} 0{,}01 \quad \Leftrightarrow \quad -0{,}140836 \leq x \leq 0{,}140836$$

$$\left| \frac{0 - x^2}{x^2} \right| \overset{!}{\leq} 0{,}01 \quad \Leftrightarrow \quad 1 \leq 0{,}01$$

Wir müssen hier Beträge setzen, weil die Abweichungen, die wir berechnen, sowohl positiv als auch negativ sein können. Uns interessiert aber nur die Größe der Abweichung (nämlich höchstens 1%), nicht das Vorzeichen.

Hinweis für die Übungen

Die erste Zeile ist nicht analytisch zu lösen, hier muss man sich mit numerischen Verfahren oder Ausprobieren mit dem Taschenrechner helfen. Die zweite und dritte Zeile sind elementar lösbar.

Im Gradmaß angegeben, ist die Linearisierung von $\sin(x)$ im Bereich $|x| \leq 13{,}99°$ und die Linearisierung von $\cos(x)$ im Bereich $|x| \leq 8{,}07°$ in Ordnung, das heißt schlimmstenfalls 1% von der Originalfunktion entfernt. Die Näherung der Funktion x^2 durch 0 ist offensichtlich sehr schlecht; sie weist überall, auch in der kleinsten Umgebung um den Punkt $x = 0$, eine relative Abweichung von 100% auf.

Hinweis für die Übungen

Dass die Näherung der Funktion x^2 durch 0 überall eine relative Abweichung von mindestens 100% aufweist, scheint paradox. Die *relative Abweichung* ist in diesem Fall offenbar kein sonderlich aussagekräftiges Maß, um die Qualität der Näherung zu beurteilen.

Hinweis für die Übungen

Wie sich die Linearisierung auf die Lösung der Bewegungsgleichung auswirkt (immerhin lösen wir ja nicht die Gleichung, deren Lösung wir anstreben, sondern nur eine Näherung), können wir nicht so einfach angeben; wir können ja nicht einmal die Original-DGL analytisch lösen. Wir greifen daher auf eine Computersimulation zurück und lassen die DGL in `Simulink` mit einem *Runge-Kutta-Verfahren* lösen.
Die Zeit, die dem Projekt in unserem vorgeschlagenen Rahmen während des regulären Vorlesungsbetriebs zu Verfügung steht, ist mit den vorliegenden Aufgaben gut ausgefüllt. Da die Teilnehmer außerdem erfahrungsgemäß nur über geringe Programmierkenntnisse verfügen, sollten die Dozenten die Simulationen am Rechner vorführen.

Nun betrachten wir in einer Simulation, wie sich die Näherungslösung im Vergleich zu der exakten Lösung verhält. Um das Verhalten des inversen Pendels am Rechner zu simulieren, müssen konkrete Parameterwerte vorgegeben werden. Wir orientieren uns hierbei an den Parametern des realen Versuchsstands (siehe Kap. 4).

- Masse des Wagens $M = 1{,}08\,\text{kg}$

- Masse des Pendels $m = 0{,}36\,\text{kg}$

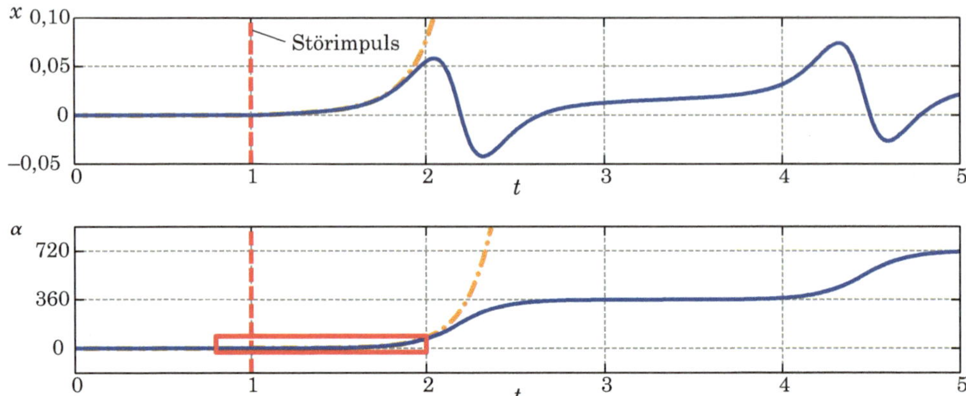

Abb. 3.2: Simuliertes Verhalten des inversen Pendels für einen Antriebskraftimpuls zum Zeitpunk $t = 1$. Die *durchgehenden Kurven* zeigen die Zustandsverläufe für das nichtlineare Modell. Die *strich-punktierten Verläufe* repräsentieren das linearisierte Modell. Das markierte Detail ist in Abb. 3.3 vergrößert dargestellt

- Abstand von Dreh- und Schwerpunkt $l = 0{,}204\,\text{m}$

- Schwerebeschleunigung $g = 9{,}81\,^{\text{m}}/_{\text{s}^2}$

- Die Stellkraft des Motors ist betragsmäßig auf $20\,\text{N}$ begrenzt, das heißt $-20\,\text{N} \leq F \leq 20\,\text{N}$.

Hinweis für die Übungen

Mathematiker wissen nicht, was eine *Stellkraft* ist und warum sie begrenzt sein sollte. Das können die Teilnehmer recherchieren und erklären.

In Abb. 3.2 sind die Verläufe der Wagenposition und des Pendelwinkels für einen Stellkraftimpuls bei $t = 1\,\text{s}$ aufgetragen. Es ist gut zu erkennen, dass das lineare (schwarz) und das nichtlineare (blau) Modell zunächst nahezu identisch Vorhersagen machen. Entfernt man sich jedoch zu weit von dem angestrebten Arbeitspunkt, das heißt von der oberen Ruhelage, so weichen beide Modelle deutlich voneinander ab. Bei genauerer Betrachtung wird deutlich, dass die Vorhersagen des nichtlinearen Modells – wie erwartet – das reale Systemverhalten besser beschreiben. Um dies nachzuvollziehen, müssen wir uns zunächst klarmachen, welche Bewegungen das reale System vollziehen wird. Mit Blick auf Abb. 1.1 wird deutlich, dass ein positiver Kraftimpuls den Wagen zunächst nach rechts (das heißt in positive x-Richtung) und das Pendel nach links (das heißt in positive Drehrichtung) bewegen wird. Beide Effekte werden sowohl von dem nichtlinearen als auch von dem linearen Modell erfasst. Bedingt durch die Auslenkung kippt der Pendelstab und wird dabei

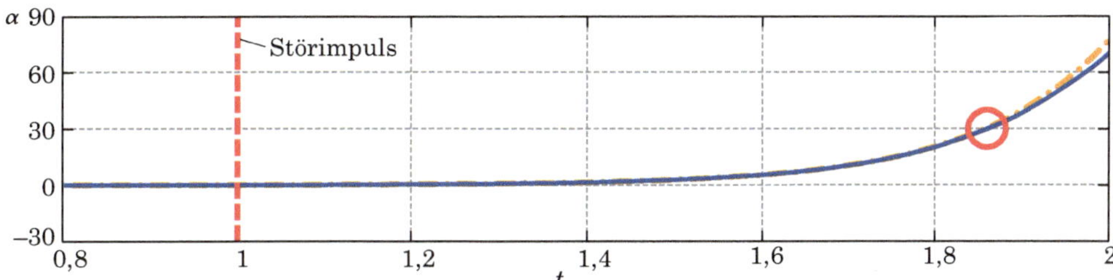

Abb. 3.3: Detail aus Abb. 3.2. Simulierter Verlauf des Pendelwinkels für einen Antriebskraftimpuls zum Zeitpunkt $t = 1$. Offensichtlich liefern das nichtlineare (*durchgehende Linie*) und das linearisierte Modell (*strich-punktierte Linie*) für Pendelwinkel bis circa 30° nahezu identische Werte

immer schneller. Bei $\alpha = 180°$ durchläuft er die untere Ruhelage mit maximaler
Geschwindigkeit. Daraufhin wird das Pendel durch die Schwerkraft gebremst, bis
es schließlich bei $\alpha = 360°$ die obere Ruhelage mit einer sehr langsamen Geschwindigkeit durchläuft. Anschließend wiederholt sich der geschilderte Zyklus. Während
das lineare Modell dieses Verhalten nicht abbildet, verhält sich das nichtlineare
Modell genau wie erwartet.

Spannender als die Pendelbewegung ist die Analyse der Wagenbewegung. Offensichtlich wird der Wagen durch die Rotation des Pendels beeinflusst. Dies ist auch
nachvollziehbar, da das Pendel über die Aufhängung eine Kraft auf den Wagen
ausüben kann. Kippt das Pendel nach links, so möchte der Lagerpunkt – bildlich
gesprochen – nach rechts wandern. Der Wagen wird also nach rechts beschleunigt.
Steigt das Pendel jedoch auf der rechte Seite des Lagerpunktes auf, so wird die
Aufhängung – und damit der Wagen – quasi nach links gedrückt. Darüber hinaus
findet im Mittel durch den Initialimpuls eine langsame Bewegung des Wagens nach
rechts statt. Alle Effekte werden, wie man in Abb. 3.2 erkennen kann, durch das
nichtlineare Modell wiederum gut erfasst, während das lineare Modell hier unzurei-
chende Vorhersagen liefert.

Es stellt sich die Frage, warum das lineare Modell trotz der geschilderten Schwach-
punkte für den Entwurf der Regelung geeignet ist. Die Antwort ergibt sich aus der
Zielsetzung der Regelung: Wir möchten das Pendel in der oberen Gleichgewichtslage stabilisieren. Um dieses Ziel zu erreichen, muss die Regelung dafür sorgen, dass
kleine Abweichungen von der Ruhelage direkt kompensiert werden. Wie die Detail-
Abbildung 3.3 zeigt, unterscheiden sich die simulierten Pendelwinkelverläufe des
linearen und des nichtlinearen Modells für Winkel bis circa 30° kaum. Für kleine
Abweichungen um die Ruhelage sollte das lineare Modell also ausreichen. Treten später im Betrieb größere Abweichungen auf, so wurde die Regelungsaufgabe
schlecht gelöst.

3.4 Regelung durch Zustandsrückführung (Aufgaben 2.4)

Fassen wir kurz zusammen, was wir bisher gemacht haben: Wir haben die linearisierte Bewegungsgleichung (3.10) für das inverse Pendel gelöst und dabei festgestellt, dass das System instabil ist, da die Systemmatrix $\mathbf{A}$ einen positiven Eigenwert besitzt. Bei der berechneten Lösung haben wir allerdings die Kraft F außer Acht gelassen, über die wir Einfluss auf die Bewegung des Wagens (und damit auf die Bewegung des Pendels) nehmen können.

Unser Ziel ist nun, eine geschickte Vorschrift dafür zu finden, wie groß die Kraft F sein soll, abhängig davon, wie sich das System gerade verhält – eine Regelung. Eine Regelung beschreibt, wie die Eingangsgröße F in Abhängigkeit von dem aktuellen Systemzustand $\vec{x}$ zu wählen ist, um das inverse Pendel zu stabilisieren. Da wir die Eingangsgröße als Funktions des aktuellen Zustands berechnen, sprechen wir von einer *Zustandsrückführung*.

3.4.1 Eingang abhängig vom Zustand

Eine einfache Beziehung, die wir zwischen der Kraft F und dem Zustandsvektor $\vec{x}$ ansetzen können, ist eine lineare Beziehung. Wir wählen also das *lineare Regelgesetz*

$$F = -\mathbf{K}\vec{x}, \tag{3.11}$$

wobei die sogenannte Reglermatrix $\mathbf{K}$ angibt, wie sich die einzelnen Zustände x, $\dot{x}$, α und $\dot{\alpha}$ auf die Kraft F auswirken. Wir analysieren im Folgenden, wie wir mit diesem linearen Regelgesetz unser System, das inverse Pendel, stabilisieren können.

Hinweis für die Übungen

Das Minuszeichen in (3.11) ist Konvention im Bereich der Regelungstechnik. Aus Sicht der Mathematik könnte man das Vorzeichen natürlich auch weglassen; die Einträge der Matrix $\mathbf{K}$ wären dann lediglich negiert.

Im Allgemeinen ist $\mathbf{K}$ eine Matrix; in unserem Fall, wo ein System mit nur einer Eingangsgröße (nämlich F) vorliegt, ist die Reglermatrix $\mathbf{K}$ ein Zeilenvektor, also eine Matrix mit nur einer Zeile.

Aus Gleichung (3.9) und Gleichung (3.11) erhalten wir nun

$$\dot{\vec{x}} = \mathbf{A}\vec{x} + \vec{b}F$$

$$= \mathbf{A}\vec{x} - \vec{b}\mathbf{K}\vec{x}$$

$$= \underbrace{(\mathbf{A} - \vec{b}\mathbf{K})}_{\mathbf{A}'}\vec{x}, \tag{3.12}$$

das heißt, das Verhalten des geregelten Systems wird nun offensichtlich durch die lineare DGL $\dot{\vec{x}} = \mathbf{A}'\vec{x}$ mit der Systemmatrix $\mathbf{A}' = \mathbf{A} - \vec{b}\mathbf{K}$ bestimmt.

Wie bereits erwähnt, entscheidet die Reglermatrix $\mathbf{K}$ darüber, wie F in Abhängigkeit des Zustands $\vec{x}$ gewählt wird. Die Kunst besteht also darin, $\mathbf{K}$ so zu wählen, dass das geschlossene System mit der Systemmatrix $\mathbf{A}'$ stabilisiert wird. Es ist klar, dass die neue Systemmatrix $\mathbf{A}' = \mathbf{A} - \vec{b}\mathbf{K}$ dazu nur negative Eigenwerte aufweisen darf (im komplexen Fall: die Eigenwerte in der offenen linken Hälfte der komplexen Ebene liegen müssen). Für das vorliegende System (und viele andere) können die Eigenwerte von $\mathbf{A}'$ durch eine geschickte Wahl von $\mathbf{K}$, wie oben beschrieben platziert werden, wo immer man will; das Regelungskonzept wird daher auch als *Polvorgabe* (englisch: *pole placement*) bezeichnet.

3.4.2 Bestimmung einer Reglermatrix

Wir skizzieren kurz einen Ansatz, wie man $\mathbf{K}$ wählen muss, damit die neue Systemmatrix $\mathbf{A}' = \mathbf{A} - \vec{b}\mathbf{K}$ nur negative Eigenwerte hat. $\mathbf{A}'$ hat den Eigenwert λ_i, wenn gilt:

$$\mathbf{A}'\vec{v}_i = \lambda_i\vec{v}_i \qquad \text{oder} \qquad (3.13)$$
$$(\mathbf{A}' - \lambda_i\mathbf{I})\vec{v}_i = \vec{0} \qquad \text{mit } \vec{v}_i \neq \vec{0} \qquad (3.14)$$

Hierbei ist $\vec{v}_i$ der zugehörige Eigenvektor zum Eigenwert λ_i und $\mathbf{I}$ ist die Identitätsmatrix $(\mathrm{diag}(1))$. Gleichung (3.14) ist nur lösbar, wenn gilt:

$$\det(\mathbf{A}' - \lambda_i\mathbf{I}) = \det(\mathbf{A} - \vec{b}\mathbf{K} - \lambda_i\mathbf{I}) = 0 \qquad (3.15)$$

Wenn der Eigenwert λ_i vorgegeben wird, führt Gleichung (3.15) auf eine nichtlineare Gleichung mit den unbekannten Elementen der Matrix $\mathbf{K}$. Wird dies mit allen Eigenwerten durchgeführt, ergibt sich also ein nichtlineares Gleichungssystem mit $n \cdot m$ Unbekannten, wobei m der Anzahl der Eingänge entspricht (in unserer Situation ist $m = 1$, denn der Eingang ist nur die Kraft F). Um das Problem zu lösen, greift man in der Regel auf bestehende Algorithmen zurück; hier wurde die Funktion `place` im Programmpaket `Matlab` verwendet. Diese Funktion legt die Matrix $\mathbf{K}$ so aus, dass die vorgebenen Eigenwerte für $\mathbf{A}' = \mathbf{A} - \vec{b}\mathbf{K}$ möglichst gut umgesetzt werden. Sei $\vec{f} = (\lambda_1, \lambda_2, \dots, \lambda_n)$ der Zeilenvektor der vorgegebenen Eigenwerte λ_i, so berechnet die Funktion `K = place(A,B,f)` die passende Matrix $\mathbf{K}$, sodass gilt: $\det(\mathbf{A} - \vec{b}\mathbf{K} - \lambda_i\mathbf{I}) = 0$.

Mit den Werten, die wir in Abschn. 3.2.3 gewählt haben, ergibt sich

$$\mathbf{A} = \begin{pmatrix} 0 & 1 & 0 & 0 \\ 0 & 0 & 14 & 0 \\ 0 & 0 & 0 & 1 \\ 0 & 0 & 36 & 0 \end{pmatrix} \quad \text{und} \quad \vec{b} = \begin{pmatrix} 0 \\ \frac{16}{15} \\ 0 \\ \frac{8}{5} \end{pmatrix},$$

und mit numerischer Polvorgabe, bei der wir die Eigenwerte -1, -2, -3 und -4 vorgegeben haben, erhalten wir

$$\mathbf{K} = \begin{pmatrix} -\frac{3}{2} & -\frac{25}{8} & \frac{363}{8} & \frac{25}{3} \end{pmatrix}$$

und damit die Systemmatrix des geregelten Systems

$$\mathbf{A}' = \mathbf{A} - \vec{b}\mathbf{K} = \begin{pmatrix} 0 & 1 & 0 & 0 \\ 0 & 0 & 14 & 0 \\ 0 & 0 & 0 & 1 \\ 0 & 0 & 36 & 0 \end{pmatrix} - \begin{pmatrix} 0 \\ \frac{16}{15} \\ 0 \\ \frac{8}{5} \end{pmatrix} \begin{pmatrix} -\frac{3}{2} & -\frac{25}{8} & \frac{363}{8} & \frac{25}{3} \end{pmatrix}$$

$$= \begin{pmatrix} 0 & 1 & 0 & 0 \\ 0 & 0 & 14 & 0 \\ 0 & 0 & 0 & 1 \\ 0 & 0 & 36 & 0 \end{pmatrix} - \begin{pmatrix} 0 & 0 & 0 & 0 \\ -\frac{8}{5} & -\frac{10}{3} & \frac{242}{5} & \frac{80}{9} \\ 0 & 0 & 0 & 0 \\ -\frac{12}{5} & -5 & \frac{363}{5} & \frac{40}{3} \end{pmatrix}$$

$$= \begin{pmatrix} 0 & 1 & 0 & 0 \\ \frac{8}{5} & \frac{10}{3} & -\frac{172}{5} & -\frac{80}{9} \\ 0 & 0 & 0 & 1 \\ \frac{12}{5} & 5 & -\frac{183}{5} & -\frac{40}{3} \end{pmatrix}.$$

3.4.3 Die Lösung der neuen Bewegungsgleichungen

Wir ermitteln nun das Verhalten des geregelten Systems, indem wir die Lösung der DGL $\dot{\vec{x}} = \mathbf{A}'\vec{x}$ bestimmen. Das charakteristische Polynom lautet

$$\chi_{\mathbf{A}'}(\lambda) = \lambda^4 + 10\lambda^3 + 35\lambda^2 + 50\lambda + 24$$
$$= (\lambda + 1)(\lambda + 2)(\lambda + 3)(\lambda + 4),$$

wir haben also die Eigenwerte

$$\lambda_1 = -1, \quad \lambda_2 = -2, \quad \lambda_3 = -3, \quad \lambda_4 = -4.$$

Alle Eigenwerte sind negativ, das heißt die Lösung der DGL, die sich aus den Basis-Bausteinen $\vec{v}_i e^{\lambda_i t}$ zusammensetzt, klingt für alle Anfangswerte ab.

Mit *Abklingen* bezeichnet man die Situation, wenn eine Funktion $f(t)$ mit wachsender Zeit t gegen 0 strebt. Ein klassisches Beispiel ist die gedämpfte Schwingung $f(t) = a\, e^{-bt} \cos(ct + d)$ mit $b > 0$, bei der der Vorfaktor e^{-bt} dafür sorgt, dass die Schwingung $a \cos(ct + d)$, die die Amplitude $|a|$ besitzt, abklingt.

Wir bestimmen nun die zugehörigen Eigenvektoren $\vec{v}_i$ jeweils durch Lösen von $(\mathbf{A}' - \lambda_i \mathbf{I})\vec{v}_i = 0$:

$$\vec{v}_1 = \begin{pmatrix} \frac{28}{3} \\ -\frac{28}{3} \\ -1 \\ 1 \end{pmatrix}, \quad \vec{v}_2 = \begin{pmatrix} \frac{11}{12} \\ -\frac{11}{6} \\ -\frac{1}{2} \\ 1 \end{pmatrix}, \quad \vec{v}_3 = \begin{pmatrix} \frac{4}{27} \\ -\frac{4}{9} \\ -\frac{1}{3} \\ 1 \end{pmatrix}, \quad \vec{v}_4 = \begin{pmatrix} -\frac{1}{96} \\ \frac{1}{24} \\ -\frac{1}{4} \\ 1 \end{pmatrix}.$$

3.5 Exkurs: Anwendung der Zustandsrückführung

Beim Entwurf der Regelung sind wir von dem linearen Differentialgleichungssystem (3.9) ausgegangen. Allerdings wollen wir ja ein System regeln, das durch das nichtlineare Differentialgleichungssystem (3.1) und (3.2) beschrieben wird. Es stellt sich daher die Frage, ob die Regelung auch für das nichtlineare System funktioniert. Wir beantworten diese Frage anhand einer Simulation, indem wir die Reaktion des nichtlinearen Modells auf unterschiedliche Ereignisse simulieren. Im Detail berechnen wir, wie das Pendel auf einen Stoß reagiert und wie es sich bei einer Veränderung der Sollposition des Wagens verhält.

> **Hinweis für die Übungen**
>
> Es kann nicht vorausgesetzt werden, dass die Teilnehmer `Simulink` oder ähnliche Software beherrschen. Darüber hinaus steht die Zeit, die eine Einarbeitung kostet, bei einem kurzen Einsatz wie hier nicht in Verhältnis zum Nutzen. Es bietet sich daher an, dass der Dozent die Simulation am Rechner vorführt.

Abbildung 3.4 zeigt die berechnete Wagenposition x und die simulierte Pendelbewegung α sowohl für das geregelte nichtlineare als auch für das lineare Modell. Darüber hinaus ist die über das Regelgesetz berechnete Stellkraft F visualisiert. Der Simulation liegen wiederum die Parameter von S. 23 zugrunde. Für den Reglerentwurf wurden folgende Eigenwerte vorgegeben:

$$\vec{f} = (-7,\ -8{,}75,\ -10{,}5,\ -12{,}25) \tag{3.16}$$

Die Zustandsverläufe zeigen zunächst deutlich, dass sich das Verhalten des nichtlinearen Modells für dieses Szenario nicht von dem des linearen Modells unterscheiden lässt: Die Trajektorien sind genau deckungsgleich. Darüberhinaus wird deutlich, dass die Regelung das Leistungspotenzial des Antriebs nicht ausreizt: Die maximale Stellkraft von $20\,\text{N}$ wird nicht erreicht (mit Blick auf Abb. 3.4 liegt das Betragsmaximum der angeforderten Kraft bei etwa $20\,\text{N}$). Des Weiteren wird deutlich, dass das geregelte System den Stoß (impulsartiges Störmoment T) gegen das Pendel gut verkraften kann. Natürlich wird das Pendel als Reaktion auf die Störung

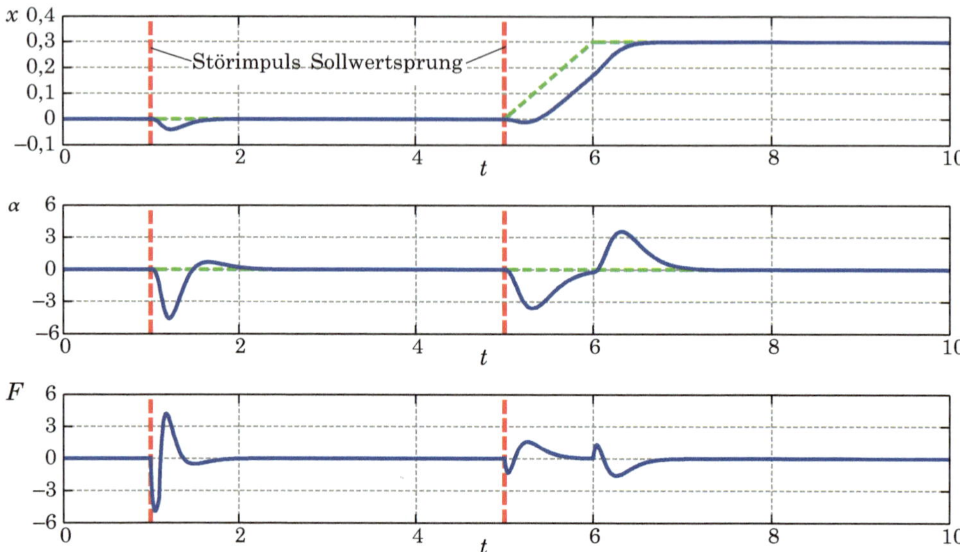

Abb. 3.4: Simuliertes Verhalten des geregelten Pendels, mit Eigenwerten (3.16), für zwei
Szenarien: (1.) Aufschalten eines impulsartigen Störmoments T (entspricht einem Stoß gegen den Pendelstab) und (2.) Sollwertänderung für die Wagenposition. Dargestellt sind die Wagenposition x, der Pendelwinkel α und die Stellkraft
F für das nichtlineare (*durchgehende Linie*) und für das lineare Modell (*strich-
punktierte Linie*). Die *strich-punktierten Kurven* sind nicht sichtbar, da sie für
dieses Szenario deckungsgleich mit den *durchgehenden Verläufen* sind. Die *gestrichelten Kurven* repräsentieren die Sollwerte für die Wagenposition und den
Pendelwinkel. Die Zeitpunkte, an denen die Events in der zuvor beschriebenen
Reihenfolge stattfanden, sind über die *vertikalen Balken* markiert

kurz ausgelenkt; es kehrt jedoch schnell wieder in die Ruhelage zurück. Dies wird
erreicht, indem der Wagen zunächst nach links fährt – also der Kippbewegung
des Pendels folgt. Hierdurch wird der Lagerpunkt des Pendels wieder unter den
Schwerpunkt des Pendels verschoben. Genau genommen fährt der Wagen sogar so
weit, dass sich das Pendel leicht nach rechts neigt (positive Winkelauslenkung in
Abb. 3.4). Diese leichte Neigung ist notwendig, damit der Wagen wieder zurück in
seine Sollposition $x = 0$ fahren kann. Das gesamte Stabilisierungsmanöver dauert
circa eine Sekunde.

Neben dem Stoß wird eine sogenannte Sollwertänderung der Wagenposition si-
muliert. Den Begriff Sollwert kann man hierbei wörtlich verstehen: Er drückt aus,
welchen Wert eine bestimmte Größe – hier die Wagenposition x – annehmen soll.
In diesem Fall kann die Sollwertänderung der Wagenposition also als eine Art
Fahrbefehl aufgefasst werden, ähnlich zu den Fahrbefehlen des Segways, die durch
Gewichtsverlagerung induziert werden. Konkret soll der Wagen innerhalb von ei-

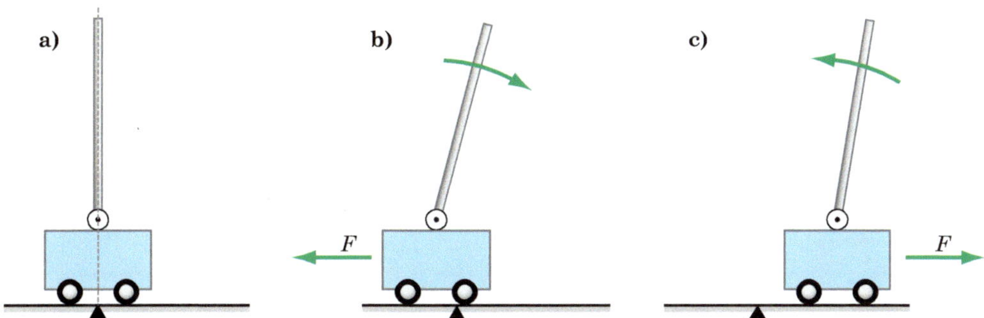

Abb. 3.5: Die Bildabfolge illustriert schematisch den Anfahrvorgang des inversen Pendels, um eine Bewegung des Wagens nach rechts einzuleiten. Ausgehend von der Ruhelage (a), wird der Wagen zunächst nach links bewegt, um den Pendelstab in die spätere Fahrtrichtung zu neigen (b). Daraufhin kann die Beschleunigung in die ursprünglich anvisierte Richtung erfolgen (c). Dies geht natürlich mit der Aufrichtung des Pendelstabs einher

ner Sekunde seine Position von $x = 0\,\mathrm{m}$ auf $x = 0{,}3\,\mathrm{m}$ verändern. In Abb. 3.4 ist ebenfalls der zugehörige Sollwertverlauf dargestellt. Offensichtlich gelingt es dem inversen Pendel, der gewünschten Sollwertänderung mit leichter Verzögerung zu folgen. Im Folgenden soll kurz diskutiert werden, wie die Regelung eine derartige Positionsänderung umsetzt.

Das Manöver zur Umsetzung der Positionsänderung ist in Abb. 3.5 skizziert. Um den Wagen später nach rechts zu bewegen, muss zunächst das Pendel in die entsprechende Richtung geneigt werden. Diese geschieht indem der Wagen zunächst nach links, also entgegen der eigentlichen Sollbewegung, beschleunigt wird, siehe Abb. 3.5b. Sobald sich das Pendel geneigt hat, kann der Wagen in Richtung der neuen Sollposition, also nach rechts, bewegt werden. Das Pendel erfährt im Zuge dieser Bewegung natürlich eine Beschleunigung nach links, siehe Abb. 3.5c. Auf Grund der „Vorneigung" führt diese Beschleunigung allerdings nicht zum unkontrollierten Kippen des Pendels, im Gegenteil: Das Pendel wird durch die Bewegung des Wagens hin zu Sollposition wieder aufgerichtet. Hat der Wagen seine neue Position fast erreicht, so läuft das Manöver invers ab: Der Wagen übersteuert leicht, das Pendel wird nach links gekippt und durch die Rückwärtsbewegung des Wagens schließlich in der aufrechten Ruhelage stabilisiert. Die einzelnen Phasen des Manövers sind in Abb. 3.4 gut zu erkennen. Insgesamt nimmt die Positionsänderung des Wagens circa zwei Sekunden in Anspruch.

Die Simulation in Abb. 3.4 suggeriert, dass kein erkennbarer Unterschied zwischen dem geregelten nichtlinearen und dem geregelten linearen Modell auftritt. Für die oben genannte Parameterkonstellation ist diese Einschätzung auch korrekt. Im Folgenden möchten wir kurz aufzeigen, dass andere Parametersätze jedoch durchaus Abweichungen der Modelle zur Folge haben können.

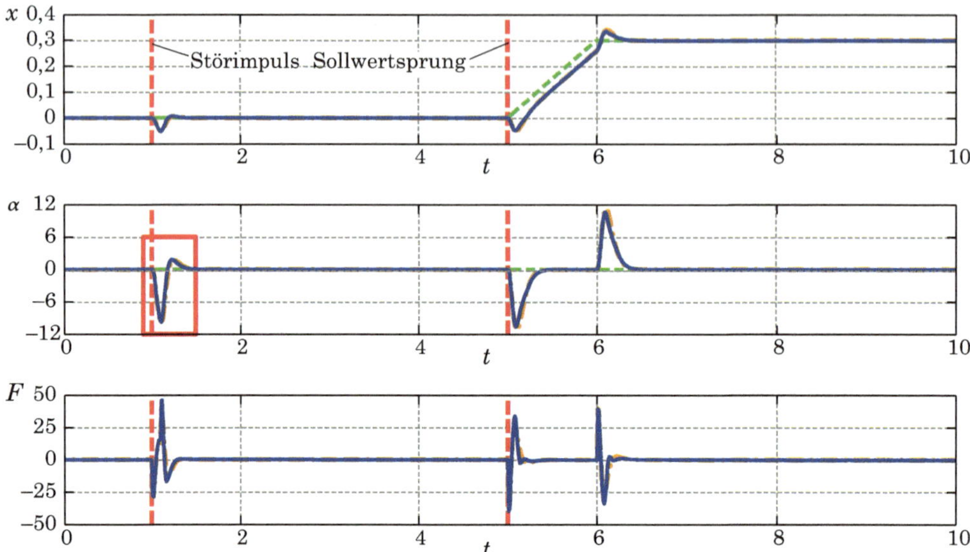

Abb. 3.6: Simuliertes Verhalten des geregelten Pendels, basierend auf der schnelleren Regelung mit Eigenwerten (3.16). Die simulierten Szenarien und die Liniencodierung ist identisch zu Abb. 3.4. Das umrandete Detail ist in Abb. 3.7 visualisiert

Da die Modellparameter $(l, m, \ldots)$ durch das reale System vorgeben sind, variieren wir in diesem Zusammenhang die Reglerparameter; diese hängen wiederum entscheidend von den gewählten Eigenwerten des geregelten Systems ab. Um Unterschiede zwischen den Modellen zu verdeutlichen, entwerfen wir eine schnelle Regelung, indem wir die Eigenwerte betragsmäßig groß wählen. Dies hat ein schnelles Abklingen der zugehörigen Eigenbewegungen zur Folge. Konkret geben wir die Eigenwerte

$$\vec{f} = (-22,\ -27{,}5,\ -33,\ -38{,}5) \tag{3.17}$$

vor. Die zugehörige Reglermatrix $\mathbf{K}$ unterscheidet sich natürlich von der Reglermatrix für die Eigenwerte (3.16). Simuliert man das Systemverhalten für die hier ausgelegte, schnellere Regelung, die auf (3.17) basiert, so ergeben sich die in Abb. 3.6 visualisierten Zustandsverläufe.

Zunächst ist ersichtlich, dass auch die schnellere Regelung funktioniert; wie zu erwarten, erfolgt sowohl die Stabilisierung nach dem Stoß als auch die Sollwertänderung sogar schneller als für die langsamere Regelung. Im Gegenzug sind jedoch deutlich höhere Stellkräfte notwendig. Die angeforderte Kraft F ist für einige Zeitpunkte sogar so groß, dass sie vom Stellapparat (Motor) nicht umgesetzt werden könnte, da dieser (wie oben erwähnt) maximal $\pm 20\,\mathrm{N}$ generieren kann. Für die Praxis ist diese Regelung also ungeeignet.

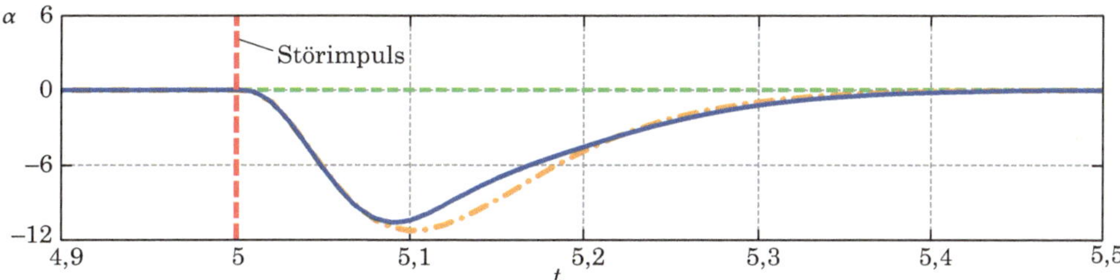

Abb. 3.7: Detail aus Abb. 3.6. Winkeländerung basierend auf der schnellen Regelung. Unterschiede zwischen dem nichtlinearen (*durchgezogene Linie*) und dem linearen Modell (*strich-punktierte Linie*) sind deutlich erkennbar

Die schnellere Regelung eignet sich jedoch, um Unterschiede zwischen den Modellen aufzeigen. In Abb. 3.6 sind zwar kaum Abweichungen erkennbar, betrachtet man jedoch das Detail in Abb. 3.7, so werden Unterschiede deutlich.

> **Hinweis für die Übungen**
>
> Es stellt sich die Frage, warum Modellabweichungen bei der schnellen, nicht aber bei der langsamen Bewegung auftreten. Diese Frage möchten wir hier nur metaphorisch beantworten.
> Grundsätzlich repräsentieren das lineare und das nichtlineare Modell zwei unterschiedliche Systeme, die sich nur näherungsweise identisch verhalten. Die jeweiligen Eigenbewegungen und auch die Geschwindigkeiten, mit denen diese ablaufen, variieren daher leicht. Grob gesprochen wird ein Modell immer etwas agiler sein als das andere. Ein Modell verhält sich als also eher wie ein Sportwagen, während das andere Modell einem herkömmlichen Nutzwagen gleicht. Bei langsamen Geschwindigkeiten (hier langsame Regelung) macht sich der Unterschied nicht bemerkbar. Erhöht man jedoch die Geschwindigkeit (hier schnellere Regelung), so spielt der Sportwagen sein Potenzial aus – die Unterschiede werden deutlich.

4 Das Experiment

Ohne Frage resultiert der Charme des Segway-Projektes aus dem zugehörigen Experiment. Jedem, der schon einmal versucht hat, einen Stab aufrecht auf der Hand zu balancieren, wird schnell klar, dass die Aufgabe, den Segway oder das inverse Pendel zu stabilisieren, nicht einfach umzusetzen ist. Umso mehr überrascht es dann, wenn man die berechnete Reglermatrix $\mathbf{K}$ in den Rechner einspeist und das Pendel – wie durch Magie – in der aufrechten Position verbleibt. Selbst kleine Störungen – wie etwa Stöße – werden von der Regelung kompensiert. Mit einem Schlag wird deutlich, dass sich der betriebene Rechenaufwand auszahlt und abstrakte mathematische Konzepte im Ingenieurwesen nicht nur berechtigt, sondern zum Teil schlicht unumgänglich sind.

Damit sich dieses Erlebnis so einstellt, ist im Hintergrund einige Arbeit notwendig. Um den entworfenen Regler anzuwenden, ist offensichtlich ein Versuchsstand erforderlich, weiterhin wird eine Steuereinheit benötigt, über die der Aufbau angesteuert werden kann, und zuletzt gilt es, das ausgelegte Regelgesetz zu implementieren und auszuwerten. Im Folgenden erläutern wir, wie diese Bausteine realisiert werden können.

Anschließend zeigen wir auf, wie das Experiment eingesetzt werden kann, um das Verständnis für das inverse Pendel und die zu Grunde liegendenden mathematischen und regelungstechnischen Probleme zu vertiefen. Wir untersuchen beispielsweise, wie sich Stöße und Zusatzgewichte auf das Verhalten des geregelten Systems auswirken.

4.1 Der Versuchsstand

Um das inverse Pendel experimentell zu untersuchen, benötigt man im Wesentlichen einen angetriebenen Wagen, auf dem sich das Pendel befindet, und eine Messeinrichtung zur Detektion der Pendel- und Wagenposition. Über eine Steuereinheit werden darüber hinaus die Messsignale eingelesen und verarbeitet sowie der Motor angesteuert. Ein Aufbau, der diese Anforderungen erfüllt, ist in Abb. 4.1 skizziert.

Der Wagen wird hierbei über einen Zahnriemen bewegt, der wiederum von einem Motor angetrieben wird. Auf dem Wagen ist eine Welle so gelagert, dass lediglich Drehbewegungen um die Querachse des Wagens ermöglicht werden. Der Pendelstab ist senkrecht auf dieser Welle montiert. Die Messung des Pendelwinkels erfolgt über einen (inkrementellen) Drehgeber, der die Drehbewegungen der angesprochenen Welle erfasst. Die Wagenposition wird indirekt über die Drehung der Motorwelle

J. Härterich, A. Rooch, *Das Mathe-Praxis-Buch*, Springer-Lehrbuch,
DOI 10.1007/978-3-642-38306-9_4, © Springer-Verlag Berlin Heidelberg 2014

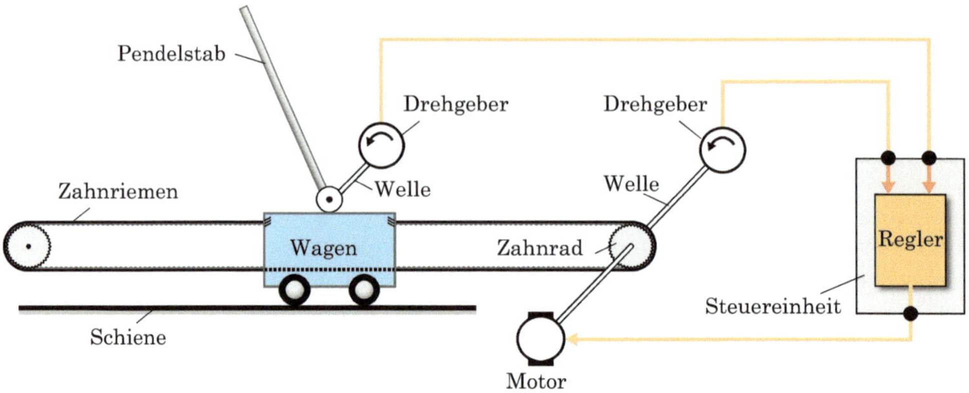

Abb. 4.1: Schematische Darstellung des inversen Pendels

gemessen, wobei wiederum ein Drehgeber verwendet wird. Die Umrechnung des Motordrehwinkels hin zur gesuchten Wagenposition erfolgt über den Radius des Zahnrads, das die Drehbewegung in eine translatorische Bewegung des Zahnriemens umsetzt. Als Steuereinheit wird ein Rechner verwendet, der mit einer Messkarte ausgestattet ist. Der eigentliche Regler wird über die Software `Simulink`[1] unter Verwendung des `Simulink Coders` (früher `Real-Time Workshop`) realisiert. Die Abb. 4.2 zeigt ein Foto des hier beschriebenen inversen Pendels.

Obschon der prinzipielle Versuchsaufbau einfach ist, erfordert die Realisierung und Inbetriebnahme des Experiments Fachwissen und Know-How. Der Eigenbau sollte daher nur mit fachkundiger regelungstechnischer Unterstützung erfolgen; alternativ bieten Hersteller von Laborgeräten für die ingenieurwissenschaftliche Ausbildung einsatzfertige Versuchsstände an.

4.2 Implementierung und Auswertung des Regelgesetzes

Vom mathematischen Standpunkt aus betrachtet ist das lineare Regelgesetz $F(\vec{x}) = -\mathbf{K}\,\vec{x}$ recht einfach. Dennoch bringt die reale Anwendung jedes Reglers einige Probleme mit sich, die wir im Folgenden diskutieren. Oft resultieren diese Probleme aus Annahmen, die in der Theorie leichtfertig getätigt werden, die aber in der Praxis häufig nicht haltbar sind. Um diese versteckten Annahmen zu identifizieren, betrachten wir zunächst einen synthetischen Regelkreis im Rechner (siehe Abb. 4.3a). Das reale System wird hierbei über ein mathematisches Modell abgebildet, zum Beispiel das Zustandsraummodell (3.9). Basierend auf der Kenntnis der System-

---

[1] `Simulink`, eine Erweiterung des Programms `Matlab`, erlaubt unter anderem die Modellierung von Systemen (zum Beispiel Reglern) über Blockschaltbilder.

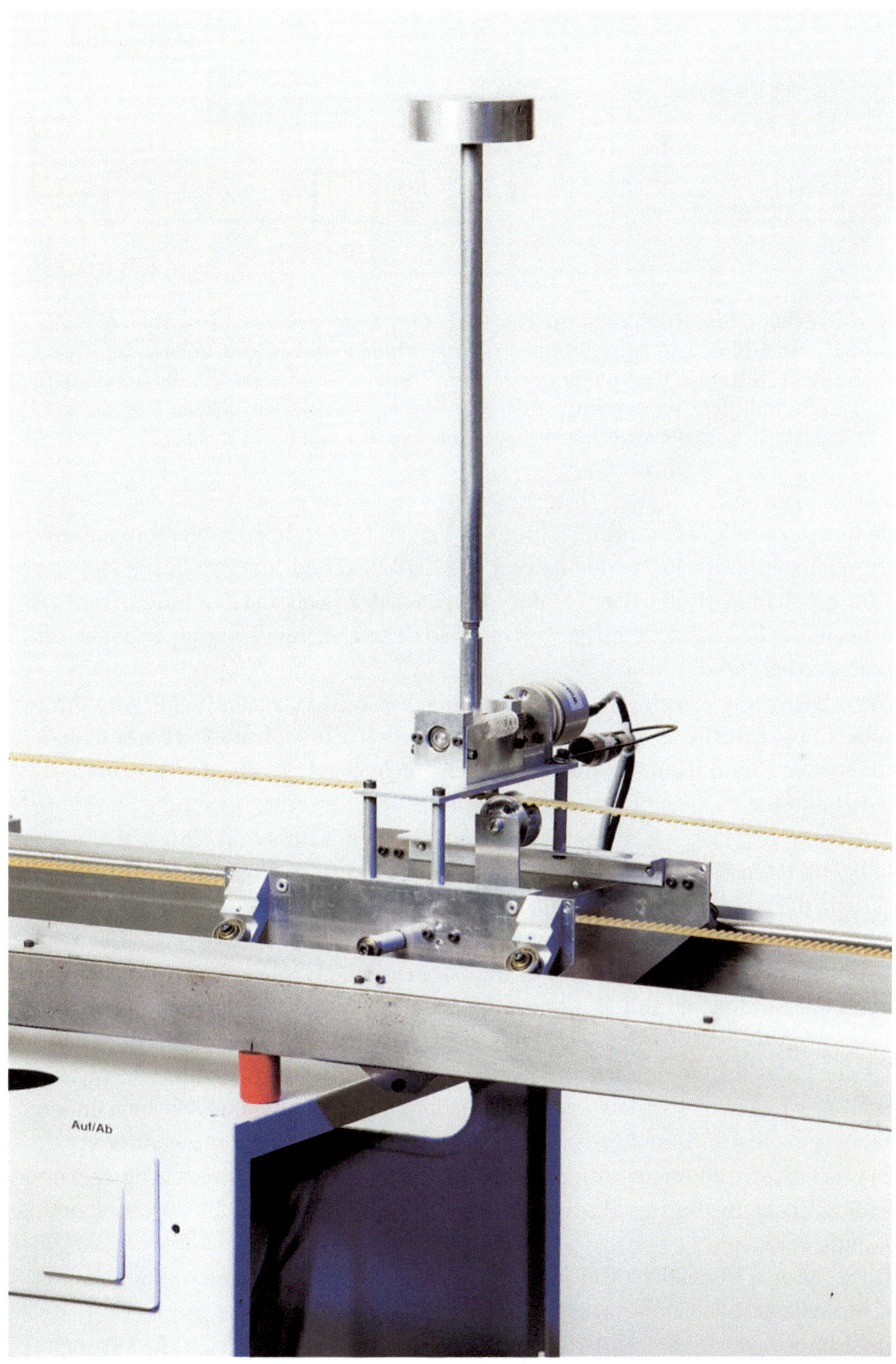

Abb. 4.2: Das inverse Pendel als Versuchsstand

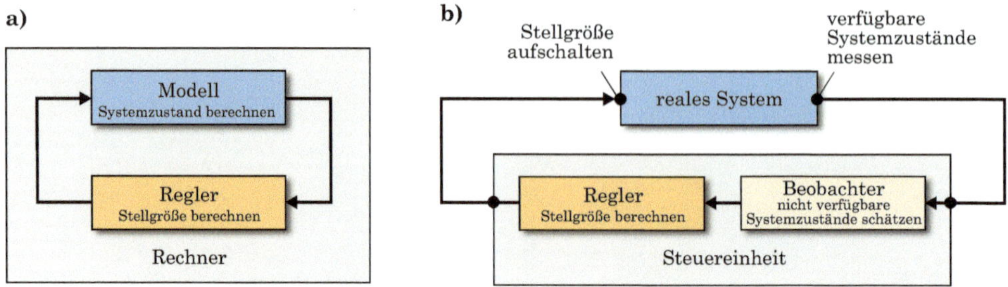

Abb. 4.3: a Synthetischer Regelkreis im Rechner. Das reale System wird über ein Modell abgebildet. Die Interaktion zwischen Modell und Regler erfolgt intern im Rechner. b Realer Regelkreis mit realem System. Die Interaktion zwischen dem System und dem Regler wird über eine Steuereinheit abgewickelt. Die Auswertung des Regelgesetzes erfordert ggf. den Einsatz eines Beobachters

zustände und der Stellgrößen zum Zeitpunkt t liefert das Modell den Systemzustand $\vec{x}$ für den nächsten Zeitschritt, das heißt $t + \Delta t$. Ausgehend hiervon berechnet der Regler die passenden Stellgrößen F für den nächsten Zeitschritt, indem das zu Grunde liegende Regelgesetz ausgewertet wird. Diese Schleife kann beliebig oft wiederholt werden.

Dem synthetischen Regelkreis liegt die zunächst selbstverständliche Annahme zu Grunde, dass sämtliche Systemzustände in jedem Zeitschritt verfügbar sind. Im Rahmen der Simulation ist dies natürlich auch gegeben, da das mathematische Modell alle physikalisch relevanten Zustände abbildet und berechnet. Um nun das Regelgesetz $F(\vec{x}) = -\mathbf{K}\,\vec{x}$ für das reale System auszuwerten, müssen die im Modell abgebildeten Zustände $\vec{x}$ für das reale System ermittelt werden. Hierzu ist offensichtlich die Messung der Systemzustände erforderlich, die in einigen Fällen problematisch sein kann.

Für Probleme bei der Messung gibt es unterschiedliche Gründe. Zunächst kommt es vor, dass ein Modellzustand $\vec{x}_i$ überhaupt keine physikalische Entsprechung hat und daher nicht direkt messbar ist. Dies kann beispielsweise ein Systemzustand sein, der die Volatilität eines Finanzderivats beschreibt. Bei dem hier betrachteten Modell des inversen Pendels ist jedoch jeder Zustand physikalisch begründet. Häufig kann ein Zustand auch aus konstruktiven Gründen nicht messbar sein wie beispielsweise die Temperatur an einem bestimmten Punkt im Inneren einer Turbine. Schließlich kann die Installation einer Messapparatur schlicht zu teuer oder zu aufwändig sein.

Mit Blick auf den Versuchsstand in Abb. 4.1 fällt auf, dass auch hier lediglich zwei der vier Modellzustände gemessen werden, nämlich die Wagenposition x (indirekt über den Motordrehwinkel) und der Pendelwinkel α. Die zeitlichen Ableitungen $\dot{x}$ und $\dot{\alpha}$ werden nicht direkt ermittelt. Natürlich existieren auch Drehgeber, die gleichzeitig Winkel und Winkelgeschwindigkeit erfassen, jedoch wurden diese aus

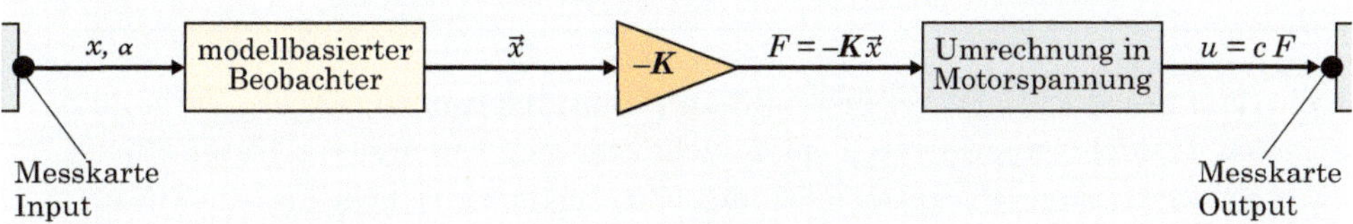

Abb. 4.4: Implementierung des Regelgesetzes in Form eines Blockschaltbildes. Das zentrale Regelgesetz $F = -\mathbf{K}\,\vec{x}$ ist hervorgehoben. Die gesamte Einheit entspricht der Steuereinheit in Abb. 4.3b

Kosten- und Anschauungsgründen hier nicht verwendet. Um nun die fehlenden Zustände bereitzustellen, kann zum Beispiel das Modell des Systems verwendet werden. Vereinfacht gesagt werden hierbei die bekannten Systemzustände in das Modell eingespeist und die fehlenden Größen basierend auf den Modellgleichungen geschätzt. In der Regelungstechnik wird ein derartiges System zur Schätzung nicht messbarer Größen als Beobachter bezeichnet (siehe Abb. 4.3b). Ohne auf weitere Details einzugehen sei angemerkt, dass den Experimenten in Abschn. 4.3 ein Luenberger-Beobachter[2] zu Grunde liegt.

Liegen Mess- oder Schätzwerte sämtlicher Systemzustände vor, so ist die Implementierung des eigentlichen Regelgesetzes vergleichsweise einfach. Abbildung 4.4 zeigt die schematische Reglerschaltung als Blockschaltbild. Ausgehend von den Messgrößen x und α, die über die Messkarte in die Steuereinheit eingelesen werden, werden zunächst die ausstehenden Zustände $\dot{x}$ und $\dot{\alpha}$ mit Hilfe des modellbasierten Beobachters ermittelt. Anschließend wird über das zentrale Regelgesetz $F = -\mathbf{K}\,\vec{x}$ die benötigte Kraft F ermittelt, um den Wagen so zu bewegen, dass das Pendel in der aufrechten Position verbleibt. Zu beachten ist schließlich, dass diese Kraft zwar vom Motor generiert wird, dieser jedoch über eine (Anker-)Spannung[3] angesteuert wird. Mit anderen Worten bildet die Kraft die Ausgangsgröße des Motorsystems, während die Ankerspannung die einzustellende Eingangsgröße ist. In Abhängigkeit von der berechneten Kraft muss also die Motorspannung u so berechnet werden, dass der Motor genau die angeforderte Kraft erzeugt. In erster Näherung kann angenommen werden, dass die gesuchte Spannung proportional zur berechneten Kraft ist, das heißt $u = c\,F$, wobei die Konstante c von der Beschaffenheit des Motors abhängt.

---

[2] Für weiterführende Literatur zur Beobachtertheorie sei zum Beispiel auf J. Lunze, *Regelungstechnik 2*, Springer Verlag, Berlin 2005 verwiesen.

[3] Normalerweise würde man den Motor mit in die Modellierung des Systems einbeziehen und die Motorspannung als Eingangs- beziehungsweise Stellgröße wählen. Um das Modell zu vereinfachen, wurde hier jedoch auf diese genauere Modellierung verzichtet.

4.3 Experimentieren mit dem inversen Pendel

Steht ein funktionstüchtiger Versuchsaufbau bereit, so kann das reale Verhalten des inversen Pendels experimentell untersucht werden. Um weitere Unterschiede zwischen Simulation und Realität auszumachen, bietet es sich in diesem Zusammenhang an, am realen System dieselben Szenarien durchzuspielen wie zuvor in der Simulation.

Mit Blick auf Abschn. 3.5 und die Abb. 3.4 bedeutet dies, dass der Pendelstab durch eine kleine Störung zunächst aus der Ruhelage gebracht wird. Während die Störung in der Simulation durch das Aufschalten eines (impulsförmigen) Störmoments T erzeugt wurde, darf in der Praxis Hand angelegt werden. Für die Studierenden ist es in diesem Zusammenhang immer wieder beeindruckend zu beobachten, wie die selbst entworfene Regelung leichte Handstöße kompensiert und das Pendel wieder aufrecht stabilisiert.

In der Simulation in Abschn. 3.5 wurde darüber hinaus die Sollposition des Wagens verändert. Auch dieses Szenario lässt sich am realen Versuchsstand leicht reproduzieren. Hierbei kann der Sollwertverlauf entweder im Vorfeld des Experiments einprogrammiert oder zur Laufzeit vorgegeben werden. Unabhängig von der Art der Sollwertvorgabe sind die Studierenden häufig überrascht, wie schnell der Wagen tatsächlich verfahren kann, ohne dass das Pendel destabilisiert wird. Natürlich lässt sich die Geschwindigkeit des Wagens bereits aus den simulierten Positionsverläufen in Abb. 3.4 ablesen, jedoch wirken $0{,}3\,\mathrm{m/s}$ (mit einem inversen Pendel im Gepäck) in der Realität deutlich spektakulärer als auf dem Papier.

Am realen Versuchsstand können darüber hinaus auch Experimente durchgeführt werden, die sich anhand der Simulation nicht so einfach veranschaulichen lassen. Interessant ist zum Beispiel die Analyse der Robustheit der Regelung.

> Vereinfacht gesagt nennt ein Regelungstechniker eine Regelung *robust*, wenn sie trotz kleiner Systemvariationen einwandfrei funktioniert. Systemvariationen können zum Beispiel daraus resultieren, dass das Modell, welches für den Reglerentwurf verwendet wurde, Ungenauigkeiten gegenüber dem realen System aufweist. Wurde der Regler in diesem Fall nicht robust ausgelegt, so würde er in Kombination mit dem realen System nicht zufriedenstellend funktionieren. Im Gegensatz dazu können Systemvariationen aber auch auftreten, wenn sich ein Systemparameter während des Betriebes (unvorhergesehen oder unvermeidbar) ändert.

Mit Blick auf den Segway ist beispielweise die Masse des Fahrers ein unsicherer Parameter. Um die Robustheit der Regelung des inversen Pendels zu untersuchen, kann also zum Beispiel die Masse des Pendelstabs verändert werden. Dies lässt sich einfach realisieren, indem der Pendelstab während des Experiments mit einem Zusatzgewicht beaufschlagt wird.

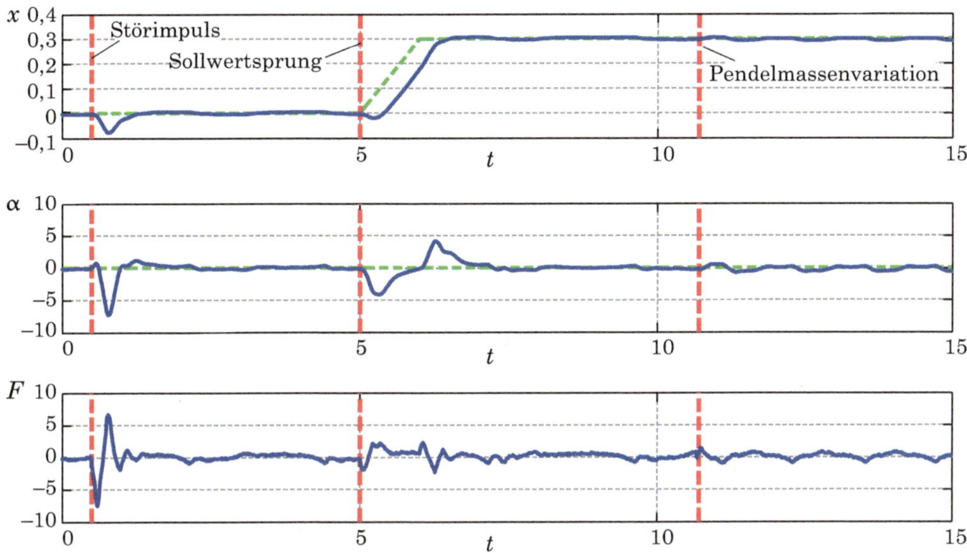

Abb. 4.5: Verhalten des inversen Pendels für drei Szenarien: (1) Anstoßen des Pendelstabs, (2) Sollwertänderung für die Wagenposition und (3) Veränderung der Pendelmasse. Die *durchgehenden Kurven* zeigen die Messwerte für x und α sowie die berechneten Stellkräfte F. Die *gestrichelten Verläufe* repräsentieren die Sollwerte für die Wagenposition und den Pendelwinkel. Die Zeitpunkte, an denen die Szenarien in der zuvor beschriebenen Reihenfolge stattfanden, sind über die *vertikalen Balken* markiert

Abbildung 4.5 zeigt Signalverläufe, die für die oben geschilderten Szenarien am realen Versuchsstand aufgenommen wurden. Bemerkenswert ist zunächst, dass die Reaktionen auf die ersten zwei Szenarien (Anstoßen und Sollwertsprung) nahezu identisch zur Simulation ausfallen (vgl. Abb. 3.4). Lediglich die Ausschläge der realen Signalverläufe sind im Vergleich zur Simulation leicht erhöht, was wahrscheinlich auf Modellungenauigkeiten und Reibungseffekte zurückzuführen ist. Mit Blick auf die Abb. 3.4 wird eine Ruhelage in der Simulation endlos beibehalten, sofern keine Störgrößen aufgeschaltet werden. In der Realität treten, bedingt durch Luftstöße und dergleichen, fortlaufend Störungen auf, die das Pendel aus der Ruhe bringen. Dies erklärt die geringfügigen Schwankungen der Größen x und α um die aktuelle Ruhelage (siehe Abb. 4.5). Die Reaktion auf die veränderte Pendelmasse zeigt abschließend, dass die entworfene Regelung robust ist. Es ist lediglich eine marginale Verstärkung der Schwankungen um die Ruhelage auszumachen sowie ein gesteigerter Krafteinsatz. Die letztgenannte Beobachtung ist natürlich leicht nachvollziehbar, da die zu bewegende Masse zugenommen hat.

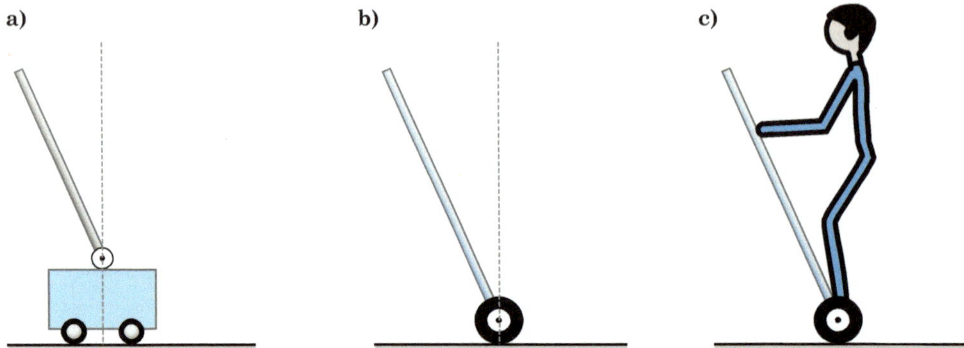

Abb. 4.6: Schematischer Übergang vom Pendel zum Segway. a Inverses Pendel mit angetriebenen Wagen. b Segway mit Antrieben direkt am Pendelstab. c Segway mit Fahrer. Gewichsverlagerungen werden in Fahrbefehle umgesetzt

4.4 Vom inversen Pendel zum Segway

Das Projekt versprach eingangs die Untersuchung eines Segways. Auf Grund der einfacheren Zugänglichkeit wurde allerdings anstelle des Segway das inverse Pendel analysiert. Im Rahmen des Experimentes möchten wir diese Umleitung aufheben und den Bogen zum Segway schließen. Das inverse Pendel und der Segway weisen eine wesentliche Gemeinsamkeit auf: In beiden Fällen soll ein Fahrzeug eine instabile Gleichgewichtslage durch gezielte Bewegungen beibehalten. Im Detail finden sich jedoch einige Unterschiede. Beim inversen Pendel wird der Wagen angetrieben, auf dem der Pendelstab beweglich gelagert ist (siehe Abb. 4.6a); im Gegensatz dazu befinden sich die Antriebe beim Segway gemäß Abb. 4.6b direkt am Pendelstab. Darüber hinaus ist die Regelungsaufgabe beim Segway komplexer: Während das inverse Pendel lediglich in der aufrechten Ruhelage zu stabilisieren ist, soll der Segway auf Gewichtsverlagerungen des Fahrers reagieren und entsprechend agieren (siehe Abb. 4.6c); hierbei sind nicht nur Vorwärts- und Rückwärtsbewegungen umzusetzen, sondern natürlich auch Kurven.

Offensichtlich resultiert die Komplexität des Segways insbesondere aus der Erfassung und Umsetzung der Bewegungsbefehle des Fahrers. Im Experiment wird diese Komponente daher häufig eliminiert und lediglich ein Segway ohne Fahrer betrachtet (siehe Abb. 4.6b). Eine preiswerte und einfache Realisierung eines entsprechenden Versuchsstands kann beispielsweise über die `Lego Mindstorms` Robotik-Bausätze erfolgen. Im Internet finden sich eine Vielzahl von Anleitung zum Aufbau und zur Programmierung eines Lego-Segways. Eine Variante ist in Abb. 4.7 illustriert.

Das Verhalten eines Segways kann über einen derartigen Lego-Roboter ausgezeichnet veranschaulicht werden. Im Hinblick auf die zu Grunde liegende Regelung

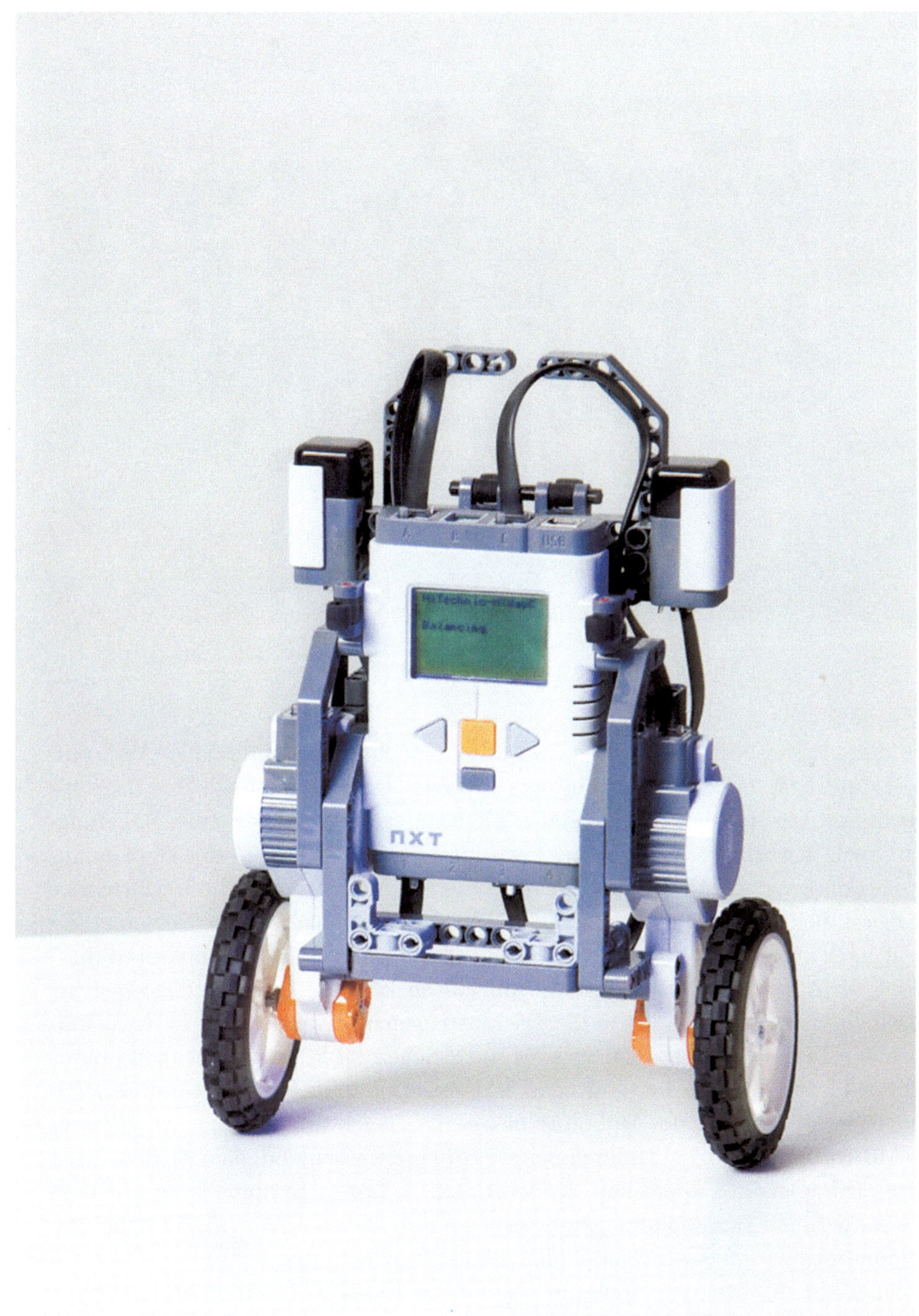

Abb. 4.7: Lego-Segway in Aktion

Abb. 4.8: Projektteilnehmer im Feldversuch

ist der didaktische Nutzen des Lego-Segways jedoch leider nur mäßig. Wie eingangs erläutert ist die Stabilisierung des inversen Pendels als auch des Segways anspruchsvoll. Die Regelgüte hängt dabei nicht nur von der entworfenen Regelung, sondern auch von den beteiligten, mechatronischen Komponenten ab: Die Genauigkeit der Sensoren, die Präzision und Leistung des Motors sowie die Performance der Steuereinheit haben entscheidenden Einfluss auf die Qualität der Regelung. Es ist leicht nachvollziehbar, dass die Motoren und Sensoren im Lego-Baukasten diesbezüglich nicht mit Industrieprodukten mithalten können. Um den Lego-Segway zu betreiben, muss daher häufig in die Trickkiste gegriffen werden, um beispielsweise ungenaue Messsignale und Motorspiel ausgleichen zu können. Darüber hinaus wird anstelle des hier erarbeiteten Zustandsreglers häufig ein sogenannter *PID-Regler* zur Stabilisierung des Roboters eingesetzt. Nach unserer Erfahrung ist es für die Motivation der Projektteilnehmer allerdings entscheidend, dass sie den selbst ausgelegten Regler im Experiment wiedererkennen. Dieses Erlebnis kann mit dem Lego-Segway allein nur unzureichend herbeigeführt werden. Als Ergänzung zum oben beschriebenen inversen Pendel eignet er sich jedoch gut.

Abschließend möchten wir noch ein besonderes Experiment empfehlen: Ein gemeinsamer Segway-Ausflug[4] mit der Projektgruppe ist in puncto Motivationsschub unerreichbar für jede noch so ausgefeilte didaktischen Methode (siehe Abb. 4.8).

---

[4] Viele Eventagenturen vermieten Segways und bieten auch geführte Segway-Touren an.

Hinweis für die Übungen

Die Segwayfahrt sollte durch Leitfragen und Arbeitsanregungen in das Projekt eingebunden werden. Zwar bleibt die Mathematik verborgen, allerdings kann man beim Fahren ein Gefühl für die Regelung gewinnen.

- Analog zur Linearisierung am Arbeitspunkt, muss auch die Fahrt mit dem Segway vom Arbeitspunkt aus gestartet werden: Die Startfreigabe (Lampen leuchten grün) erhält der Fahrer nur, wenn der Segway aufrecht steht. Ansonsten wäre ein sicherer Betrieb nicht möglich.

- Die Regelung des Segways ist robust: Sie funktioniert sowohl für unterschiedlich schwere Personen als auch für unterschiedliche Massenschwerpunkte. Letzteres kann leicht überprüft werden: Der Segway funktioniert unverändert, auch wenn man sich auf die Zehenspitzen stellt oder in die Hocke geht.

- Für Mutige: Obwohl die Regelung des Segway sehr ausgefeilt ist, hat sie natürlich ihre Grenzen. Wenn man sich im richtigen Rhythmus mutwillig vor- und zurückwirft, kann man den Segway aufschaukeln und an seine Stabilitätsgrenze führen. Das Experiment sollte natürlich gestoppt werden, bevor diese erreicht ist (dies wird in der Regel durch einen akustischen Alarm angezeigt; gegebenenfalls schaltet sich der Segway danach ab).

5 Exemplarischer Zeitplan

Woche 1

- Diskussion: Was muss ein Segway machen, damit es nicht umfällt?

- inverses Pendel als einfaches Segway-Modell vorstellen

- Hausaufgaben: Präsentation über Segway, Exkurs für Schulbuch schreiben (Aufgaben 2.1)

Woche 2

- Präsentation der Hausaufgaben

- Bewegungsgleichungen des inversen Pendels vorgeben und Symbole klären, Fazit: Das ist zu schwierig

- Diskussion: Wie kann man die Gleichungen vereinfachen?

- Grundlagenwissen über DGL und Bewegungsgleichungen zusammenfassen

- Hausaufgaben: Übersicht für Ingenieurs-Erstsemester schreiben, Taylorpolynome berechnen und Näherungen zeichnen (Aufgaben 2.2)

Woche 3

- Aktionstag: Segway fahren

- Hausaufgaben: Bewegungsgleichung linearisieren, Anleitung zum Diagonalisieren schreiben, Anleitung zum Lösen eines linearen DGL-Systems schreiben, linearisierte Bewegungsgleichung mit konkreten Werten lösen (Aufgaben 2.2)

Woche 4

- Präsentation der Teilnehmer: Lösung der linearisierten Bewegungsgleichung

- Dabei vor allem diskutieren und gegebenenfalls erklären: Wie schreibt man ein DGL-System in Matrix-Schreibweise? Wie löst man ein lineares DGL-System?

- Hausaufgaben: Vortrag zur Zwischenbilanz (Aufgaben 2.3)

J. Härterich, A. Rooch, *Das Mathe-Praxis-Buch*, Springer-Lehrbuch, 47
DOI 10.1007/978-3-642-38306-9_5, © Springer-Verlag Berlin Heidelberg 2014

(Woche 5, kein Treffen)

Woche 6

- Vortrag der Teilnehmer zur Zwischenbilanz

- Gemeinsam Qualität der Linearisierung von Sinus und Kosinus berechnen und graphisch veranschaulichen

- Diskussion: Ist die Lösung der Bewegungsgleichung stabil? (Natürlich nicht: jeder vermutet, dass das inverse Pendel umfällt. Doch woran liegt das mathematisch? Das führt zu der Idee: Man hätte gern eine Systemmatrix mit negativen Eigenwerten.)

- Erklären, wie eine Regelung funktioniert (Beispiel Dusche: Man dreht heißer und kälter, bis die optimale Temperatur gefunden ist)

- Vorführen, wie eine Regelung mathematisch funktioniert. $\mathbf{K}$ wird dabei numerisch bestimmt.

- Hausaufgabe: Verschiedene Reglermatrizen $\mathbf{K}$ ausprobieren (Aufgaben 2.4)

(Woche 7, kein Treffen)

Woche 8

- Diskussion der Hausaufgaben

- Modellaufbau: Verifizieren der Lösung im Experiment, inverses Pendel auf Robustheit untersuchen

- Hausaufgabe: Abschlusspräsentation vorbereiten (Aufgaben 2.4)

Woche 9

- ggf. Modellaufbau: Verifizieren der Lösung im Experiment, Fortsetzung

- ggf. Diskutieren der Probleme, die es beim Projekt gab

- Präsentationstraining

Woche 10

- Optionaler Zusatztermin

Woche 11

- Generalprobe/Prüfungen

Woche 12

- Abschlusspräsentation

Teil II

Cool bleiben: Design eines Rippenkühlers

Jörg Härterich, Aeneas Rooch

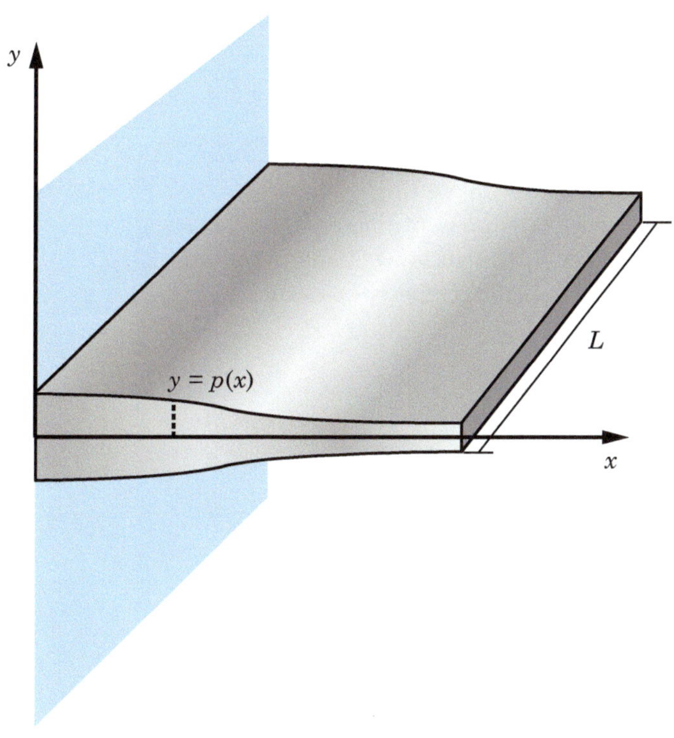

6 Die Aufgabe

6.1 Steckbrief

Praxisproblem	Elektronische Bauteile im Computer erzeugen Wärme.
Frage	Wie kann die Wärme abgeführt werden, sodass keine Überhitzung der Bauteile eintritt?
Mathematik	Gewöhnliche Differentialgleichungen 2. Ordnung, Potenzreihen, Optimierung.
Anschauung	Spielzeugmodell veranschaulicht Funktionsweise der Wärmeleitung, Vergleich handelsüblicher Bauteile mit theoretischen Berechnungen.
Stichwörter	Rippenkühler, Wärmeleitung, Konvektion, Thermodynamik.

6.2 Ausführliche Projektbeschreibung

Computer, Notebooks, Tablets oder auch Smartphones benötigen zum Funktionieren elektrische Energie. Diese Energie wird, da diese Geräte im allgemeinen keine sich bewegenden Teile besitzen, ausschließlich in Form von Wärme wieder abgegeben und kann bei rechenintensiven Anwendungen dazu führen, dass sich das Gerät innerhalb kurzer Zeit überhitzt und möglicherweise irreparablen Schaden nimmt. Die Wärme entsteht einerseits durch den Ohmschen Widerstand der elektronischen Bauteile, aber auch beim Schalten der vielen winzigen Transistoren.

Obwohl in den letzten Jahren große Anstrengungen unternommen wurden, den Energiebedarf von Computerchips zu verringern, insbesondere für mobile Geräte wie Smartphones oder Tablets, nehmen die Prozessoren und Grafikkarten in Desktop-PCs oder Laptops immer noch oft eine Leistung von 100 Watt oder mehr auf, die auf einer sehr kleinen Fläche in Wärme umgewandelt wird.

Damit der Computer seine Leistung nicht drosseln muss oder gar Schäden entstehen, muss die entstehende Wärme durch einen Kühler von den elektrischen Bauteilen an die Umgebung abgeführt werden. Wir konzentrieren uns hier auf die *passive* Kühlung, bei der kein Lüfter verwendet wird, sondern die Luft durch Temperatur- und Dichteunterschiede in Bewegung gerät und zwischen den Rippen des Kühlers entlangströmt.

J. Härterich, A. Rooch, *Das Mathe-Praxis-Buch*, Springer-Lehrbuch, DOI 10.1007/978-3-642-38306-9_6, © Springer-Verlag Berlin Heidelberg 2014

Solche Kühler finden nicht nur im PC Verwendung. Mit der Entwicklung immer leistungsstärkerer LEDs als Lichtquellen nimmt die Verbreitung eines weiteren Typs von elektronischen Bauteilen zu, der ebenfalls eine passive Kühlung benötigt, die in vielen Fällen ebenfalls durch einen Kühlkörper mit Rippen erreicht wird.

Dabei stellt sich immer die Frage

> Wie muss ein Kühlkörper aufgebaut sein, um möglichst effektiv Wärme
> von einem heißen elektrischen Bauteil weg zu transportieren?

In diesem Projekt befassen wir uns zunächst mit den Grundlagen der Wärmeleitung und versuchen die Differentialgleichung zu verstehen, die die Wärmeleitung in einem Festkörper und den Übergang der Wärme an die Umgebung quantitativ beschreibt.

Wenn wir ein hinreichend gutes Modell entwickelt haben, soll daraus durch geeignete Wahl der Parameter, die noch im Modell enthalten sind, ein möglichst effektiver Rippenkühler entworfen werden.

In einem zweiten Schritt berücksichtigen wir die natürliche Konvektion, also die durch Temperaturunterschiede verursachte Strömung von Luft zwischen den Flächen des Rippenkühlers. Hier suchen wir unter allen Rippenkühlern mit rechteckigen Rippen die optimale Kombination aus Rippenabstand und -höhe. Die theoretischen Resultate vergleichen wir im Lauf des Projekts mit echten Kühlern.

6.3 Mathematische Inhalte

Das müssen Sie können:

- homogene lineare Differentialgleichungen 1. und 2. Ordnung lösen

- gewöhnliche Differentialgleichung 1. Ordnung durch Trennung der Variablen lösen

- durch Ableiten und Vergleichen Anfangswertproblem lösen

- mit Hyperbelfunktionen rechnen

- spezielle Lösungen für eine gewöhnliche Differentialgleichung 2. Ordnung finden

- mit Potenzreihen rechnen

- Grenzwerte von Funktionen bestimmen

- Extrema von Funktionen bestimmen

7 Die Schritte zum Ziel

7.1 Wärmetransport

Damit wir uns später Gedanken über den Aufbau eines möglichst effektiven Kühler für den Prozessor (CPU) eines PCs machen können, müssen wir zunächst verstehen, welche Mechanismen dafür sorgen, dass Wärme von einem Ort zu einem anderen übertragen wird.

1. Finden Sie heraus, welche drei Hauptmechanismen zum Transport von Wärmeenergie es gibt. Überlegen Sie sich selbst so viele Beispiele, dass Sie die drei Arten gut unterscheiden können.

2. Wo spielt Wärmeübertragung in den Ingenieurwissenschaften eine wichtige Rolle? Um welche Form der Wärmeübertragung handelt es sich jeweils?

3. Wie funktioniert ein Rippenkühler prinzipiell und in welchen technischen Bereichen wird er eingesetzt?

4. Informieren Sie sich über kostenlos erhältliche Programme, die im PC oder Laptop die Temperatur der CPU anzeigen. Bestimmen Sie damit typische Werte für die Temperaturdifferenz zwischen CPU und Umgebung im Winter bzw. im Sommer.

5. Stellen Sie alles, was Sie bis jetzt herausgefunden haben, in einem kurzen für Laien verständlichen Vortrag (ca. 10 Minuten) zusammen!

6. Versuchen Sie außerdem, sich einen oder mehrere Rippenkühler (ohne Lüfter) zu beschaffen, zum Beispiel aus defekten Geräten, bei Ebay oder im Computerladen. Bestimmen Sie alle Maße (Länge, Breite, Höhe, Anzahl und Dicke der Rippen) sowie das Material. Berechnen Sie dann so genau wie möglich das Volumen und die reinen Materialkosten des Kühlers. Wir wollen diese echten Kühler später mit unseren theoretisch optimalen Kühlern vergleichen.

7.2 Verstehen, wie Wärme fließt

1. Um sich das Prinzip der Wärmeleitung in einem Körper zu veranschaulichen, kann man die folgende Simulation durchführen:

J. Härterich, A. Rooch, *Das Mathe-Praxis-Buch*, Springer-Lehrbuch,
DOI 10.1007/978-3-642-38306-9_7, © Springer-Verlag Berlin Heidelberg 2014

Stellen Sie sechs Schachteln $S_1, S_2, \ldots, S_6$ in einer Reihe auf und füllen Sie die rechte Schachtel S_6 zum Beispiel mit 100 Bausteinen, Murmeln oder ähnlichem. Wiederholen Sie dann einige Male die folgenden Schritte:

- Bestimmen Sie für alle benachbarten Schachteln S_1 und S_2, S_2 und $S_3, \ldots$ jeweils die Differenz der in ihnen enthaltenen Steine oder Kugeln. Verschieben Sie jeweils die Hälfte dieser Differenz in den Behälter, der weniger Steine enthält. (Ist die Differenz ungerade, so können Sie frei wählen, ob sie auf- oder abrunden wollen.)

- Füllen Sie anschließend den rechten Behälter S_6 wieder auf, sodass er 100 Steine enthält.

- Leeren Sie den linken Behälter S_1.

Beobachten Sie, was nach einigen Durchgängen passiert und überlegen Sie, was diese Simulation mit Wärmeleitung zu tun hat. Wenn Sie möchten, können Sie die Simulation auch mit mehr „Schachteln" auf dem Computer durchführen oder statt der Hälfte nur ein Viertel der Differenz zwischen benachbarten Schachteln verschieben.

2. Informieren Sie sich über die Wärmeleitfähigkeit λ. Was bedeutet eine großer bzw. kleiner λ-Wert? Was sind typische Werte? Wie hängt λ vom Material und von der Temperatur ab? Wo tritt die Wärmeleitfähigkeit in dem oben beschrieben Spielzeugmodell auf?

7.3 Warmup: Stationäre, eindimensionale Wärmeleitung

Wir betrachten als erstes die stationäre, das heißt von der Zeit unabhängige, Wärmeleitung durch eine ebene Wand, auf deren Seiten verschiedene Temperaturen herrschen. Aus Symmetriegründen hängt die Temperatur nur von einer Ortskoordinate ab, die wir als x-Richtung wählen wollen.

1. Informieren Sie sich über das *Gesetz von Fourier*, das gelegentlich in Physikvorlesungen behandelt wird, und formulieren Sie es für den Spezialfall einer Wand der Dicke d mit einer konstanten Wärmeleitfähigkeit λ. Die Temperaturen T_i und T_a auf den beiden Seiten der Wand seien dabei vorgegeben, zum Beispiel $T_i = 20°$ C im Innern eines Hauses und $T_a = -10°$ C außerhalb des Hauses in einer kalten Winternacht. Überlegen Sie sich eine Begründung, warum der Temperaturverlauf in der Wand linear sein muss, das heißt, die Temperatur nimmt von innen nach außen gleichmäßig ab.

2. Was ändert sich, wenn $\lambda = \lambda(T)$ von der Temperatur abhängig ist? Welche mathematische Lösungsmethode kann man in diesem Fall anwenden, um die entsprechende Differentialgleichung zu lösen?

3. Statt einer ebenen Wand betrachten wir ein zylindrisches Rohr mit Innenradius r_i und Außenradius r_a, in dessen Innerem eine höhere Temperatur herrscht als außen. Was ändert sich gegenüber der ebenen Wand? Wie sieht der Temperaturverlauf in diesem Fall aus, wenn man die Wärmeleitfähigkeit λ als konstant voraussetzt und nach einer rotationssymmetrischen Lösung der Wärmeleitungsgleichung sucht?

7.4 Der Temperaturverlauf in Kühlrippen

Die *Entwärmung* eines elektronischen Bauteils durch einen Rippenkühler geschieht genau genommen auf zweierlei Weise. In den Kühlrippen selbst wird Energie durch Wärmeleitung von der Wärmequelle weg in die Rippen transportiert. Von dort wird sie dann an die Umgebungsluft abgegeben. Dass diese Luft in Bewegung ist und an den Kühlrippen vorbeiströmt, soll uns im Moment noch nicht interessieren, wichtiger sind die folgenden beiden Punkte:

- Die Wärmeübertragung an die Umgebung lässt sich verbessern, indem man die Oberfläche des Körpers vergrößert. Dieses Prinzip wird nicht nur in Kühlrippen, sondern beispielsweise auch in Wärmetauschern eingesetzt.

- Die Wärmestromdichte $\dot{q}_W$, das heißt der Wärmestrom pro Flächeneinheit, zwischen Oberfläche und vorbeiströmender Luft ist näherungsweise proportional zur Temperaturdifferenz:

$$\dot{q}_W = \alpha_R(T_{\text{Rippe}} - T_{\text{Luft}})$$

Die Proportionalitätskonstante α_R nennt man den *Wärmeübergangskoeffizienten.*

Wir betrachten in diesem Abschnitt den Wärmeübergangskoeffizienten α_R als konstant, er soll also weder von der Temperatur noch von anderen Größen direkt abhängen, sondern nur von den Materialien, zwischen denen der Wärmeübergang stattfindet.

1. Die stationäre Wärmeleitung in den Kühlrippen und den Wärmeübergang an der Rippenoberfläche kann man mit der Differentialgleichung

$$\lambda_R(A(x)T'(x))' = \alpha_R U(x)(T(x) - T_{\text{Luft}}) \tag{7.1}$$

beschreiben, wobei $A(x)$ die Querschnittsfläche der Rippe und $U(x)$ ihr Umfang ist. Überlegen Sie sich, woher die einzelnen Terme kommen. Stellen Sie dazu eine Bilanz aller Wärmeflüsse auf, die an einem kleinen Volumenelement der Dicke Δx auftreten, und betrachten Sie dann den Grenzübergang

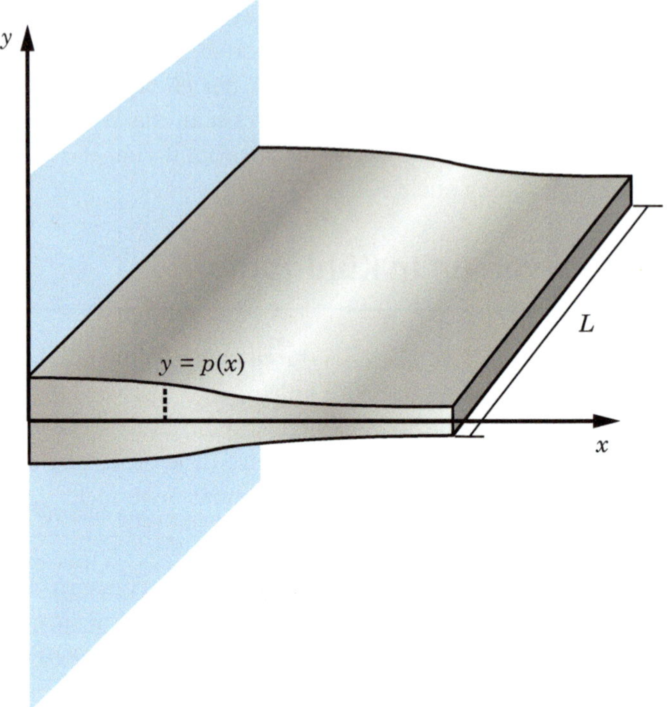

Abb. 7.1: Profil einer einzelnen Kühlrippe

$\Delta x \to 0$, also gewissermassen ein „differentielles Volumenelement". Machen Sie sich klar, wo die Annahmen in die Gleichung eingehen, dass …

- … die Temperatur nur von der x-Koordinate abhängt und in den anderen beiden Richtungen konstant ist,

- … die Wärmeleitfähigkeit λ_R in der gesamten Kühlrippe gleich ist,

- … der Wärmeübergangskoeffizient α_R über die gesamte Rippenoberfläche konstant ist,

- … die Temperatur T_{Luft} der umgebenden Luft überall gleich ist und auch durch die Aufnahme der Wärme aus der Kühlrippe nicht erhöht wird und

- … der Wärmestrom an der Rippenspitze und an den schmalen Seitenflächen so klein ist, dass man ihn gegenüber dem Wärmestrom an der Ober- und Unterseite der Rippe ignorieren kann.

2. Diskutieren Sie, ob die Liste an Annahmen, die dabei getroffen wurden, einigermaßen realistisch ist, und geben Sie einen Tipp ab, welche der fünf Annahmen am wenigsten der Realität entspricht.

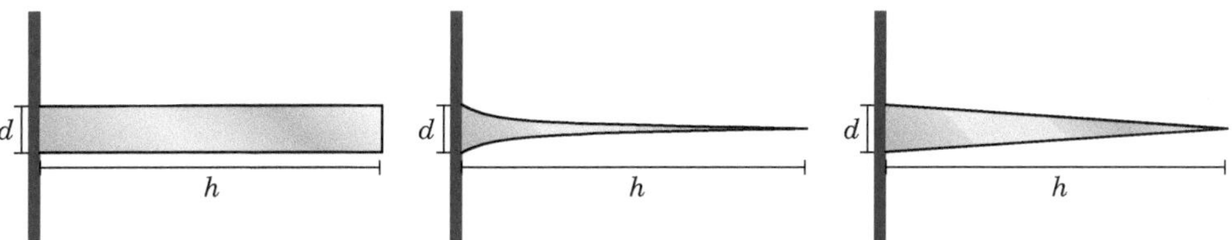

Abb. 7.2: Verschiedene Profile der Rippen bewirken einen unterschiedlichen Temperaturverlauf in den Rippen

Temperaturverlauf bei verschiedenen Rippenprofilen

Die genaue Form der Differentialgleichung (7.1) für den Temperaturverlauf innerhalb einer Kühlrippe hängt stark vom Profil der Rippe und damit von der Querschnittsfläche $A(x)$ ab. Der nächste Abschnitt soll zeigen, dass man sehr unterschiedliche Techniken benötigt, um für verschiedene Rippenprofile diese Differentialgleichung tatsächlich zu lösen.

1. Lösen Sie die Differentialgleichung (7.1) für den Fall eines rechteckigen Kühl-
   rippenquerschnitts, siehe Abb. 7.2, und skizzieren Sie jeweils den Temperaturverlauf in einer kurzen und einer langen Kühlrippe für große und für kleine Werte des Wärmeübergangskoeffizienten α_R. Es ist vorteilhaft, statt der
   absoluten Temperatur $T(x)$ die *Übertemperatur* $\Theta(x) = T(x) - T_{\text{Luft}}$ zu betrachten.

   Bringen Sie Ihre Lösung am Ende in die Form

   $$T(x) = T_{\text{Luft}} + \Theta_0 \cdot \frac{\cosh(m(x-h))}{\cosh(mh)},$$

   wobei $\Theta_0 = \Theta(0)$ die Übertemperatur am Rippenfuß, h die Höhe der Kühlrippe und m eine geeignet gewählte Konstante ist.

2. Wiederholen Sie Ihre Rechnung für Rippen mit einem konkaven parabelför-
   migen Querschnitt. In diesem Fall ist $p(x)$ ein quadratisches Polynom mit
   $p(h) = 0$ und $p(0) = \frac{d}{2}$. Zur Vereinfachung kann man die gekrümmte Fläche,
   entlang der der Wärmeübertrag eigentlich erfolgt, durch die Fläche ersetzen,
   die man als Draufsicht auf die x-z-Ebene erhält.

   Benutzen Sie den Ansatz $\Theta(x) = (h-x)^\gamma$ für die Lösung mit einer Konstanten
   $\gamma \in \mathbb{R}$, die im Verlauf der Rechnung ermittelt werden soll.

 Die *Hyperbelfunktionen Sinus hyperbolicus* und *Cosinus hyperbolicus* sind definiert durch die Gleichungen

$$\sinh(x) = \frac{e^x - e^{-x}}{2} \quad \text{und} \quad \cosh(x) = \frac{e^x + e^{-x}}{2}.$$

Ihren Namen verdanken sie der Tatsache, dass man mittels

$$x = \cosh(t), y = \sinh(t)$$

eine Hyperbel $x^2 - y^2 = 1$ parametrisieren kann, ähnlich wie man durch die trigonometrischen Funktionen Sinus und Cosinus einen Kreis parametrisieren kann.

3. Für eine Rippe mit dreieckigem Querschnitt ist die Profilfunktion $p(x)$ eine lineare Funktion mit $p(h) = 0$ und $p(0) = \frac{d}{2}$. Wenn Sie diese in (7.1) einsetzen, werden Sie auf eine Differentialgleichung der Form

$$((h - x)\Theta'(x))' = M \cdot \Theta(x) \tag{7.2}$$

mit einer Konstanten $M \in \mathbb{R}$ stoßen, die Sie nicht ohne weiteres lösen können.

Sucht man die Lösung dieser Differentialgleichung in Form einer Potenzreihe

$$\Theta(x) = \sum_{k=0}^{\infty} a_k(h - x)^k,$$

dann kann man jedoch die Koeffizienten a_k der Reihe nach bestimmen und die allgemeine Bildungsvorschrift für a_k erraten.

Vergleichen Sie nun diese Koeffizienten mit der Potenzreihe für die *modifizierte Besselfunktion 1. Art*

$$I_0(x) = \sum_{k=0}^{\infty} \frac{z^{2k}}{4^k (k!)^2}$$

und schreiben Sie die Lösung der Differentialgleichung (7.2) mit Hilfe der modifizierten Besselfunktion I_0.

Versuchen Sie, durch eine Literaturrecherche etwas über die modifizierten Besselfunktionen herauszufinden, um damit das Temperaturprofil in der Dreiecksrippe zu beschreiben.

> **Hinweis für die Übungen**
>
> Hier begegnen uns sogenannte *Spezielle Funktionen*. Darunter versteht man eine Anzahl von Funktionen, die in der Mathematik und Physik in verschiedenen Zusammenhängen auftreten und sich nicht durch eine Kombination von den aus der Schule bekannten Polynomen, Exponentialfunktionen, trigonometrischen Funktionen oder deren Umkehrfunktionen darstellen lassen. Oft sind sie durch eine Differentialgleichung oder eine Reihenentwicklung charakterisiert. Spezielle Funktionen spielen heute in den Mathematikvorlesungen eine kleinere Rolle als noch vor fünfzig Jahren, da ohnehin viele Gleichungen und Differentialgleichungen numerisch gelöst werden. Dennoch ist es nützlich zu wissen, dass es für gewisse, immer wieder auftretende Funktionen nicht nur eigene Namen gibt, sondern dass oft auch das Verhalten dieser Funktionen in der Literatur sehr detailliert beschrieben wird.

7.5 Den Wirkungsgrad optimieren

In diesem Abschnitt geht es darum, die Maße eines Rippenkühlers so auszuwählen, dass er die Wärme möglichst gut vom Bauteil wegleiten kann. Beim Design eines Rippenkühlers kann man mehrere Parameter ändern, siehe Abb. 7.3. Während die Gesamtbreite B und die Länge L durch das Bauteil weitgehend vorgegeben sind, kann man die Dicke d und die Höhe h der einzelnen Rippen sowie den Abstand b zwischen den Rippen variieren.

1. Als „Referenz" betrachtet man den Wärmestrom $\dot{Q}_{\text{ideal}}$ einer einzelnen Kühlrippe, die überall die konstante Temperatur T_0 besitzt und diese über die Ober- und Unterseite der Rippe an die Umgebung abgibt. Wie groß ist dieser Wärmestrom, wenn man annimmt, dass durch die schmalen Seitenflächen und die Stirnseite kein Wärmetransport stattfindet?

2. Der *Rippenwirkungsgrad* ist das Verhältnis des tatsächlichen Wärmestroms und dieses Referenz-Wärmestroms. Bestimmen Sie jeweils den (theoretischen) Wirkungsgrad einer Kühlrippe mit rechteckigem und parabelförmigem Querschnitt.

3. Überlegen Sie sich verschiedene Kriterien, nach denen ein optimaler Kühler ausgesucht werden könnte. Denken Sie dabei vor allem an praktische Aspekte wie Größe, Gewicht, Kosten, Herstellungsaufwand, ...

4. Wir betrachten zunächst eine einzelne Kühlrippe mit rechteckigem Profil. Wenn die Länge L und das Volumen $V = d \cdot h \cdot L$ der Rippe vorgegeben ist, welche Kombination von Höhe h und Dicke d ermöglicht dann den größten Wärmestrom an die Umgebung? Wie wirken sich insbesondere Änderungen

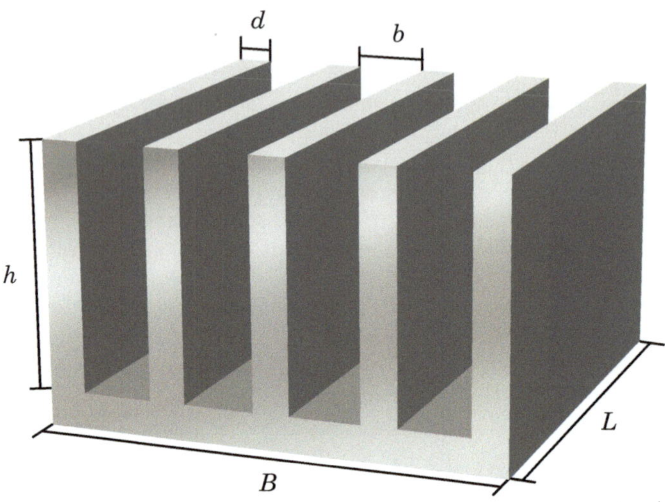

Abb. 7.3: Die am Rippenkühler auftretenden geometrischen Größen

der Wärmeleitfähigkeit λ_R und der Rippendicke d auf die optimale Höhe einer Kühlrippe aus?

5. Vergleichen Sie die berechnete Höhe und Dicke mit den Maßen der Kühler, die Sie sich anfangs beschafft haben.

7.6 Die Anzahl der Rippen optimieren

1. Machen Sie sich klar, dass die Überlegungen aus dem vorigen Abschnitt sich nicht einfach auf einen Kühler mit n Rippen verallgemeinern lassen, genauer: verteilt man ein vorgegebenes Materialvolumen V gleichmäßig auf n Rippen der Länge L, dann gibt es keine optimale Rippenanzahl. Woran liegt das?

2. Ein wesentlicher Aspekt des Kühlens besteht darin, dass die Wärme, nachdem sie an die Umgebungsluft abgegeben wurde, mit dieser Luft „wegtransportiert" wird. Die Wärme aus den Kühlrippen wird also nicht an ruhende Luft abgegeben, sondern die Konvektion, also der Transport von Wärme durch eine Strömung, spielt ebenfalls eine Rolle. In einem passiv gekühlten System ohne Lüfter entsteht diese Strömung allein durch Temperatur- und damit Dichteunterschiede der Luft und heißt *natürliche Konvektion*.

Für diese Strömung spielt der Abstand der Kühlrippen eine wichtige Rolle. Man erwartet anschaulich, dass der Wirkungsgrad des Kühlers sinkt, wenn die Rippen zu dicht beieinander liegen und für die Strömung einen größeren Widerstand bilden.

Eine wichtige Größe ist hier die *Nusselt-Zahl* Nu, eine dimensionslose Zahl, die beschreibt, um wieviel besser der Wärmeübergang an das strömende Gas im Vergleich zum Wärmeübergang auf ein ruhendes Gas stattfindet. Mit Hilfe des Zusammenhangs

$$Nu = \frac{\alpha_R b}{\lambda_{\text{Luft}}}$$

kann man sich aus der Nusselt-Zahl Nu und dem Rippenabstand b den Wärmeübergangskoeffizienten α_R verschaffen.

Wie es in den Ingenieurwissenschaften häufig vorkommt, gibt es hier zur Beschreibung keine exakten Formeln, sondern verschiedene Wissenschaftler haben die beobachteten Phänomene durch unterschiedliche Modelle beschrieben, daraus Formeln abgeleitet und die darin vorkommenden Konstanten an Messergebnisse angepasst. Bar-Cohen und Rohsenow[1] haben 1984 eine Formel für die Nusselt-Zahl bei einer Strömung zwischen parallelen Platten der Länge L angegeben, die im Abstand b voneinander dieselbe Oberflächentemperatur besitzen:

$$Nu = \left(\frac{576}{(Ra \cdot b/L)^2} + \frac{2{,}87}{(Ra \cdot b/L)^{1/2}} \right)^{-1/2} \tag{7.3}$$

wobei

$$Ra = \frac{g\beta b^3 \Theta_0}{a\nu}$$

die *Raleigh-Zahl* ist. Dabei ist $g = 9{,}81\,\text{m/s}^2$ die Erdbeschleunigung, β der Wärmeausdehnungskoeffizient, b der Abstand der beiden Platten der Länge L, ν die kinematische Viskosität der Luft, Θ_0 die Temperaturdifferenz von Rippen und Luft und a die Temperaturleitfähigkeit von Luft. Für unsere Zwecke reicht es aber, wenn wir die Raleigh-Zahl als eine Funktion des Rippenabstands betrachten,

$$Ra = Kb^3$$

und alle vorkommenden Konstanten zu einer einzigen Konstanten $K = \frac{g\beta\Theta_0}{a\nu}$ zusammenfassen.

Überlegen Sie sich, wie sich der Wärmeübergangskoeffizient α_R für sehr kleine und sehr große Rippenabstände b verhält.

---

[1] A. Bar-Cohen, W. M. Rohsenow: Thermally Optimum Spacing of Vertical, Natural Convection Cooled, Parallel Plates. *Journal of Heat Transfer* 106, No. 1 (1984).

> **Hinweis für die Übungen**
>
> Hier sollte man überlegen, was sich für „sehr kleine" und für „sehr große" Rippen-
> abstände unterscheidet und wie sich dieser Unterschied mathematisch so präzise wie
> möglich erfassen lässt.

3. Bestimmen Sie nun den optimalen Abstand b der Kühlrippen. Gehen Sie dabei davon aus, dass wieder die Grundfläche $L \cdot B$ des Kühlers sowie das Gesamtvolumen V des Materials vorgegeben sind. Außerdem nehmen wir diesmal an, dass die Kühlrippen ideale Wärmeleiter sind und daher überall dieselbe Oberflächentemperatur T_0 aufweisen. Die Rechnung wird wesentlich vereinfacht, wenn man annimmt, dass für n Rippen der Dicke d mit einem Abstand b die Gleichung $B = n(d + b)$ gilt, obwohl man korrekterweise $B = nd + (n - 1)b$ setzen müsste. Außerdem lässt sich die Gleichung

$$\frac{2{,}87\sqrt{K}}{576\sqrt{L}}\, b^7 - 2b - 3d = 0,$$

die man als Bedingung für den optimalen Rippenabstand erhält, nicht nach b auflösen. Hier nimmt man üblicherweise an, dass b viel größer ist als die Rippendicke d, und man die Rippendicke d daher vernachlässigen kann.

Zahlenbeispiele

Zum Abschluss wollen wir einige konkrete Zahlenbeispiele durchrechnen.

(a) Bestimmen Sie die optimale Anzahl an Rippen eines Kühlers aus Aluminium mit Breite $B = 5\,\text{cm}$ und Länge $L = 4\,\text{cm}$, dessen Gewicht $80\,\text{g}$ beträgt und der für eine Rippentemperatur $T_0 = 80°\,\text{C}$ und eine Umgebungstemperatur $T_{\text{Luft}} = 20°\,\text{C}$ ausgelegt ist.

(b) Lässt sich aus Kupfer mit demselben Materialwert ein Rippenkühler mit besseren Eigenschaften bauen? Falls Sie keine tagesaktuellen Metallpreise finden, können Sie als Werte aus dem Mai 2013 für Kupfer einen Preis von $5{,}30\,\text{€/kg}$ und für Aluminium einen Preis von $1{,}45\,\text{€/kg}$ benutzen.

(c) Führen Sie eine analoge Rechnung noch für mindestens einen der von Ihnen vermessenen „echten" Kühler durch. Stimmt „Ihre" theoretische Rippenzahl einigermaßen mit der tatsächlichen Rippenanzahl überein? Woran könnten die Unterschiede liegen?

8 Die Lösungen

8.1 Wärmetransport

Wärmeübertragung erfolgt immer von „warm" nach „kalt" und kann auf drei unterschiedliche Arten erfolgen:

- Bei der *Wärmeleitung* wird kinetische Energie zwischen benachbarten Atomen oder Molekülen durch Stöße übertragen, ohne dass dabei eine Strömung auftritt oder Material bewegt wird. Diese „kinetische Energie der Atome" wird im Begriff *Temperatur* zusammengefasst und quantifizierbar gemacht. Beispiele für Wärmetransport durch Wärmeleitung sind Heizkörper aus Metall, die die Wärmeenergie des innen fließenden heißen Wassers nach außen an die Luft leiten.

- *Wärmestrahlung* bezeichnet Wärmeübertragung durch elektromagnetische Wellen. Typischerweise wird die Energie dabei durch infrarote Wellen transportiert. Wärmestrahlung ist die einzige Wärmeübertragungsart, die auch das Vakuum überbrücken kann. Das wichtigste Beispiel ist die Erwärmung der Erde durch die Sonnenstrahlung.

- Bei der *Konvektion* wird Wärme von einem strömenden Fluid (Gas oder Flüssigkeit) mitgeführt. Der Wärmetransport ist hier immer mit einem Stofftransport verbunden. Ein typisches Beispiel dafür ist der Transport der Wärme aus einem Heizkessel im Keller zu den Heizkörpern im ganzen Haus durch in den Rohren zirkulierendes Wasser.

Bei realen Systemen können mehrere Übertragungsarten gemeinsam auftreten. Konkret werden wir im Rippenkühler die Wärmeleitung innerhalb der Rippen und die Konvektion, die bei der Übertragung der Wärme an die Umgebungsluft auftritt, untersuchen. Die Wärmestrahlung spielt in diesem Fall nur eine untergeordnete Rolle und wird daher vernachlässigt.

Rippenkühler, mit denen wir uns in diesem Kapitel beschäftigen, dienen dazu, durch eine Vergrößerung der Oberfläche die Wärmeübertragung an die Umgebung und damit die Kühlung (technisch auch oft *Entwärmung* genannt) zu verbessern.

Da wir einige Rechnungen speziell für einen CPU-Kühler durchführen, ist es wichtig, typische Werte der dort auftretenden Temperaturen zu kennen. Für den Tablet PC mit Intel Core 2 Duo Prozessor ergaben sich mit der Freeware `CoreTemp`[1] bei

---

[1] http://www.alcpu.com/CoreTemp/.

J. Härterich, A. Rooch, *Das Mathe-Praxis-Buch*, Springer-Lehrbuch,
DOI 10.1007/978-3-642-38306-9_8, © Springer-Verlag Berlin Heidelberg 2014

einer Umgebungstemperatur von 20° C Werte zwischen 56° C ohne Last und 81° C bei einer andauernden Auslastung beider Kerne durch Codieren von Videos, Kopieren von Dateien und Kompilieren eines längeren LaTeX-Dokuments. Als maximal zulässige Temperatur ist 100° C angegeben.

8.2 Verstehen, wie Wärme fließt

In der Simulation passiert mit den Steinen oder Murmeln etwas ähnliches wie mit der Wärme in einem Festkörper: Dort wo Unterschiede vorhanden sind, sorgt ein ausgleichender Mechanismus dafür, dass sich die Werte angleichen. Bei der Wärmeleitung besteht dieser ausgleichende Mechanismus beispielsweise darin, dass wärmere Atome sich mehr bewegen als kältere Atome und durch Stöße etwas von ihrer Energie an die kälteren Atome abgeben. Die folgende Tabelle zeigt wie sich die Anzahl der Steine in den Kästen von Schritt zu Schritt ändert. Dabei haben wir die Anzahl, die von einem Kasten zum anderen transportiert wird, grundsätzlich abgerundet.

Schritt	S_1	S_2	S_3	S_4	S_5	S_6
1	0	0	0	0	0	100
2	0	0	0	0	50	100
3	0	0	0	25	50	100
4	0	0	12	25	63	100
5	0	6	12	38	62	100
6	0	6	22	37	69	100
7	0	11	21	46	68	100
8	0	11	28	45	73	100
9	0	14	28	51	72	100
10	0	14	32	50	76	100

Nach einigen weiteren Durchgängen wird nach 27 Schritten der Zustand

0	20	40	60	80	100

erreicht und ab diesem Zeitpunkt ändert sich an den Zahlen nichts mehr. Es ist ein *Gleichgewicht* erreicht, allerdings ein dynamisches: Jedes Kästchen gibt genauso viele Steine an die Nachbarkästen ab, wie es von dort hinzubekommt.

Solche *stationären*, das heißt zeitlich nicht veränderliche Zustände wollen wir im Rest dieses Projekts genauer untersuchen. Bei vielen realen Systemen wird wie in unserer Simulation ein solcher stationärer Zustand nach einer kurzen Anlauf- oder „Aufwärm"-Phase erreicht.

Verschiebt man statt der Hälfte nur ein Viertel der Differenz zwischen benachbarten Schachteln, dauert es länger, bis derselbe stationäre Zustand wie oben erreicht ist. Die Geschwindigkeit, mit der dieser stationäre Zustand erreicht wird, in dem die Temperatur ein zeitlich konstantes Profil entwickelt hat, wird durch die Wärmeleitfähigkeit λ beschrieben: Eine großer λ-Wert bedeutet, dass Wärme innerhalb des Materials gut fließen und sich entsprechend schnell verbreiten kann. Gase haben beispielsweise meist sehr kleine λ-Werte und leiten Wärme auch entsprechend schlecht. Der Wert für Luft beträgt zum Beispiel $\lambda_{\text{Luft}} = 0{,}026\,\text{W}/\text{Km}$, das heißt durch eine Fläche von $1\,\text{m}^2$ fließt bei einem Temperaturgefälle von $1\,\text{K}/\text{m}$ gerade mal ein Wärmestrom von $0{,}026\,\text{W}$.

8.3 Stationäre, eindimensionale Wärmeleitung

Unter Wärmeleitung versteht man in der Physik den Wärmefluss in einem Festkörper oder einem ruhenden Fluid aufgrund eines Temperaturunterschieds. Dabei strömt die Wärmeenergie immer von höheren Temperaturen zu niedrigeren Temperaturen. Theoretisch wäre auch der umgekehrte Effekt denkbar. Da dieser aber bislang in keinem Experiment beobachtet wurde, wird er in der Physik durch den zweiten Hauptsatz der Thermodynamik ausgeschlossen, der besagt, dass es keine Zustandsänderung geben kann, deren einziges Resultat die Übertragung von Wärme von einem Körper niedrigerer Temperatur auf einen Körper höherer Temperatur ist.

8.3.1 Aufstellen der Wärmeleitungsgleichung

Nach dem *Gesetz von Fourier* ist die durch Wärmeleitung übertragene Wärmeleistung pro Flächeneinheit, die sogenannte *Wärmestromdichte* proportional zum Temperaturgradienten $\operatorname{grad} T$:

$$\dot{q} = -\lambda \cdot \operatorname{grad} T$$

Die Proportionalitätskonstante λ ist abhängig vom Material, in dem die Wärmeleitung stattfindet, und heißt *Wärmeleitfähigkeit*. Sie misst, wie schnell die Wärme von einem Ort zum einem anderen fließt. Der Gradient der Temperatur ist ein Vektor, der in die Richtung zeigt, in der die Temperatur am schnellsten abnimmt.

1. Wir betrachten als erstes eine ebene Wand, die parallel zur y-z-Ebene ist. Wir nehmen an, dass die Wand eine konstante Querschnittsfläche A besitzt und dass die Temperatur auf beiden Seiten der Wand verschieden, aber jeweils konstant ist. Aus diesen Annahmen folgt, dass die Temperatur $T(x)$ nur von

der x-Koordinate abhängt. Damit vereinfacht sich das Fouriersche Gesetz hier zu

$$\dot{q} = -\lambda \frac{\mathrm{d}T}{\mathrm{d}x},$$

denn

$$\operatorname{grad} T = \underbrace{\frac{\mathrm{d}T}{\mathrm{d}x}}_{=T'(x)} + \underbrace{\frac{\mathrm{d}T}{\mathrm{d}y}}_{=0} + \underbrace{\frac{\mathrm{d}T}{\mathrm{d}z}}_{=0} = T'(x)$$

weil die Temperatur nicht von y und z abhängt. Aus dem Gradienten wird daher die Ableitung einer Funktion von einer Veränderlichen. Durch Multiplikation mit der Querschnittsfläche A erhalten wir den Wärmestrom

$$\dot{Q} = \dot{q}(x)A = -\lambda \frac{\mathrm{d}T}{\mathrm{d}x}A.$$

Dieser gibt an, welche Wärmeenergie pro Zeiteinheit durch die Fläche A strömt. Wir betrachten den stationären Zustand, es findet also keine zeitliche Änderung der Größen statt. Da innerhalb der Wand weder Wärme entstehen noch verschwinden kann, muss der Wärmestrom $\dot{Q}$ durch jeden Querschnitt senkrecht zur x-Achse gleich sein unabhängig davon, bei welcher Position x man diesen Querschnitt betrachtet. Wenn aber die linke Seite der Gleichung konstant ist, das heißt, nicht von x abhängt, dann muss auch die rechte konstant sein, und da auch die Wärmeleitfähigkeit λ zunächst als konstant vorausgesetzt wird, ist auch $\frac{\mathrm{d}T}{\mathrm{d}x}$ konstant, genauer

$$\frac{\mathrm{d}T}{\mathrm{d}x} = -\frac{\dot{Q}}{\lambda A}.$$

Den Temperaturverlauf $T(x)$ erhält man daraus durch Integration. Zunächst ist dabei

$$T(x) = -\int \frac{\dot{Q}}{\lambda A}\,\mathrm{d}x = -\frac{\dot{Q}}{\lambda A}x + C.$$

Wenn wir die Temperatur an der linken Oberfläche der Wand, also bei $x = r_i$ mit $T(r_i) = T_i$ bezeichnen, dann können wir die Integrationskonstante aus dieser Bedingung bestimmen:

$$T(r_i) = -\frac{\dot{Q}}{\lambda A}r_i + C = T_i \quad \Rightarrow C = T_i + \frac{\dot{Q}}{\lambda A}r_i$$

Die Temperatur in der Wand ist also

$$T(x) = T_i - \frac{\dot{Q}}{\lambda A}(x - r_i). \tag{8.1}$$

Innerhalb der Wand liegt also tatsächlich ein linearer Temperaturverlauf vor. Wir kennen allerdings den Wärmestrom $\dot{Q}$ noch nicht. Dieser wird durch die Temperatur T_a bei $x = r_a$ festgelegt, denn durch Einsetzen von $x = r_a$ erhalten wir

$$T_a = T(r_a) = T_i - \frac{\dot{Q}}{\lambda A}\underbrace{(r_a - r_i)}_{=d} \Rightarrow \dot{Q} = -\lambda A\frac{T_a - T_i}{d}.$$

Setzt man diesen Wert nun wieder in Gleichung (8.1) ein, dann erhalten wir für den Temperaturverlauf in der Wand die Darstellung

$$T(x) = T_i + \frac{x - r_i}{d}(T_a - T_i).$$

2. Ist die Wärmeleitfähigkeit $\lambda(T)$ von der Temperatur abhängig, kann man die Lösung mit der Methode der *Trennung der Variablen* bestimmen. Aus der Differentialgleichung

$$\dot{Q} = -\lambda(T(x))\frac{\mathrm{d}T}{\mathrm{d}x}A$$

wird

$$\frac{\dot{Q}}{A} = -\lambda(T(x))\frac{\mathrm{d}T}{\mathrm{d}x} \Rightarrow \int \frac{\dot{Q}}{A}\mathrm{d}x = -\int \lambda(T)\mathrm{d}T + C \Leftrightarrow \frac{\dot{Q}}{A}x = -\int \lambda(T)\mathrm{d}T + C$$

Wenn man die Funktion $\lambda(T)$ kennt und eine Stammfunktion $\Lambda(T)$ dafür finden kann, ist man in der Lage, das Integral auf der rechten Seite auszuwerten. In diesem Fall ist

$$\frac{\dot{Q}}{A}x = -\Lambda(T) + C$$

und aus der *Randbedingung* $T(r_i) = T_i$ ergibt sich die Integrationskonstante C als

$$C = \frac{\dot{Q}}{A}r_i + \Lambda(T_i).$$

Mit Hilfe der zweiten *Randbedingung* $T(r_a) = T_a$ kann man auch noch den unbekannten Wärmefluss $\dot{Q}$ eliminieren:

$$\frac{\dot{Q}}{A}(r_a - r_i) = -\Lambda(T_a) + \Lambda(T_i) \Rightarrow \frac{\dot{Q}}{A} = \frac{-\Lambda(T_a) + \Lambda(T_i)}{r_a - r_i}.$$

Die Temperatur innerhalb der Wand kann man nun indirekt beschreiben durch die Funktion

$$\Lambda(T) = \Lambda(T_i) + \frac{\Lambda(T_a) + \Lambda(T_i)}{r_a - r_i}(x - r_i).$$

Nur wenn man die Umkehrfunktion der Funktion Λ kennt, kann man diese Gleichung nach T auflösen.

> Falls man die Funktion $\lambda(T)$ nicht genau kennt oder keine Stammfunktion Λ finden kann, ist man darauf angewiesen, diese Stammfunktion näherungsweise zu berechnen.

3. Bei der Wärmeleitung durch ein Rohr mit Innenradius r_i und Außenradius r_a hängt die Temperatur wegen der Symmetrie des Problems nur von der Entfernung r zur Mittelachse des Rohrs ab. Im Unterschied zur ebenen Wand nimmt aber die Fläche, durch die die Wärme strömt, nach außen hin zu. Für ein Rohr der Höhe h ist diese Fläche, die dem Radius r entspricht, genau die Mantelfläche eines Zylinders, also $A(r) = 2\pi r h$. In diesem Fall ist der Wärmefluss also

$$\dot{Q} = \dot{q}(r)A(r) = -\lambda \frac{\mathrm{d}T}{\mathrm{d}r} A(r).$$

Da im Inneren des Rohrs weder Wärme erzeugt noch vernichtet wird, muss dieser Wärmestrom $\dot{Q}$ konstant sein. Daher ist

$$-\frac{\dot{Q}}{\lambda} \cdot \frac{1}{2\pi r h} = \frac{\mathrm{d}T}{\mathrm{d}r}.$$

Diese Differentialgleichung lässt sich mittels *Trennung der Variablen* lösen. Dabei erhält man zunächst durch Integration

$$-\frac{\dot{Q}}{\lambda} \cdot \frac{1}{2\pi h} \ln(r) = T(r) + C$$

und bestimmt wieder die Integrationskonstante C mit Hilfe der *Randbedingung* $T(r_i) = T_i$:

$$-\frac{\dot{Q}}{\lambda} \cdot \frac{1}{2\pi h} \ln(r_i) = T_i + C \quad \Rightarrow \quad C = -\frac{\dot{Q}}{\lambda} \cdot \frac{1}{2\pi h} \ln(r_i) - T_i.$$

Insgesamt erhält man dann als Temperaturverlauf

$$T(r) = T_i - \frac{\dot{Q}}{2\pi h \lambda} \left(\ln(r) - \ln(r_i) \right). \tag{8.2}$$

Hierbei muss die noch unbekannte Größe $\dot{Q}$ so bestimmt werden, dass auch die zweite *Randbedingung* $T(r_a) = T_a$ erfüllt ist. Wenn wir $r = r_a$ in die Lösung (8.2) einsetzen, erhalten wir

$$-\frac{\dot{Q}}{2\pi h \lambda} \left(\ln(r_a) - \ln(r_i) \right) = T_a - T_i.$$

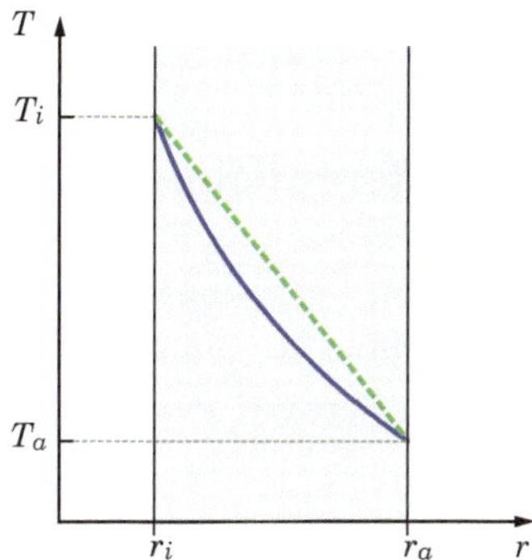

Abb. 8.1: Verlauf des Temperaturprofils in einer ebenen Wand (*gestrichelt*) und einem Rohr (*durchgehend*) jeweils mit Innentemperatur T_i und Außentemperatur T_a

es ist also

$$-\frac{\dot{Q}}{2\pi h\lambda} = \frac{T_a - T_i}{\ln(r_a) - \ln(r_i)}$$

und damit

$$T(r) = T_i + \frac{T_a - T_i}{\ln(r_a) - \ln(r_i)} \cdot (\ln(r) - \ln(r_i))$$

$$= T_i + \frac{\ln(r/r_i)}{\ln(r_a/r_i)} \cdot (T_a - T_i)\,.$$

Die Abhängigkeit von der Höhe h des Rohrs ist verschwunden, weil die Wärme radial durch die Wand nach außen strömt und es daher keine Rolle spielt wie lang das Rohr ist. Zum Vergleich stellen wir den Temperaturverlauf in einer ebenen Wand und einem Rohr noch einmal grafisch dar (Abb. 8.1).

Hinweis für die Übungen

Zu beachten ist dabei, dass in der ebenen Wand der Temperaturverlauf nur von der Dicke d der Wand abhängt, während beim Rohr die tatsächlichen Werte von r_i und r_a eine Rolle spielen. Man erkennt in Abb. 8.1, dass die Temperatur im Bereich der kleineren Querschnittsfläche innen im Rohr schneller fällt als außen, das heißt, die Wärmestromdichte ist innen im Rohr höher als weiter außen. Dies ist nötig, damit durch diese kleinere Fläche dieselbe Wärmemenge strömen kann.

8.4 Der Temperaturverlauf in Kühlrippen

8.4.1 Wärmeübergang durch Differentialgleichung beschreiben

Wir betrachten in diesem Abschnitt eine einzelne Kühlrippe. Unter der Voraussetzung, dass die Dicke d der Rippe klein ist, gehen wir wieder davon aus, dass die Temperatur in der Rippe nur von der x-Koordinate, also vom Abstand zum Rippenfuß, abhängt.

Um den Wärmeübergang an der Rippenoberfläche und die Wärmeleitung in der Kühlrippe durch die Differentialgleichung (7.1) für die Temperatur $T(x)$ in der Kühlrippe zu beschreiben, betrachtet man die Wärmestrombilanz in einem kleinen Volumenelement der Dicke Δx. Abbildung 8.2 zeigt dieses herausgeschnittene Volumenelement im Fall einer Kühlrippe mit rechteckigem Querschnitt.

An den beiden Stirnflächen des Volumenelements fließt durch Wärmeleitung ein Wärmestrom

$$\dot{Q}(x) = -\lambda_R A(x) T'(x)$$

in das Volumenelement hinein beziehungsweise

$$\dot{Q}(x + \Delta x) = \lambda_R A(x + \Delta x) T'(x + \Delta x)$$

aus dem kleinen Volumenelement hinaus. Die Richtung des Wärmestroms wird dabei durch das unterschiedliche Vorzeichen erfasst. Außerdem wird durch die Seitenflächen der Wärmestrom

$$\Delta \dot{Q}_R(x) = -\alpha_R \Delta A_R(x)(T(x) - T_{\text{Luft}}) \tag{8.3}$$

an die Umgebungsluft abgegeben. Hierbei ist $\Delta A_R(x)$ der Flächeninhalt der wärmeabgebenden äußeren Oberfläche der Rippe zwischen x und $x+\Delta x$. In vielen Büchern wird diese Fläche durch $\Delta A_R(x) = U(x) \cdot \Delta x$ ersetzt, wobei $U(x)$ der Rippenumfang ist.

Da in der Kühlrippe nirgends Wärme erzeugt oder vernichtet wird, ist die Differenz der Wärmeströme in x-Richtung gerade die Wärmemenge, die durch Konvektion über die Seitenflächen der Rippe abgeführt wird:

$$\underbrace{\dot{Q}(x)}_{\text{Zufluss}} = \underbrace{\dot{Q}(x + \Delta x) + \Delta \dot{Q}_R(x)}_{\text{Abfluss aus dem Volumenelement}}$$

Setzt man die oben angegebenen Ausdrücke für $\dot{Q}(x)$, $\dot{Q}(x+\Delta x)$ und $\Delta \dot{Q}_R(x)$ ein, ergibt sich daraus

$$-\lambda_R A(x) T'(x) = -\lambda_R A(x + \Delta x) T'(x + \Delta x) + \alpha_R U(x) \Delta x (T(x) - T_{\text{Luft}})$$

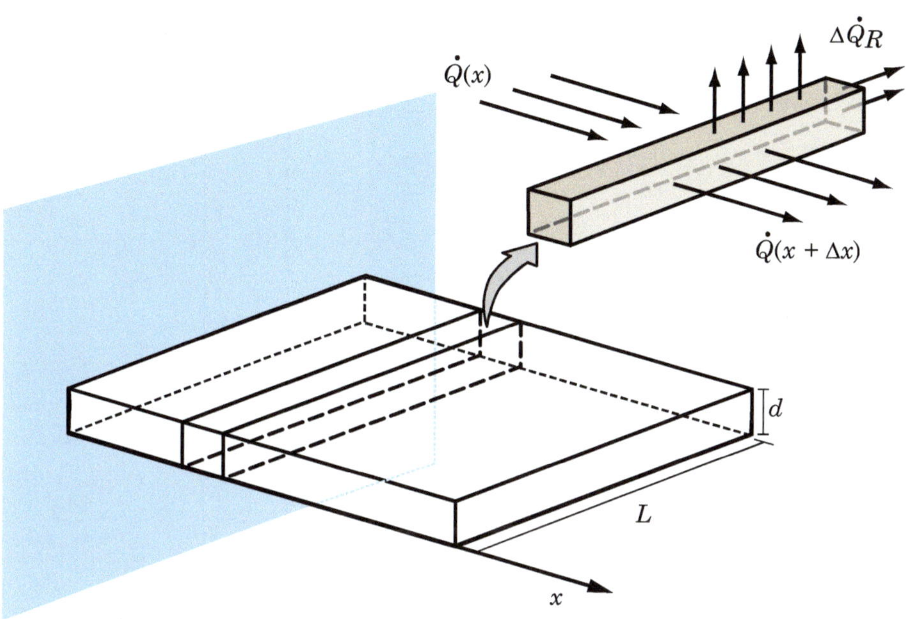

Abb. 8.2: Wärmestrombilanz an einem kleinen Volumenelement

Die Formel $\Delta A_R(x) = U(x) \cdot \Delta x$ ist exakt für einen Rippe mit konstantem rechteckigem Rippenquerschnitt, aber für eine Rippe, deren Profil durch eine Funktion $p(x)$ wie in Abb. 7.1 beschrieben wird, ist der korrekte Ausdruck für die gesamte Seitenfläche

$$\Delta A_R(x) = 2L \cdot \int\limits_{x}^{x+\Delta x} \sqrt{1 + p'(\xi)^2}\,\mathrm{d}\xi + 4 \int\limits_{x}^{x+\Delta x} p(\xi)\,\mathrm{d}\xi$$

wobei das erste Integral den Beitrag der Ober- und Unterseite und das zweite Integral die beiden schmalen Seiten beschreibt. Das dabei auftretende Integral $\int\limits_{x}^{x+\Delta x} \sqrt{1 + p'(\xi)^2}\,\mathrm{d}\xi$ ist Ihnen möglicherweise bei der Berechnung der Bogenlänge einer Kurve $y = p(x)$ schon begegnet. Der Faktor 4 beim zweiten Integral kommt daher, dass wir zwei Seitenflächen betrachten und das Rippenprofil durch die Gleichungen $y = -p(x)$ und $y = p(x)$ beschrieben wird, siehe Abb. 7.1.

Sortiert man die Terme geschickt um und teilt durch Δx, kann man einige der Terme zu einem Differenzenquotienten zusammenfassen:

$$\underbrace{\frac{A(x + \Delta x)T'(x + \Delta x) - A(x)T'(x)}{\Delta x}}_{\text{Differenzenquotient!}} = \frac{\alpha_R}{\lambda_R}U(x)(T(x) - T_{\text{Luft}})$$

Damit die Annahme $\Delta A_R(x) = U(x) \cdot \Delta x$ gelten kann, muss Δx sehr klein sein. Daher führen wir einen Grenzübergang $\Delta x \to 0$ durch, sodass aus dem Differenzenquotienten eine Ableitung wird:

$$\Rightarrow (A(x)T'(x))' = \frac{\alpha_R}{\lambda_R}U(x)(T(x) - T_{\text{Luft}}). \tag{8.4}$$

Damit haben wir die Differentialgleichung (7.1) hergeleitet, die den Temperaturverlauf innerhalb der Kühlrippe beschreibt.

> **Hinweis für die Übungen**
>
> Hier ist es wichtig, dass man den Differenzenquotienten für die Funktion $A(x)T'(x)$ erkennt. Da der in der Vorlesung üblicherweise vorkommende Grenzwert
>
> $$\lim_{h \to 0} \frac{f(x_0 + h) - f(x_0)}{h}$$
>
> optisch deutlich anders aussieht, ist dies eine echte Herausforderung. Beide Ausdrücke gehen ineinander über, wenn man $f(x) = A(x)T'(x)$ und $h = \Delta x$ setzt. Grundsätzlich kann man sich merken, dass beim Betrachten eines differentiellen Volumenelements in vielen Fällen ein Grenzübergang durchgeführt werden muss, um die Bilanz korrekt zu halten, der auf Ableitungen von vorkommenden Funktionen führt. Es ist daher sinnvoll, gezielt nach Termen zu suchen, die zu einem Differenzenquotienten gehören könnten. Andere Bereiche im Ingenieurwesen, in denen analoge Verfahren zur Herleitung von Differentialgleichungen angewendet werden, sind beispielsweise die Mechanik und die Strömungsmechanik.

Wie wir wissen, spielen nicht die absoluten Temperaturen, sondern vor allem Temperaturdifferenzen beim Wärmetransport die entscheidende Rolle. Aus diesem Grund definiert man die *Übertemperatur* $\Theta(x) = T(x) - T_{\text{Luft}}$ als den Unterschied zwischen der Temperatur $T(x)$ und der Außentemperatur der Luft.

Nun untersuchen wir der Reihe nach die verschiedenen Rippenprofile aus Abb. 7.2.

8.4.2 Rechteckiges Rippenprofil

Bei einem rechteckigen Rippenquerschnitt sind die Querschnittsfläche A und der Umfang U unabhängig von x immer gleich groß. Damit vereinfacht sich die Differentialgleichung (8.4) zu

$$AT''(x) = \frac{\alpha_R}{\lambda_R}U(T(x) - T_{\text{Luft}}) = \frac{\alpha_R}{\lambda_R}U\Theta(x).$$

Hierbei handelt es sich um eine inhomogene lineare Differentialgleichung 2. Ordnung.

Durch Ableiten der Gleichung $\Theta(x) = T(x) - T_{\text{Luft}}$ erhält man $\Theta'(x) = T'(x)$ und $\Theta''(x) = T''(x)$. Wir können die Differentialgleichung daher auch in der Form

$$A\Theta''(x) = \frac{\alpha_R}{\lambda_R} U \Theta(x)$$

schreiben und auf diese Weise eine homogene lineare Differentialgleichung daraus machen. Verwendet man noch die Gleichungen $U = 2L$ und $A = d \cdot L$ für Umfang und Querschnittsfläche, gelangt man schließlich zu der Differentialgleichung

$$\Theta''(x) - \frac{2\alpha_R}{d \cdot \lambda_R} \Theta(x) = 0, \tag{8.5}$$

deren Lösung wir als nächstes berechnen werden.

Eigentlich lautet die Gleichung für den Umfang $U = 2(L + d)$, aber wenn man diese durch die Gleichung $U = 2L$ ersetzt, macht man nur einen sehr kleinen Fehler, die Differentialgleichung vereinfacht sich jedoch deutlich. Man könnte alle weiteren Rechnungen analog ausführen und hätte immer statt eines Ausdrucks $\frac{2}{d}$ den komplizierteren Ausdruck $\frac{2(L+d)}{d \cdot L}$ in (8.5) und den zugehörigen Lösungsformeln stehen. Prinzipiell würde sich am Vorgehen aber nichts ändern.

Die allgemeine Lösung dieser Differentialgleichung ist von der Form

$$\Theta(x) = C_1 e^{mx} + C_2 e^{-mx}. \tag{8.6}$$

Hierbei ist

$$m = \sqrt{\frac{2\alpha_R}{d \cdot \lambda_R}},$$

sodass $\pm m$ die Lösungen der charakteristischen Gleichung $\lambda^2 - m^2 = 0$ sind, die sich aus dem Exponentialansatz $\Theta(x) = e^{\lambda x}$ ergibt.

Um die Konstanten C_1 und C_2 zu bestimmen, verwenden wir die beiden zusätzlichen Angaben, die wir über den Temperaturverlauf, beziehungsweise den Wärmestrom noch haben:

- Die Temperatur am Rippenfuß $x = 0$ ist vorgegeben und beträgt T_0, die Übertemperatur bei $x = 0$ ist also $\Theta(0) = T_0 - T_{\text{Luft}}$.

- Der Wärmestrom am Rippenende verschwindet, bei $x = h$ sollte daher $\frac{dT}{dx}(h) = \frac{d\Theta}{dx}(h) = 0$ sein. Die Temperatur fällt dann bis zum Rippenende auf die Umgebungstemperatur T_{Luft} ab.

Setzt man speziell $x = 0$ in die allgemeine Lösung (8.6) der Differentialgleichung ein, erhält man

$$\Theta(0) = C_1 + C_2 = T_0 - T_{\text{Luft}}. \tag{8.7}$$

Indem man die allgemeine Lösung (8.6) einmal differenziert und den Wert $x = h$ einsetzt, erhält man

$$\Theta'(x) = C_1 m e^{mx} - C_2 m e^{-mx} \quad \Rightarrow \quad \Theta'(h) = C_1 m e^{mh} - C_2 m e^{-mh} = 0. \quad (8.8)$$

Für die beiden Konstanten C_1 und C_2 ist gemäß (8.7) und (8.8) also das lineare Gleichungssystem

$$C_1 + C_2 = \Theta_0$$
$$C_1 e^{mh} - C_2 e^{-mh} = 0$$

zu lösen, wobei $\Theta_0 = T_0 - T_{\text{Luft}}$ die Übertemperatur am Rippenfuß bezeichnet. Die Lösung

$$C_1 = \frac{\Theta_0}{1 + e^{2mh}}, \quad C_2 = \frac{\Theta_0 e^{2mh}}{1 + e^{2mh}}$$

dieses Gleichungssystems, eingesetzt in die allgemeine Lösung (8.6) der Differentialgleichung, ergibt dann die Lösung der ursprünglichen Randwertaufgabe

$$\Theta(x) = \frac{\Theta_0}{1 + e^{2mh}} e^{mx} + \frac{\Theta_0 e^{2mh}}{1 + e^{2mh}} e^{-mx}.$$

Diesen Ausdruck kann man noch durch geschicktes Umformen mit Hilfe der Hyperbelfunktionen in eine schönere Gestalt bringen:

$$\begin{aligned}
\Theta(x) &= \Theta_0 \left(\frac{e^{mx}}{e^{mh}(e^{-mh} + e^{mh})} + \frac{e^{2mh} e^{-mx}}{e^{mh}(e^{-mh} + e^{mh})} \right) \\
&= \Theta_0 \left(\frac{e^{m(x-h)}}{e^{-mh} + e^{mh}} + \frac{e^{-m(x-h)}}{e^{-mh} + e^{mh}} \right) \\
&= \Theta_0 \frac{\cosh(m(x - h))}{\cosh(mh)}
\end{aligned}$$

Für das Temperaturprofil erhält man aus dieser Gleichung und der Definition $\Theta(x) = T(x) - T_{\text{Luft}}$ der Übertemperatur den Ausdruck

$$T(x) = T_{\text{Luft}} + (T_0 - T_{\text{Luft}}) \cdot \frac{\cosh(m(x - h))}{\cosh(mh)}. \quad (8.9)$$

8.4.3 Parabolisches Rippenprofil

Die Funktion p, die das Profil beschreibt, ist eine quadratische Funktion, die den Wert $p(0) = \frac{d}{2}$ hat und so gewählt ist, dass der Scheitel der Parabel in der Rippenspitze $x = h$ liegt. Aus dieser Überlegung ergeben sich die beiden zusätzlichen Bedingungen $p(h) = p'(h) = 0$. Dies bedeutet, dass $p(x) = \frac{d}{2h^2}(h - x)^2$ sein muss. Als Querschnittsfläche ergibt sich daraus $A(x) = 2p(x) \cdot L = \frac{d}{h^2} \cdot L \cdot (h - x)^2$. Setzt man diesen Wert in die Differentialgleichung (8.4) ein, erhält man

$$\left(\frac{d}{h^2} \cdot L \cdot (h - x)^2 \cdot \Theta'(x) \right)' = \frac{\alpha_R}{\lambda_R} U(x) \Theta(x).$$

Mit Hilfe der Produktregel lässt sich dies umschreiben in die Form

$$(h - x)^2 \cdot \Theta''(x) - 2(h - x) \cdot \Theta'(x) = \frac{2\alpha_R \cdot h^2}{\lambda_R \cdot d} \Theta(x) = h^2 m^2 \Theta(x), \qquad (8.10)$$

wobei $m = \sqrt{\frac{2\alpha_R}{d \cdot \lambda_R}}$ die Konstante ist, die schon beim rechteckigen Rippenprofil auftrat. Aus dem Ansatz $\Theta(x) = (h - x)^\gamma$ mit einer reellen Zahl γ errechnet man die Ableitungen

$$\Theta'(x) = -\gamma(h - x)^{\gamma - 1} \text{ und } \Theta''(x) = \gamma(\gamma - 1)(h - x)^{\gamma - 2}.$$

Setzt man diese in die Differentialgleichung (8.10) ein und soll $\Theta(x) = (h - x)^\gamma$ eine Lösung der Differentialgleichung sein, dann muss gelten:

$$\gamma(\gamma - 1)(h - x)^\gamma + 2\gamma(h - x)^\gamma = h^2 m^2 (h - x)^\gamma$$

Da diese Gleichung für alle x erfüllt sein soll, dürfen wir durch $(h - x)^\gamma$ teilen und erhalten als Bedingung an den unbekannten Exponenten γ die quadratische Gleichung

$$\gamma(\gamma - 1) + 2\gamma = h^2 m^2 \Leftrightarrow \gamma^2 + \gamma - h^2 m^2 = 0$$

ist. Diese quadratische Gleichung für γ besitzt nach der p-q- oder der Mitternachtsformel die beiden Lösungen

$$\gamma_{1,2} = \frac{-1 \pm \sqrt{1 + 4h^2 m^2}}{2}.$$

Damit lautet die allgemeine Lösung der Differentialgleichung

$$\Theta(x) = C_1 (h - x)^{\frac{-1 + \sqrt{1 + 4h^2 m^2}}{2}} + C_2 (h - x)^{\frac{-1 - \sqrt{1 + 4h^2 m^2}}{2}} \qquad (8.11)$$

Hier wird implizit verwendet, dass eine lineare Differentialgleichung 2. Ordnung ein Fundamentalsystem aus zwei (linear unabhängigen) Funktionen besitzt. Hat man also zwei linear unabhängige Lösungen gefunden, so kann man damit sofort die allgemeine Lösung der Differentialgleichung angeben.

Auch hier haben wir die beiden Randbedingungen $\Theta(0) = \Theta_0$ und $\Theta'(h) = 0$ zu berücksichtigen. Durch Einsetzen von $x = 0$ erhalten wir als erste Bedingung

$$\Theta(0) = C_1 h^{\frac{-1+\sqrt{1+4h^2m^2}}{2}} + C_2 h^{\frac{-1-\sqrt{1+4h^2m^2}}{2}} = \Theta_0. \tag{8.12}$$

Beim Differenzieren von Θ erhalten wir den Ausdruck

$$\Theta'(x) = -C_1 \frac{-1+\sqrt{1+4h^2m^2}}{2}(h-x)^{\frac{-3+\sqrt{1+4h^2m^2}}{2}}$$
$$- C_2 \frac{-1-\sqrt{1+4h^2m^2}}{2}(h-x)^{\frac{-3-\sqrt{1+4h^2m^2}}{2}},$$

in den man $x = h$ nicht so ohne weiteres einsetzen darf. Während der Exponent im ersten Term zumindest für $\sqrt{1+4h^2m^2} > 3$, das heißt für $h^2m^2 > 2$ positiv ist und somit der Term

$$-C_1 \frac{-1+\sqrt{1+4h^2m^2}}{2}(h-x)^{\frac{-3+\sqrt{1+4h^2m^2}}{2}}$$

bei $x = h$ verschwindet, ist im zweiten Term der Exponent in jedem Fall negativ, so dass

$$\lim_{x \to h}(h-x)^{\frac{-3-\sqrt{1+4h^2m^2}}{2}} = \infty.$$

Damit die Lösung die Randbedingung $\Theta'(h) = 0$ erfüllt, muss dieser zweite Teil verschwinden, es muss also $C_2 = 0$ sein.

Damit kann man dann (8.12) nach C_1 auflösen und bekommt

$$C_1 = \frac{\Theta_0}{h^{\frac{-1+\sqrt{1+4h^2m^2}}{2}}}$$

und als Lösung des Randwertproblems schließlich

$$\Theta(x) = \frac{\Theta_0}{h^{\frac{-1+\sqrt{1+4h^2m^2}}{2}}}(h-x)^{\frac{-1+\sqrt{1+4h^2m^2}}{2}} = \Theta_0\left(1 - \frac{x}{h}\right)^{\frac{-1+\sqrt{1+4h^2m^2}}{2}}.$$

Aus der Definition der Übertemperatur $\Theta(x) = T(x) - T_{\text{Luft}}$ ergibt sich daraus der Temperaturverlauf

$$T(x) = T_{\text{Luft}} + (T_0 - T_{\text{Luft}})\left(1 - \frac{x}{h}\right)^{\frac{-1+\sqrt{1+4h^2m^2}}{2}}. \tag{8.13}$$

8.4.4 Dreieckiges Rippenprofil

Die Funktion p, die ein dreieckiges Rippenprofil beschreibt, muss linear vom Wert $p(0) = \frac{d}{2}$ auf den Wert $p(h) = 0$ abnehmen. Dies bedeutet, dass $p(x) = \frac{d}{2h}(h - x)$ sein muss. Als Querschnittsfläche ergibt sich daraus $A(x) = 2p(x) \cdot L = \frac{d}{h} \cdot L \cdot (h - x)$. Setzt man diesen Wert in die Differentialgleichung (8.4) ein, so erhält man

$$\left(\frac{d}{h} \cdot L \cdot (h - x) T'(x) \right)' = \frac{\alpha_R}{\lambda_R} U \cdot (T(x) - T_{\text{Luft}})$$

Indem man wieder die Übertemperatur $\Theta(x) = T(x) - T_{\text{Luft}}$ betrachtet, wird aus der inhomogenen Differentialgleichung die homogene Differentialgleichung

$$\left(\frac{d}{h} \cdot L \cdot (h - x) \Theta'(x) \right)' = \frac{\alpha_R}{\lambda_R} U \cdot \Theta(x).$$

Mit Hilfe der Produktregel und der schon mehrfach verwendeten Näherung $U = 2L$ lässt sich diese Differentialgleichung auch schreiben als

$$(h - x) \cdot \Theta''(x) - \Theta'(x) - hm^2 \Theta(x) = 0. \tag{8.14}$$

Hier taucht auch wieder die Konstante $m = \sqrt{\frac{2\alpha_R}{d\lambda_R}}$ auf, die schon bei den anderen Rippenprofilen eine wichtige Rolle spielte. Damit man den Potenzreihenansatz

$$\Theta(x) = \sum_{k=0}^{\infty} a_k (h - x)^k \tag{8.15}$$

in diese Differentialgleichung einsetzen kann, muss man zunächst Θ' und Θ'' bilden. Durch gliedweises Differenzieren und anschließende Indexverschiebung um Eins erhält man

$$\Theta'(x) = - \sum_{k=1}^{\infty} a_k k (h - x)^{k-1} = - \sum_{k=0}^{\infty} a_{k+1}(k + 1)(h - x)^k.$$

Indem man Θ' noch einmal gliedweise differenziert, erhält man

$$\Theta''(x) = \sum_{k=1}^{\infty} a_{k+1} k (k + 1)(h - x)^{k-1}.$$

Die Verschiebung der Summationsindizes um eins ist wichtig, weil wir nach dem Einsetzen von Θ' und Θ'' einen Koeffizientenvergleich vornehmen möchten und daher überall dieselben Potenzen von $(h - x)$ stehen haben möchten. Etwas ausführlicher geht man für die Indexverschiebung folgendermaßen vor: In

$$\sum_{k=1}^{\infty} a_k k (h - x)^{k-1}$$

ersetzt man $k-1$ durch einen neuen Index ℓ, das heißt es ist $\ell = k-1$ und entsprechend $k = \ell+1$. Außerdem wird aus der Untergrenze $k = 1$ der Summe die neue Untergrenze $\ell = 1 - 1 = 0$, während die Obergrenze $k = \infty$ wegen $\ell = \infty - 1 = \infty$ unverändert bleibt. Dann nennt man den Laufindex wieder k statt ℓ und hat so die Form

$$\sum_{k=0}^{\infty} a_{k+1}(k + 1)(h - x)^k$$

erreicht.

Hier führen wir keine Indexverschiebung durch, denn Θ'' wird in (8.14) noch mit $(h - x)$ multipliziert. Setzt man nun die Reihendarstellungen von Θ' und Θ'' in (8.14) ein, dann gelangt man zu der Identität

$$\sum_{k=1}^{\infty} a_{k+1}k(k+1)(h-x)^k + \sum_{k=0}^{\infty} a_{k+1}(k+1)(h-x)^k - hm^2 \sum_{k=0}^{\infty} a_k(h-x)^k = 0. \quad (8.16)$$

Die ersten beiden Reihen lassen sich zusammenfassen:

$$\sum_{k=1}^{\infty} a_{k+1}k(k + 1)(h - x)^k + \sum_{k=0}^{\infty} a_{k+1}(k + 1)(h - x)^k$$

$$= \sum_{k=1}^{\infty} a_{k+1}k(k + 1)(h - x)^k + a_1 + \sum_{k=1}^{\infty} a_{k+1}(k + 1)(h - x)^k$$

$$= a_1 + \sum_{k=1}^{\infty} a_{k+1}\left(k(k + 1) + (k + 1)\right)(h - x)^k$$

$$= a_1 + \sum_{k=1}^{\infty} a_{k+1}(k + 1)^2(h - x)^k$$

Damit erhält man aus (8.16) die folgende Gleichung:

$$a_1 + \sum_{k=1}^{\infty} a_{k+1}(k + 1)^2(h - x)^k - hm^2 \sum_{k=0}^{\infty} a_k(h - x)^k = 0.$$

Durch Koeffizientenvergleich lassen sich nun die Koeffizienten $a_1, a_2, a_3, \ldots$ der Reihe nach bestimmen.

Für $k = 0$ ergibt der Koeffizientenvergleich $a_1 = hm^2 a_0$.
Für $k = 1$ erhält man

$$2^2 a_2 = hm^2 a_1 \quad \Rightarrow \quad a_2 = \frac{hm^2 a_1}{2^2} = \frac{(hm^2)^2 a_0}{2^2}.$$

Auf die gleiche Weise bekommt man für $k = 2$

$$3^2 a_3 = hm^2 a_2 \quad \Rightarrow \quad a_3 = \frac{hm^2 a_2}{3^2} = \frac{(hm^2)^3 a_0}{(3!)^2}.$$

Spätestens nach $k = 3$ und

$$4^2 a_4 = hm^2 a_3 \quad \Rightarrow \quad a_4 = \frac{hm^2 a_3}{4^2} = \frac{(hm^2)^4 a_0}{(4!)^2}$$

errät man die allgemeine Bildungsvorschrift für a_k:

$$a_k = \frac{(hm^2)^k a_0}{(k!)^2}.$$

Hinweis für die Übungen

Wenn die Teilnehmer mit *Vollständiger Induktion* vertraut sind, kann man diese Vermutung mit wenig Aufwand verifizieren.

Nun setzt man diese a_k in den ursprünglichen Potenzreihenansatz (8.15) ein. Die Lösung der Differentialgleichung (8.14) lautet als Potenzreihe also

$$\Theta(x) = a_0 \sum_{k=0}^{\infty} \underbrace{\frac{(hm^2)^k}{(k!)^2}}_{= a_k} (h - x)^k.$$

Vergleicht man diese Reihe mit der modifizierten Besselfunktion

$$I_0(x) = \sum_{k=0}^{\infty} \frac{z^{2k}}{4^k (k!)^2},$$

dann erkennt man einige Gemeinsamkeiten. Durch weitere Umformungen kann man Θ unter Benutzung der modifizierten Besselfunktion darstellen:

$$\Theta(x) = a_0 \sum_{k=0}^{\infty} \frac{4^k h^k m^{2k} (h - x)^k}{4^k (k!)^2}$$

$$= a_0 \sum_{k=0}^{\infty} \frac{\left(2m \sqrt{h(h - x)} \right)^{2k}}{4^k (k!)^2} = a_0 I_0 \left(2m \sqrt{h(h - x)} \right).$$

Der noch unbekannte Wert a_0 ergibt sich aus der Randbedingung $\Theta(0) = T_0 - T_{\text{Luft}}$. Wegen $\Theta(0) = a_0 I_0(2mh)$ ist $a_0 = (T_0 - T_{\text{Luft}})/I_0(2mh)$ und man erhält schließlich als Lösung die Übertemperatur

$$\Theta(x) = \frac{I_0(2m\sqrt{h(h-x)})}{I_0(2mh)}(T_0 - T_{\text{Luft}})$$

sowie das Temperaturprofil

$$T(x) = T_{\text{Luft}} + \frac{I_0(2m\sqrt{h(h-x)})}{I_0(2mh)}(T_0 - T_{\text{Luft}}).$$

Durch eine Literaturrecherche oder mit Hilfe von `WolframAlpha`[2] kann man herausfinden, dass die modifizierten Besselfunktionen 1. Art monoton wachsend sind und dass die zweite Randbedingung $\Theta'(h) = 0$ wegen der Eigenschaft $I_0'(0) = 0$ automatisch erfüllt ist.

Fazit

Wir haben nun für drei verschiedene Rippenprofile den Temperaturverlauf in den Rippen bestimmt. Obwohl die Form der Rippen ähnlich und nicht besonders „ausgefallen" erscheint, ergeben sich aus den drei Formen drei sehr unterschiedliche Differentialgleichungen.

8.4.5 Diskussion der Annahmen

Der Herleitung der Differentialgleichung lagen fünf vereinfachende Annahmen zugrunde.

1. Die Temperatur ist nur von der x-Koordinate abhängig.
   Diese Annahme hängt stark mit der Geometrie der Rippe zusammen. Man erwartet anschaulich, dass die Temperatur vom Inneren der Rippe zum Rand hin abnimmt. Wenn man von einer dünnen Rippe ausgeht und weiter voraussetzt, dass sich der Kühler soweit erwärmt hat, dass ein stationärer Temperaturzustand vorliegt, ist diese Annahme weitgehend gerechtfertigt.

2. Die Wärmeleitfähigkeit λ_R ist in der gesamten Kühlrippe konstant.
   Da die Wärmeleitfähigkeit vor allem vom Material und nur in viel geringerem Maße von der Temperatur abhängt, ist der Fehler klein, den man begeht, wenn man die Wärmeleitfähigkeit als konstant annimmt.

3. Der Wärmeübergangskoeffizient α_R ist über die gesamte Rippenoberfläche konstant.

---

[2] http://www.wolframalpha.com.

Diese Annahme ist unter den fünf Annahmen diejenige, die am wenigsten erfüllt ist. Der Wärmeübergangskoeffizient hängt im allgemeinen von der Temperatur ab, und da diese entlang der Rippe abnimmt, müsste man eigentlich den Wärmeübergangskoeffizienten ebenfalls anpassen. Dadurch würde die Rechnung allerdings so kompliziert, dass man keine explizite Lösung mehr finden könnte. Außerdem ist die experimentelle Bestimmung von α_R sehr aufwändig.

4. Die Temperatur T_{Luft} der umgebenden Luft ist konstant an der gesamten Rippenoberfläche
   Diese Annahme ist im allgemeinen erfüllt, allerdings kann es durchaus sein, dass in einem Gehäuse die Umgebungstemperatur deutlich höher ist als in der Luft außerhalb des Gehäuses und daher die Übertemperatur entsprechend niedriger angesetzt werden muss.

5. Der Wärmestrom an der Rippenspitze kann vernachlässigt werden.
   Auch diese Voraussetzung hat mit der Geometrie zu tun. Sie ist insbesondere dann gerechtfertigt, wenn die Rippen dünn sind und die Stirnfläche im Verhältnis zu den Seitenflächen sehr klein ist. Dies ist bei den meisten Rippenkühlern für PCs der Fall.

8.5 Den Wirkungsgrad optimieren

Während die Gesamtbreite B und die Länge L durch das Bauteil weitgehend vorgegeben sind, kann man die Dicke d und die Höhe h der einzelnen Rippen sowie den Abstand b zwischen den Rippen variieren. Dabei gehen wir in diesem Abschnitt davon aus, dass sich die Rippen gegenseitig nicht beeinflussen und für jede einzelne Rippe die Überlegungen aus dem vorigen Abschnitt gelten.

8.5.1 Eine einzelne Rippe optimieren

Der „Referenz"-Wärmestrom $\dot{Q}_{\mathrm{ideal}}$ einer Kühlrippe, die über ihre gesamte Höhe h die Anfangstemperatur T_0 besitzt und diese mit dem Wärmeübergangskoeffizienten α_R an die Umgebung abgibt, ist nach (8.3)

$$\dot{Q}_{\mathrm{ideal}} = \left(2L \cdot h + 2 \int_0^h p(x)\,\mathrm{d}x \right) \alpha_R\,\Theta_0 \approx 2L\,h\,\alpha_R\,\Theta_0,$$

wenn man den Beitrag der Seitenflächen vernachlässigt und als Fläche näherungsweise die Projektion auf die x-z-Ebene betrachtet, also statt mit dem Flächeninhalt der gekrümmten Oberfläche einfach mit dem doppelten Flächeninhalt der Grundfläche $2L \cdot h$ rechnet. Bei einem rechteckigen Profil ist diese Betrachtung exakt. Der Faktor 2 kommt davon, dass Ober- und Unterseite der Kühlrippe Wärme abgeben. Im Unterschied zum vorigen Abschnitt, in dem die Temperatur entlang der Rippe abnahm, ist hier die Übertemperatur Θ_0 überall gleich, denn sowohl die Rippentemperatur als auch die Lufttemperatur werden überall als konstant angenommen.

> Die konstante Temperatur der *idealen Kühlrippe* entspricht einer unendlichen Wärmeleitfähigkeit λ_R. In der Praxis werden für Kühler Materialien mit großer Wärmeleitfähigkeit benutzt, weil sie diesem Ideal nahekommen.

Um den Wärmestrom der realen Rechtecksrippe zu berechnen, bei der die Temperatur entlang der Rippe abnimmt, kann man beispielsweise den Wärmestrom durch den Rippenfuß betrachten, denn da wir einen stationären Zustand betrachten, entspricht der Wärmefluss, der durch den Rippenfuß in den Kühler fließt gerade dem Wärmefluss, der über die Seitenflächen von der Rippe an die Umgebungsluft abgegeben wird. Der Wärmestrom durch den Rippenfuß der Querschnittsfläche $A = L \cdot d$ beträgt nach dem Gesetz von Fourier

$$\dot{Q} = -\lambda_R \, A \, \Theta'(0).$$

Beim in (8.9) berechneten Temperaturverlauf

$$\Theta(x) = \Theta_0 \frac{\cosh(m(x-h))}{\cosh(mh)}$$

in der Rippe mit rechteckigem Profil ist

$$\Theta'(x) = \Theta_0 m \frac{\sinh(m(x-h))}{\cosh(mh)}$$

und somit erhält man

$$\Theta'(0) = \Theta_0 m \frac{\sinh(-mh))}{\cosh(mh)} = -\Theta_0 m \tanh(mh).$$

Der Wärmestrom durch den Rippenfuß beträgt daher

$$\dot{Q}_{\text{Rechteck}} = -\lambda_R \cdot A \cdot \Theta'(0) = \lambda_R L d \cdot \Theta_0 m \tanh(mh). \tag{8.17}$$

Der Wirkungsgrad η einer einzelnen Rippe berechnet sich nun als das Verhältnis zwischen dem tatsächlichen und dem idealen Wärmestrom:

$$\eta_{\text{Rechteck}} = \frac{\dot{Q}_{\text{Rechteck}}}{\dot{Q}_{\text{ideal}}} = \frac{\lambda_R L d \cdot \Theta_0 m \tanh(mh)}{2L \, h \alpha_R \Theta_0} = \frac{\lambda_R d \cdot m \tanh(mh)}{2h \, \alpha_R} = \frac{\tanh(mh)}{mh}$$

Hier haben wir wieder die Abkürzung $m = \sqrt{\frac{2\alpha_R}{d \cdot \lambda_R}}$ eingesetzt.

Um auf dieselbe Weise den Wirkungsgrad eines Kühlers mit konkavem parabolischem Profil zu bestimmen, leiten wir die Gleichung (8.13) für den Temperaturverlauf in parabolischen Rippen einmal ab und erhalten mit der Kettenregel

$$T'(x) = -\frac{\Theta_0}{h}\frac{-1+\sqrt{1+4h^2m^2}}{2}\left(1-\frac{x}{h}\right)^{\frac{-3+\sqrt{1+4h^2m^2}}{2}}$$

und speziell für $x = 0$ den Wert

$$T'(0) = -\Theta_0\frac{-1+\sqrt{1+4h^2m^2}}{2h}.$$

Der Wärmestrom durch den Rippenfuß beträgt daher

$$\dot{Q}_{\text{parabolisch}} = -\lambda_R \cdot A \cdot T'(0) = \lambda_R L d\Theta_0\frac{-1+\sqrt{1+4h^2m^2}}{2h}.$$

Dieser Wärmefluss wird wie oben mit dem Wärmefluss einer idealen Kühlrippe verglichen und man erhält als Wirkungsgrad $\eta_{\text{parabolisch}}$ den Wert

$$\eta_{\text{parabolisch}} = \frac{\dot{Q}}{\dot{Q}_{\text{ideal}}} = \frac{\lambda_R L d\Theta_0\frac{-1+\sqrt{1+4h^2m^2}}{2h}}{2L\,h\alpha_R\Theta_0} = \frac{-1+\sqrt{1+4h^2m^2}}{2h^2m^2}.$$

Wenn man möchte, kann man den letzten Ausdruck noch mit $1+\sqrt{1+4h^2m^2}$ erweitern und erhält unter Benutzung der dritten binomischen Formel das äquivalente Ergebnis

$$\eta_{\text{parabolisch}} = \frac{2}{1+\sqrt{1+4h^2m^2}},$$

dem man sofort ansieht, dass $\eta_{\text{parabolisch}}$ immer kleiner als 1 ist.

8.5.2 Maximaler Wärmefluss

In der Praxis ist es nicht so entscheidend, eine Kühlrippe mit einer idealen Kühlrippe zu vergleichen, die dieselbe Geometrie hat, sondern man versucht, unter den realen Kühlrippen mit demselben Materialverbrauch die beste herauszufinden. Dazu können wir die Darstellung (8.17) des Wärmestroms verwenden: Wenn wir die zusätzliche Einschränkung, dass $V = d \cdot h \cdot L$ konstant sein soll, nach d auflösen, können wir

$$d = \frac{V}{h \cdot L}$$

als Funktion von h ausdrücken und mit $m = \sqrt{\frac{2\alpha_R}{d\lambda_R}}$ den Wärmestrom $\dot{Q}$ als eine Funktion von h darstellen:

$$\dot{Q}(h) = \lambda L d \cdot \Theta_0 m \tanh(mh) = \frac{\sqrt{2\alpha\lambda LV}}{\sqrt{h}}\Theta_0 \tanh\left(\sqrt{\frac{2\alpha L}{\lambda V}}h^{3/2}\right)$$

Der Übersichtlichkeit halber schreiben wir hier und in den folgenden Rechnungen α statt α_R und λ statt λ_R. Um das Maximum dieser Funktion $\dot{Q}(h)$ zu bestimmen, berechnen wir die Ableitung

$$\frac{\mathrm{d}\dot{Q}}{\mathrm{d}h} = -\frac{1}{2}\frac{\sqrt{2\alpha\lambda LV}}{h^{3/2}}\Theta_0 \tanh\left(\sqrt{\frac{2\alpha L}{\lambda V}}h^{3/2}\right) + \frac{3}{2}\cdot\sqrt{\frac{2\alpha L}{\lambda V}}\cdot\frac{\sqrt{2\alpha\lambda LV}\,\Theta_0}{\cosh^2\left(\sqrt{\frac{2\alpha L}{\lambda V}}h^{3/2}\right)}$$

$$= \frac{1}{2}\sqrt{2\alpha\lambda LV}\,\Theta_0\left(-\frac{\tanh\left(\sqrt{\frac{2\alpha L}{\lambda V}}h^{3/2}\right)}{h^{3/2}} + 3\sqrt{\frac{2\alpha L}{\lambda V}}\cdot\frac{1}{\cosh^2\left(\sqrt{\frac{2\alpha L}{\lambda V}}h^{3/2}\right)}\right).$$

Wir suchen die Nullstelle dieser Ableitung als Kandidaten für eine Maximalstelle. Die Ableitung verschwindet, wenn der Ausdruck in der Klammer Null wird, das heißt, wenn

$$-\tanh\left(\sqrt{\frac{2\alpha L}{\lambda V}}h^{3/2}\right) + 3\underbrace{\sqrt{\frac{2\alpha L}{\lambda V}}h^{3/2}}_{=mh}\cdot\frac{1}{\cosh^2\left(\sqrt{\frac{2\alpha L}{\lambda V}}h^{3/2}\right)} = 0$$

ist. Ersetzt man $\sqrt{\frac{2\alpha L}{\lambda V}}h^{3/2} = mh$, sieht die Gleichung etwas harmloser aus:

$$\sinh(mh)\cosh(mh) = 3mh$$

Trotzdem kann man sie nicht explizit lösen, sondern muss ein Näherungsverfahren (zum Beispiel das Newton-Verfahren, siehe S. 120) benutzen. Auf diese Weise findet man als positive Lösung der Gleichung

$$mh = 1{,}41922.$$

Daraus ergibt sich dann mit $V = d \cdot h \cdot L$ und $m = \sqrt{\frac{2\alpha_R}{d\lambda_R}}$

$$\sqrt{\frac{2\alpha_R hL}{V\lambda_R}}h = \sqrt{\frac{2\alpha_R h^3 L}{V\lambda_R}} = 1{,}41922$$

und durch Auflösen nach h die optimale Rippenhöhe

$$h_{\mathrm{opt}} = 1{,}2629\left(\frac{\lambda_R V}{2\alpha_R L}\right)^{1/3}. \tag{8.18}$$

Mittels $V = d \cdot h \cdot L$ erhält man daraus die optimale Rippendicke

$$d_{\mathrm{opt}} = \frac{V}{L\cdot h_{\mathrm{opt}}} = 0{,}9976\left(\frac{\alpha_R V^2}{\lambda_R L^2}\right)^{1/3}. \tag{8.19}$$

8.6 Die Anzahl der Rippen optimieren

1. Wir führen dieselbe Überlegung wie im vorigen Abschnitt für einen Kühler mit n Rippen durch. Das vorgegebene Gesamtvolumen V verteilt sich gleichmäßig auf die n Rippen, sodass jede die Dicke

$$d = \frac{V}{nLh}$$

hat. Der Wärmestrom (8.17) in jeder der n Rippen ist ebenfalls gleich, so dass insgesamt durch alle n Rippen der Wärmestrom

$$\dot{Q} = n \cdot \lambda_R L d \cdot \Theta_0 m \tanh(mh) = \sqrt{2\alpha_R \lambda_R L V n h} \cdot \Theta_0 \tanh\left(\sqrt{\frac{2\alpha_R n L}{\lambda_R V}} h^{3/2}\right)$$

fließt. Wenn man n (vorübergehend) als eine kontinuierliche Variable betrachtet, kann man die partielle Ableitung nach n bilden:

$$\frac{\partial \dot{Q}}{\partial n} = \frac{\sqrt{\alpha_R \lambda_R L V} \Theta_0}{\sqrt{2nh}} \tanh\left(\sqrt{\frac{2\alpha_R n L}{\lambda_R V}} h^{3/2}\right) + \frac{\alpha_R L \Theta_0 h}{\cosh^2\left(\sqrt{\frac{2\alpha_R n L}{\lambda_R V}} h^{3/2}\right)}.$$

Diese Ableitung ist positiv, da n, h und die Konstanten α_R, λ_R, Θ_0 und L positive Zahlen sind. Das bedeutet, dass $\dot{Q}$ mit wachsendem n zunimmt. Anschaulich: Weil wir die einzelnen Rippen getrennt voneinander betrachten, überwiegt der „Gewinn", der durch die Vergrößerung der Oberfläche erreicht wird, immer den „Verlust", der dadurch eintritt, dass die Querschnittsfläche der einzelnen Rippe für wachsendes n immer kleiner wird. Daher wäre unter unseren Annahmen eine unendlich große Anzahl an Rippen mit infinitesimal kleiner Dicke die optimale Lösung.

Dabei berücksichtigen wir allerdings nicht, dass die Luft bei kleinerem Rippenabstand immer schlechter durch die Rippenzwischenräume strömen kann und darum die Wärmeübertragung an die Luft mit abnehmendem Rippenabstand immer schwieriger wird.

2. Mit Hilfe der Beziehung

$$Nu = \frac{\alpha_R b}{\lambda_{\text{Luft}}} \tag{8.20}$$

kann man sich aus der Nusselt-Zahl Nu und dem Rippenabstand b den Wärmeübergangskoeffizienten α_R verschaffen, der nun vom Rippenabstand

b abhängt. Um für die Luftströmung zwischen den Kühlrippen die Nusselt-Zahl zu berechnen, verwenden wir die Formel

$$Nu = \left(\frac{576}{(Ra \cdot b/L)^2} + \frac{2{,}87}{(Ra \cdot b/L)^{1/2}} \right)^{-1/2} \tag{8.21}$$

von Bar-Cohen und Rohsenow, wobei die Raleigh-Zahl

$$Ra = Kb^3$$

eine Funktion des Rippenabstands b ist und alle anderen Abhängigkeiten in einer Konstanten $K = \frac{g\beta\Theta_0}{a\nu}$ zusammengefasst werden.

Das Verhalten des Wärmeübergangskoeffizienten α_R für sehr kleine beziehungsweise sehr große Rippenabstände b bestimmt man, indem man sich klarmacht, welcher der beiden Terme in der Summe $\frac{576}{(Ra\cdot b/L)^2} + \frac{2{,}87}{(Ra\cdot b/L)^{1/2}}$ für $b \to 0$ beziehungsweise für $b \to \infty$ dominiert. Zunächst löst man dafür (8.20) nach α_R auf und erhält

$$\alpha_R = \frac{Nu\lambda_{\text{Luft}}}{b} = \frac{\lambda_{\text{Luft}}}{b} \left(\frac{576}{(K \cdot b^4/L)^2} + \frac{2{,}87}{(K \cdot b^4/L)^{1/2}} \right)^{-1/2}$$

$$= \frac{\lambda_{\text{Luft}}}{b} \left(\frac{576L^2}{K^2 b^8} + \frac{2{,}87L^{1/2}}{K^{1/2}b^2} \right)^{-1/2}$$

- Für große Rippenabstände $b \to \infty$ ist $\frac{576L^2}{K^2 b^8} \ll \frac{2{,}87L^{1/2}}{K^{1/2}b^2}$ und damit

$$\lim_{b\to\infty} \alpha_R = \frac{\lambda_{\text{Luft}}}{b} \left(\frac{2{,}87L^{1/2}}{K^{1/2}b^2} \right)^{-1/2} = \frac{\lambda_{\text{Luft}}}{b} \cdot \frac{K^{1/4}b}{\sqrt{2{,}87}L^{1/4}} = \frac{\lambda_R K^{1/4}}{\sqrt{2{,}87}L^{1/4}}$$

unabhängig von b. Dies ist auch einleuchtend, denn wenn die Rippenwände weit voneinander entfernt sind, und die Strömung nicht durch einen engen Spalt zwischen den Rippen behindert wird, dann sollte der Wärmeübergangskoeffizient α_R auch nicht von diesem Rippenabstand abhängen.

- Ganz anders ist es im Grenzwert kleiner Rippenabstände. Für $b \to 0$ ist $\frac{2{,}87L^{1/2}}{K^{1/2}b^2} \ll \frac{576L^2}{K^2 b^8}$ und daher ist

$$\alpha_R \approx \frac{\lambda_{\text{Luft}}}{b} \left(\frac{576L^2}{K^2 b^8} \right)^{-1/2} = \frac{\lambda_{\text{Luft}}}{b} \cdot \frac{Kb^4}{24L} = \frac{\lambda_{\text{Luft}}K}{24L} b^3$$

und die Wärmeübertragung wird wie erwartet mit einem kleiner werdenden Rippenabstand immer schlechter. Dies müsste wie erwähnt in unsere obige Betrachtung mit einfließen und sorgt dafür, dass der Wärmestrom mit zunehmender Anzahl an Rippen nicht unbegrenzt wächst. Allerdings wird es bei der Herstellung eines realen Rippenkühlers immer auch Einschränkungen durch das Fertigungsverfahren geben. Letztlich werden alle diese Aspekte eine Rolle spielen, wenn für einen konkreten Kühler die Anzahl der Rippen festgelegt wird.

3. Wir haben also zwei gegensätzliche Effekte vorliegen: Vergrößern wir die Anzahl der Rippen, dann wird die Fläche vergrößert, über die Wärme an die Umgebung abgegeben werden kann. Andererseits wird aber der Abstand b zwischen den Rippen kleiner und damit nimmt der Wärmeübergangskoeffizient α_R ab. Wir versuchen nun, die optimale Balance zwischen diesen beiden Effekten zu finden.

Für einen Rippenkühler mit n identischen Rippen der Dicke d, Länge L und Höhe h ist der Wärmestrom durch die n Rippen, die über die gesamte Oberfläche die konstante Temperatur T_0 haben wegen (8.20)

$$\dot{Q}_{\text{gesamt}} = n \cdot 2hL\Theta_0 \frac{Nu\,\lambda_{\text{Luft}}}{b}. \tag{8.22}$$

Die Anzahl n der Rippen hängt mit der Gesamtbreite B, der Rippendicke d und dem Rippenabstand b zusammen, siehe Abb. 7.3:

$$nd + (n-1)b = B \quad \Rightarrow \quad n = \frac{B+b}{b+d} \approx \frac{B}{b+d}$$

Eigentlich müsste man hier noch auf die nächste ganze Zahl runden, aber wir betrachten n wieder als eine kontinuierliche Variable. Damit haben wir

$$\dot{Q}_{\text{gesamt}}(b) = \frac{2hBL}{b+d}\Theta_0 \frac{Nu\,\lambda_{\text{Luft}}}{b}$$

und wenn wir nun noch die Formel (7.3) für die Nusselt-Zahl Nu einsetzen, erhalten wir

$$\begin{aligned}
\dot{Q}_{\text{gesamt}}(b) &= \frac{2hBL\Theta_0\lambda_{\text{Luft}}}{(b+d)b}\left(\frac{576}{(Ra \cdot b/L)^2} + \frac{2{,}87}{(Ra \cdot b/L)^{1/2}}\right)^{-1/2} \\
&= \frac{2hBL\Theta_0\lambda_{\text{Luft}}}{(b+d)b}\left(\frac{576L^2}{K^2 b^8} + \frac{2{,}87\sqrt{L}}{\sqrt{K}b^2}\right)^{-1/2} \\
&= \frac{2hBL\Theta_0\lambda_{\text{Luft}}}{(b+d)\sqrt{\dfrac{576L^2}{K^2 b^6} + \dfrac{2{,}87\sqrt{L}}{\sqrt{K}}}}.
\end{aligned}$$

Da der Rippenabstand b nur im Nenner auftaucht, ist es hilfreich, für die weitere Rechnung die Abkürzung

$$F(b) = (b + d)\sqrt{\frac{576L^2}{K^2 b^6} + \frac{2{,}87\sqrt{L}}{\sqrt{K}}}$$

einzuführen.

Dann ist nach der Quotientenregel

$$\frac{\mathrm{d}\dot{Q}_{\text{gesamt}}(b)}{\mathrm{d}b} = -2hBL\Theta_0\lambda_{\text{Luft}}\frac{F'(b)}{F^2(b)}$$

und die Ableitung wird genau dann Null, wenn $F'(b) = 0$ ist. Man kann diese Ableitung mit Hilfe der Kettenregel ausrechnen:

$$F'(b) = \sqrt{\frac{576L^2}{K^2 b^6} + \frac{2{,}87\sqrt{L}}{\sqrt{K}}} + (b + d)\frac{-6\dfrac{576L^2}{K^2 b^7}}{2\sqrt{\dfrac{576L^2}{K^2 b^6} + \dfrac{2{,}87\sqrt{L}}{\sqrt{K}}}}$$

und erhält dann

$$F'(b) = 0 \Leftrightarrow \sqrt{\frac{576L^2}{K^2 b^6} + \frac{2{,}87\sqrt{L}}{\sqrt{K}}} - (b + d)\frac{3\dfrac{576L^2}{K^2 b^7}}{\sqrt{\dfrac{576L^2}{K^2 b^6} + \dfrac{2{,}87\sqrt{L}}{\sqrt{K}}}} = 0$$

$$\Leftrightarrow \frac{576L^2}{K^2 b^6} + \frac{2{,}87\sqrt{L}}{\sqrt{K}} - (b + d)\cdot 3\frac{576L^2}{K^2 b^7} = 0$$

$$\Leftrightarrow 576b + \frac{2{,}87\,K^{3/2}}{L^{3/2}}b^7 - 3\cdot 576(b + d) = 0$$

$$\Leftrightarrow \frac{2{,}87\,K^{3/2}}{576\,L^{3/2}}b^7 - 2b - 3d = 0.$$

Da b für handelsübliche Kühler deutlich größer ist als d, macht man keinen allzu großen Fehler, wenn man den Term $-3d$ weglässt, sodass man die dann entstehende Gleichung

$$\frac{2{,}87\,K^{3/2}}{576\,L^{3/2}}b^7 - 2b = 0$$

nach b auflösen kann. Daraus erhält man für den optimalen Rippenabstand b_{opt} die Bedingung

$$b^6 = \frac{2\cdot 576}{2{,}87}\left(\frac{L}{K}\right)^{3/2}$$

und schließlich

$$b_{\text{opt}} = \left(\frac{2 \cdot 576}{2{,}87}\right)^{1/6} \left(\frac{L}{K}\right)^{1/4} = 2{,}716 \left(\frac{L}{K}\right)^{1/4}. \tag{8.23}$$

Aus diesem optimalen Abstand b_{opt} der Kühlrippen lässt sich umgekehrt die Anzahl der Rippen bei einer vorgegebenen Breite B bestimmen.

Zahlenbeispiele

Zum Abschluss wollen wir einige konkrete Zahlenbeispiele durchrechnen.

(a) Wir möchten einen Kühler mit Aluminiumrippen auf einer rechteckigen Grundfläche mit Breite $B = 5\,\text{cm}$ und Länge $L = 4\,\text{cm}$ entwerfen, der für eine Rippentemperatur von $T_0 = 80°\,\text{C}$ und eine Umgebungstemperatur $T_{\text{Luft}} = 20°\,\text{C}$ ausgelegt ist. Die Materialwerte benutzen wir für die gemittelte Temperatur

$$\bar{T} = \frac{T_0 + T_{\text{Luft}}}{2} = 50°\,\text{C}.$$

Man findet für diese Temperatur in Tabellen

– die Wärmeleitfähigkeit $\lambda_{\text{Luft}} = 27{,}88 \cdot 10^{-3}\,\text{W/K\,m}$,

– die Temperaturleitfähigkeit $a = 256{,}7 \cdot 10^{-7}\,\text{m}^2/\text{s}$,

– den Wärmeausdehnungskoeffizienten $\beta = 3{,}1 \cdot 10^{-3}\,\text{1/K}$ und

– die kinematische Viskosität $\nu = 18{,}2 \cdot 10^{-6}\,\text{m}^2/\text{s}$.

Zusammen mit der Übertemperatur $\Theta_0 = T_0 - T_{\text{Luft}} = 60\,\text{K}$ ergibt sich für die Konstante $K = \frac{g\beta\Theta_0}{a\nu}$ der Wert

$$K = \frac{9{,}81\,\text{m/s}^2 \cdot 3{,}1 \cdot 10^{-3}\,\text{1/K} \cdot 60\,\text{K}}{256{,}7 \cdot 10^{-7}\,\text{m}^2/\text{s} \cdot 18{,}2 \cdot 10^{-6}\,\text{m}^2/\text{s}} = 3{,}9 \cdot 10^9\,\text{1/m}^3.$$

Dieser entspricht nach der Formel von Bar-Cohen und Rohsenow der Nusselt-Zahl

$$Nu = \left(\frac{576L^2}{K^2 b^8} + \frac{2{,}87 L^{1/2}}{K^{1/2} b^2}\right)^{-1/2}$$

$$= \left(\frac{576(0{,}04\,\text{m})^2}{(3{,}9 \cdot 10^9\,\text{1/m}^3)^2 (0{,}0049\,\text{m})^8} + \frac{2{,}87(0{,}04\,\text{m})^{1/2}}{(3{,}9 \cdot 10^9\,\text{1/m}^3)^{1/2}(0{,}0049\,\text{m})^2}\right)^{-1/2}$$

$$= 1{,}33$$

Aus (8.23) erhält man als optimalen Rippenabstand

$$b_{\text{opt}} = 2{,}716 \left(\frac{L}{K}\right)^{1/4} = 2{,}716 \left(\frac{0{,}04\,\text{m}}{3{,}9 \cdot 10^9\,\text{1/m}^3}\right)^{1/4} = 0{,}0049\,\text{m} = 4{,}9\,\text{mm}$$

Mit diesem Abstand passen auf eine Breite $B = 5\,\mathrm{cm}$ also etwa 11 Rippen. Dieser Wert passt recht gut in das Spektrum der Rippenabstände, die man bei den im Handel erhältlichen Rippenkühlern findet.

Im nächsten Schritt bestimmen wir Höhe und Dicke dieser Rippen. Da jede Rippe eine Masse von $m = \dfrac{80\,\mathrm{g}}{11} = 7{,}27\,\mathrm{g}$ hat, beträgt ihr Volumen

$$V_{\mathrm{Al}} = \frac{m}{\rho_{\mathrm{Al}}} = \frac{7{,}27\,\mathrm{g}}{3{,}95\,\mathrm{g/cm^3}} = 1{,}84\,\mathrm{cm^3} = 1{,}84 \cdot 10^{-6}\,\mathrm{m^3}.$$

Die Wärmeleitfähigkeit von Aluminium beträgt $\lambda_{\mathrm{Al}} = 236\,\mathrm{W/K\,m}$. Der Wärmeübergangskoeffizient α_R hängt mit der Nusselt-Zahl zusammen und beträgt nach (8.20)

$$\alpha_R = \frac{Nu\,\lambda_{\mathrm{Luft}}}{b} = \frac{1{,}33 \cdot 27{,}88 \cdot 10^{-3}\,\mathrm{W/K\,m}}{0{,}0049\,\mathrm{m}} = 7{,}6\,\mathrm{W/m^2K}.$$

Dann ist nach (8.18) die optimale Rippenhöhe

$$\begin{aligned}
h_{\mathrm{opt}} &= 1{,}2629 \left(\frac{\lambda_{\mathrm{Al}} V_{\mathrm{Al}}}{2\alpha_R L} \right)^{1/3} \\
&= 1{,}2629 \left(\frac{236\,\mathrm{W/K\,m} \cdot 1{,}84 \cdot 10^{-6}\,\mathrm{m^3}}{2 \cdot 7{,}6\,\mathrm{W/m^2K} \cdot 0{,}04\,\mathrm{m}} \right)^{1/3} \\
&= 0{,}113\,\mathrm{m} = 11{,}3\,\mathrm{cm}
\end{aligned}$$

und nach (8.19) ist die optimale Rippendicke

$$d_{\mathrm{opt}} = \frac{V_{\mathrm{Al}}}{L \cdot h_{\mathrm{opt}}} = \frac{1{,}84 \cdot 10^{-6}\,\mathrm{m^3}}{0{,}04\,\mathrm{m} \cdot 0{,}113\,\mathrm{m}} = 4{,}1 \cdot 10^{-4}\,\mathrm{m} = 0{,}41\,\mathrm{mm}.$$

Nach (8.22) beträgt der Gesamtwärmestrom durch alle Rippen

$$\begin{aligned}
\dot{Q}_{\mathrm{gesamt}} &= n \cdot 2 h_{\mathrm{opt}} L \Theta_0 \frac{Nu\,\lambda_{\mathrm{Luft}}}{b} \\
&= 11 \cdot 2 \cdot 0{,}113\,\mathrm{m} \cdot 0{,}04\,\mathrm{m} \cdot 60\,\mathrm{K} \cdot \frac{1{,}33 \cdot 27{,}88 \cdot 10^{-3}\,\mathrm{W/K\,m}}{0{,}0049\,\mathrm{m}} \\
&= 44{,}97\,\mathrm{W}
\end{aligned}$$

und ist damit zum Beispiel noch ausreichend dimensioniert für die passive Kühlung eines modernen Notebook-Prozessors.

(b) Ein Rippenkühler aus Kupfer mit demselben Materialwert hat nur die Masse

$$m_{\mathrm{Cu}} = \frac{0{,}08\,\mathrm{kg} \cdot 1{,}45\,\text{€}/\mathrm{kg}}{5{,}30\,\text{€}/\mathrm{kg}} = 0{,}022\,\mathrm{kg} = 22\,\mathrm{g}.$$

Da unsere Rechnung zum optimalen Rippenabstand unabhängig vom Material des Kühlers war, können wir hier ebenfalls mit elf Rippen rechnen.

Wir berechnen ähnlich wie oben die optimale Höhe und Dicke der Kupferrippen. Da jede Rippe eine Masse von $m = \dfrac{22\,\mathrm{g}}{11} = 2\,\mathrm{g}$ hat Kupfer die Dichte $\rho_{\mathrm{Cu}} = 8{,}92\,\mathrm{g}/\mathrm{cm}^3$ besitzt, beträgt ihr Volumen

$$V_{\mathrm{Cu}} = \frac{m}{\rho_{\mathrm{Cu}}} = \frac{2\,\mathrm{g}}{8{,}92\,\mathrm{g}/\mathrm{cm}^3} = 0{,}224\,\mathrm{cm}^3 = 2{,}24 \cdot 10^{-7}\,\mathrm{m}^3.$$

Die Wärmeleitfähigkeit von Kupfer ist höher als die von Aluminium und beträgt $\lambda_{\mathrm{Cu}} = 400\,\mathrm{W}/\mathrm{K\,m}$. Der Wärmeübergangskoeffizient α_R hängt in unserem Modell nicht vom Material der Rippe abund beträgt daher wie oben $\alpha_{\mathrm{Al}} = 7{,}6\,\mathrm{W}/\mathrm{m^2K}$.

Nach (8.18) beträgt die optimale Rippenhöhe

$$\begin{aligned}
h_{\mathrm{opt}} &= 1{,}2629 \left(\frac{\lambda_{\mathrm{Cu}} V_{\mathrm{Cu}}}{2\alpha_R L} \right)^{1/3} \\
&= 1{,}2629 \left(\frac{400\,\mathrm{W}/\mathrm{K\,m} \cdot 2{,}24 \cdot 10^{-7}\,\mathrm{m}^3}{2 \cdot 7\,6\,\mathrm{W}/\mathrm{m^2K} \cdot 0{,}04\,\mathrm{m}} \right)^{1/3} \\
&= 0{,}053\,\mathrm{m} = 5{,}3\,\mathrm{cm}
\end{aligned}$$

und nach (8.19) ist die optimale Rippendicke

$$d_{\mathrm{opt}} = \frac{V_{\mathrm{Cu}}}{L \cdot h_{\mathrm{opt}}} = \frac{2{,}24 \cdot 10^{-7}\,\mathrm{m}^3}{0{,}04\,\mathrm{m} \cdot 0{,}053\,\mathrm{m}} = 5{,}3 \cdot 10^{-5}\,\mathrm{m} = 0{,}05\,\mathrm{mm}.$$

Für den Kühler aus Kupfer beträgt der Gesamtwärmestrom durch alle Rippen nach (8.22)

$$\begin{aligned}
\dot{Q}_{\mathrm{gesamt}} &= n \cdot 2 h_{\mathrm{opt}} L \Theta_0 \frac{Nu\,\lambda_{\mathrm{Luft}}}{b} \\
&= 11 \cdot 2 \cdot 0{,}048\,\mathrm{m} \cdot 0{,}04\,\mathrm{m} \cdot 60\,\mathrm{K} \cdot \frac{1{,}33 \cdot 27{,}88 \cdot 10^{-3}\,\mathrm{W}/\mathrm{K\,m}}{0{,}0049\,\mathrm{m}} \\
&= 21{,}1\,\mathrm{W}
\end{aligned}$$

Der Kupferkühler ist zwar deutlich kleiner als der Kühler aus Aluminium, kann aber auch nur knapp die Hälfte der Wärmemenge des Aluminiumkühlers abführen. Vor allem ist aber die optimale Rippendicke des Kupferkühlers so gering, dass fertigungstechnische und praktische Gründe dagegen sprechen, einen Kühler mit so dünnen Rippen zu bauen. Um mit einem Rippenkühler aus Kupfer denselben Wärmestrom zu erzielen, muss man deshalb mehr Material verwenden und entsprechend mehr Geld ausgeben. Dieses Ergebnis passt zu der Tatsache, dass in den allermeisten PCs aus Kostengründen Rippenkühler aus Aluminium verbaut sind.

9 Exemplarischer Zeitplan

Woche 1

- Vorstellung des Problems

- Vorkenntnisse aus der Physikvorlesung zur Wärmeleitung klären

- Hausaufgaben: Kühlkörper beschaffen, Formulierung des Fourierschen Wärmeleitungsgesetzes nachschauen

Woche 2

- Diskussion der Hausaufgaben

- Wärmeleitungsgesetz anwenden auf die Wärmeleitung durch eine ebene Wand

- Was ändert sich, wenn der Wärmeleitungskoeffizient nicht konstant oder statt der Wand ein Rohr betrachtet wird?

- Hausaufgaben: Kühlkörper ausmessen

(Woche 3, kein Treffen)

Woche 4

- Diskussion der Hausaufgaben

- Wärmebilanz in einer Kühlrippe, Herleitung von (7.1)

- Diskussion der Annahmen

- Hausaufgaben: Differentialgleichung für verschiedene Rippenprofile lösen

(Woche 5, kein Treffen)

J. Härterich, A. Rooch, *Das Mathe-Praxis-Buch*, Springer-Lehrbuch,
DOI 10.1007/978-3-642-38306-9_9, © Springer-Verlag Berlin Heidelberg 2014

Woche 6

- Gemeinsam wiederholen: Welche Verfahren zur Lösung linearer Differentialgleichungen wurden verwendet?

- Rippenwirkungsgrad besprechen und berechnen

- Hausaufgaben: Rechnungen für Rippe mit Rechteckprofil und parabolischem Profil durchführen

(Woche 7, kein Treffen)

Woche 8

- Diskussion der Hausaufgaben

- Optimierung der Rippenanzahl

- Hausaufgaben: Berechnung mit den Maßen der am Anfang beschafften Kühler durchführen

Woche 9

- Diskussion der Ergebnisse

- Präsentationstraining

Woche 10

- Exkursion (Unternehmen mit Herstellung von Kühlkörpern)

Woche 11

- Generalprobe/Prüfungen

Woche 12

- Abschlusspräsentation

Teil III

Mit Trigonometrie schaukelfrei ans Ziel: Kransteuerung

Jörg Härterich, Martin Mönnigmann, Aeneas Rooch

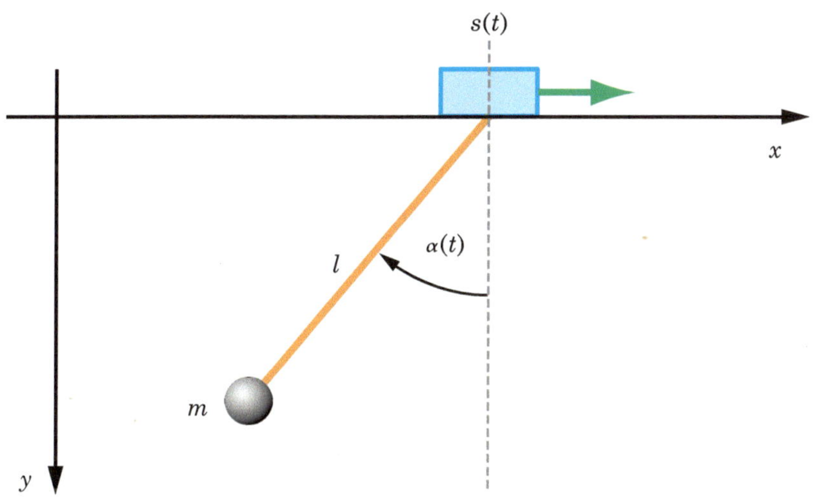

10 Die Aufgabe

10.1 Steckbrief

Praxisproblem	Lasten an einem Kran geraten in gefährliche Schwingungen.
Frage	Wie kann man einen Container mit dem Kran so schnell wie möglich zu einem Zielpunkt befördern, ohne dass er während der Fahrt und nach dem Bremsen stark hin und her pendelt?
Mathematik	Gewöhnliche Differentialgleichungen 2. Ordnung, inhomogene lineare Differentialgleichungen mit konstanten Koeffizienten, trigonometrische Funktionen, komplexe Zahlen.
Anschauung	Besuch in der DASA Arbeitswelt Ausstellung Dortmund mit Gelegenheit, unter Anleitung einen Portalkran zu bedienen.
Stichwörter	Dämpfung der Lastschwingung, Pendel mit beweglichem Aufhängepunkt, Mechanik.

10.2 Ausführliche Projektbeschreibung

Wenn Container mit einem *Brückenkran* bewegt werden, können sie durch das Beschleunigen und Abbremsen der Krankatze sowie durch äußere Kräfte in Schwingung versetzt werden und über das Transportziel hinausschwingen. Diese *Lastpendelungen* sind nicht nur gefährlich, weil sie Kollisionen verursachen können, sondern führen auch zu Verzögerungen, da die Last vor dem Absetzen auspendeln muss. Dabei stellt sich die Frage:

> Kann man durch geschicktes Beschleunigen und Abbremsen der Krankatze (innerhalb der technischen Grenzen des Geräts) erreichen, dass das zu transportierende Objekt am Zielpunkt der Strecke nicht schaukelt?

Konkret untersuchen wir zwei verschiedene Steuerungsmöglichkeiten: Ein „sanftes" Anfahren durch eine cosinusförmige Beschleunigung und eine „sportlichere" Variante mit einer konstanten Beschleunigung.

J. Härterich, A. Rooch, *Das Mathe-Praxis-Buch*, Springer-Lehrbuch,
DOI 10.1007/978-3-642-38306-9_10, © Springer-Verlag Berlin Heidelberg 2014

10.3 Mathematische Inhalte

Das müssen Sie können:

- Kran mit angehängter Last freischneiden und angreifende Kräfte ermitteln

- Kräfte mit Hilfe trigonometrischer Funktionen zerlegen

- homogene gewöhnliche Differentialgleichung 2. Ordnung lösen

- partikuläre Lösungen für inhomogene lineare Differentialgleichungen 2. Ordnung finden

- mit komplexen Zahlen rechnen

- Nullstellen eines Polynoms finden

- durch Ableiten und Vergleichen Anfangswertproblem lösen

- trigonometrische Funktionen und ihre Eigenschaften kennen

- Additionstheoreme für Sinus und Cosinus anwenden

- mit dem Bogenmaß rechnen

- Grenzwerte bestimmen

- die Regel von de l'Hospital anwenden

- Polynome integrieren

- Maxima von Funktionen einer Veränderlichen bestimmen

- eventuell: Nullstellen mit dem Newton-Verfahren näherungsweise berechnen

11 Die Schritte zum Ziel

11.1 Modellierung

Der Einfachheit halber nehmen wir an, der Container am Kranseil sei ein mathematisches Fadenpendel (das heißt, die Masse sei punktförmig und das Seil masselos), dessen Drehpunkt beschleunigt werden kann, siehe Abb. 11.1. Wir suchen Bewegungsgleichungen $s(t)$ und $\alpha(t)$ (im Folgenden lassen wir die t-Abhängigkeit gelegentlich weg und schreiben kurz s und α), die angeben, wie sich der Drehpunkt s und der Winkel α des Pendels zum Zeitpunkt t verhalten. Da wir die Beschleunigung steuern, das heißt die Bewegungsgleichung $s(t)$ des Drehpunktes vorgeben können, suchen wir nur die Bewegungsgleichung für die Funktion α.

Wenn wir ermittelt haben, wie sich α in Abhängigkeit von s verhält, können wir anschließend versuchen, die Beschleunigung $\ddot{s}$ so einzurichten, dass das Pendel zu Anfang und zu Ende des Transports ruht.

Die Bewegungsgleichung

Es gibt mehrere Wege, eine Bewegungsgleichung aufzustellen, zum Beispiel den Lagrange–Formalismus, der üblicherweise in den Vorlesungen über Technische Mechanik behandelt wird. Im vorliegenden Fall lassen sich die Bewegungsgleichungen allerdings auch elementar aus geometrischen Zusammenhängen und dem physikalischen Kräftegleichgewicht herleiten. Die an der Masse m angreifenden Kräfte sind in Abb. 11.2 dargestellt.

1. Erklären Sie, was die Größen F_s, $m\ddot{x}_m$ und $mg + m\ddot{y}_m$ sind.

2. Lesen Sie aus den beiden Abb. 11.1 und 11.2 eine Darstellung von $\tan(\alpha)$ ab.

3. Die Bewegung des Pendels ist eine Überlagerung aus der kreisförmigen Pendelbewegung und der Verschiebung der Aufhängung. Ermitteln Sie je eine Gleichung für x_m und für y_m, das heißt, für die Position des Pendels. Leiten Sie diese Ausdrücke zweimal nach der Zeit t ab, um Ausdrücke für $\ddot{x}_m$ und $\ddot{y}_m$ zu erhalten.

4. Setzen Sie diese Ausdrücke in die oben aufgestellte Gleichung für $\tan(\alpha)$ ein und verifizieren Sie so die folgende Bewegungsgleichung für das fahrende Pendel:

$$\ddot{\alpha}(t) = \frac{\ddot{s}\cos\alpha(t)}{\ell} - \frac{g}{\ell}\sin\alpha(t) \tag{11.1}$$

J. Härterich, A. Rooch, *Das Mathe-Praxis-Buch*, Springer-Lehrbuch,
DOI 10.1007/978-3-642-38306-9_11, © Springer-Verlag Berlin Heidelberg 2014

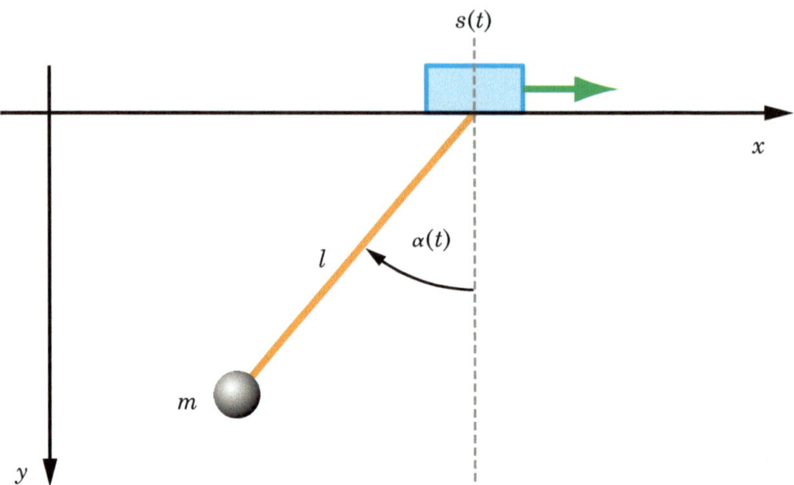

Abb. 11.1: Modellierung des Transportcontainers am Kranseil

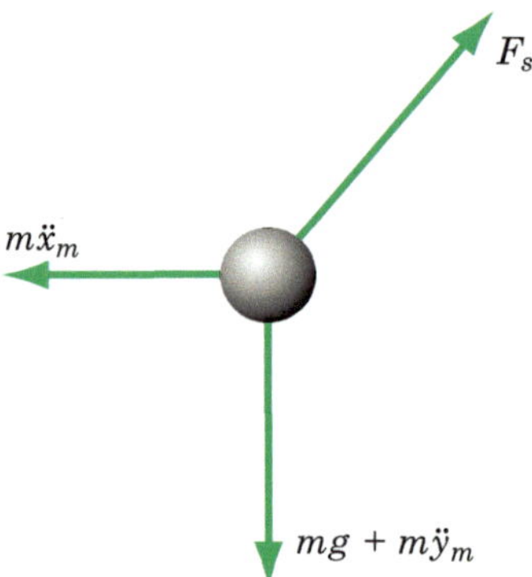

Abb. 11.2: Kräfte am schwingenden, bewegten Pendel

5. Drücken Sie die Bedingung „dass das Pendel zu Anfang und zu Ende des Transports ruht" mathematisch aus: Was heißt das für α zum Zeitpunkt $t = 0$, also beim Start des Transports, und zum Zeitpunkt $t = t_{\text{ges}}$? Hierbei ist t_{ges} die Zeit, nach der die Gesamtstrecke s_{ges} zurückgelegt wurde.

6. Was ändert sich an der Bewegungsgleichung, wenn das Pendel nicht fährt, sondern der Aufhängepunkt völlig ruht? Vergleichen Sie (11.1) mit der Bewegungsgleichung eines gewöhnlichen mathematischen Pendels.

Da $\alpha(t)$ von der Zeit t abhängt, muss beim Berechnen der Ableitungen von $x_m(t)$ die Kettenregel beachtet werden. So ist zum Beispiel

$$\frac{\mathrm{d}}{\mathrm{d}t}\cos(\alpha(t)) = -\sin(\alpha(t)) \cdot \dot{\alpha}(t).$$

11.2 Linearisierung der Bewegungsgleichungen

Wie man erkennen kann, liefert die Bewegungsgleichung die gesuchte Funktion $\alpha(t)$ nicht direkt, sondern wir erhalten eine Differentialgleichung für α, die wir erst noch lösen müssen. In dieser Differentialgleichung tritt α als Argument von nichtlinearen Funktionen auf, was eine rechnerische Lösung mit Papier und Stift oder gar im Kopf nicht nur schwer, sondern sogar unmöglich macht.

Betrachtet man allerdings nur kleine Änderungen des Pendelwinkels α um seine Ruhelage, kann man die Bewegungsgleichung um die Ruhelage $\alpha = 0$ linearisieren, das heißt $\sin\alpha$, $\cos\alpha$ usw. werden jeweils durch eine (affin-)lineare Funktion ersetzt. Wir hoffen, dass wir dadurch keinen großen Fehler begehen, werden diesen Punkt aber später noch genauer diskutieren.

Eine *lineare Funktion* ist eine Funktion der Form $f(\alpha) = m \cdot \alpha$ mit einer beliebigen Konstanten m. Eine *affin-lineare Funktion* ist eine Funktion der Form $f(\alpha) = m \cdot \alpha + b$ mit Konstanten m und b. Das Schaubild einer linearen Funktion ist eine Gerade durch den Koordinatenursprung, das Schaubild einer affin-linearen Funktion ist eine Gerade, die nicht durch den Ursprung verlaufen muss.

1. Bestimmen Sie für die Funktionen $\sin(\alpha)$, $\cos(\alpha)$ und $\tan(\alpha)$ jeweils die ersten drei Terme der Taylorentwicklung um $\alpha = 0$. Ersetzen Sie nun in der Differentialgleichung $\cos(\alpha)$ und $\sin(\alpha)$ jeweils durch den ersten Term der Taylorentwicklung.

2. Wie lautet die dadurch entstehende *lineare Differentialgleichung*? Warum führt man sinnvollerweise für die Größe $\sqrt{g/\ell}$ die Abkürzung ω ein?

Hinweis für die Übungen

Dieses Vorgehen ist typisch: Man versucht, ein Modell so weit zu vereinfachen, dass es in eine Klasse von Problemen passt, deren Lösung man kennt. In unserem Fall besteht diese Klasse von „guten" Problemen aus den Differentialgleichungen 2. Ordnung mit konstanten Koeffizienten, denn für sie kann man mit Hilfe des Exponentialansatzes eine Lösung explizit ausrechnen.

Wir können die linearisierte Bewegungsgleichung im Augenblick noch nicht lösen, da die Funktion $s(t)$, die darin auftritt, unbekannt ist und wir für eine explizite Lösung der Differentialgleichung wissen müssten, wie $s(t)$ aussieht. Allerdings können wir die Beschleunigung der Krankatze steuern, das heißt, wir können $\ddot{s}$ vorgeben. Im nächsten Abschnitt werden wir zwei verschiedene Arten von Beschleunigungen vorgeben und die Differentialgleichung dann jeweils lösen können.

Vergleich des nichtlinearen Modells mit der linearisierten Form

Wir haben die Bewegungsgleichung in eine Form gebracht, die wir prinzipiell lösen können, indem wir sie linearisiert, das heißt grob vereinfacht haben. Wir wollen uns nun kurz ansehen, wie sich diese Vereinfachung auswirkt. Dazu untersuchen wir, wie gut die linearen Annäherungen die nichtlinearen Funktionen $\tan(x)$ und $\cos(x)$ tatsächlich wiedergeben.

1. Zeichnen Sie in ein Koordinatensystem die Funktionen $f(x) = \cos x$ und die Näherung $g(x) = 1$, ebenso in ein Koordinatensystem $f(x) = \tan x$ und die Näherung $g(x) = x$, und lesen Sie ab, in welchen Bereichen die Näherung jeweils annehmbar scheint.

2. Berechnen Sie anschließend präzise, in welchem Bereich die Näherungen (12.1) höchstens um 1% von der Originalfunktion abweichen.

Hinweis für die Übungen

Bei $\cos(x)$ kann man den gesuchten Bereich analytisch bestimmen, bei $\tan(x)$ müssen Sie entweder mit dem Taschenrecher ausprobieren oder die entstehende Ungleichung näherungsweise mit dem Computer lösen. Wenn Sie mit dem Newton-Verfahren (siehe S. 120) vertraut sind, können Sie mit wenigen Iterationsschritten die Grenzen des gesuchten Bereichs sehr genau berechnen.

11.3 Der vorsichtige Kranführer: Fahrt mit cosinusförmiger Beschleunigung

Zuerst untersuchen wir eine cosinusförmige Beschleunigung, bei der wir die Beschleunigung $\ddot{s}$ der Krankatze zu Beginn des Transports innerhalb einer Zeit T sanft auf einen Maximalwert $\hat{a}$ hochfahren und dann wieder auf 0 zurückfahren, so wie in Abb. 11.3 gezeigt. Dann fährt die Last eine Zeit lang mit konstanter Geschwindigkeit, und T Zeiteinheiten vor Ende der Transportstrecke bremsen wir symmetrisch, das heißt wir beschleunigen mit exakt der gleichen Cosinuskurve, allerdings negativ.

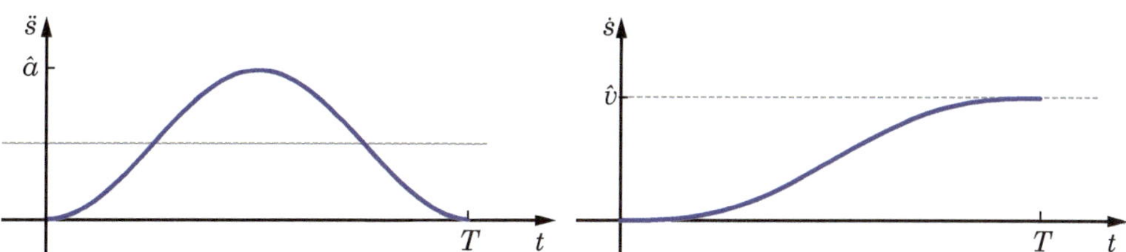

Abb. 11.3: Cosinusförmige Beschleunigung $\ddot{s}$ und die sich ergebende Geschwindigkeit $\dot{s}$

Aufstellen der Differentialgleichung

1. Skizzieren Sie (anhand der in Abb. 11.3 gezeigten Beschleunigung für den ersten Teil der Fahrt) den Verlauf von $\ddot{s}$, $\dot{s}$ und s über das gesamte Zeitintervall.

2. Leiten Sie aus Abb. 11.3 her, dass sich die Beschleunigung für $t \in [0, T]$ in der Form

$$\ddot{s} = \frac{\hat{a}}{2}\left(1 - \cos(\Omega t)\right) \tag{11.2}$$

schreiben lässt, wobei $\Omega = 2\pi/T$ die zunächst noch unbekannte Kreisfrequenz ist, die wir später ermitteln müssen. Sobald wir sie kennen, wissen wir auch die Periodendauer T und damit die Dauer der Beschleunigungsphase.

3. Ermitteln Sie $\dot{s}$ und s. Bedenken Sie dabei die Randbedingung, dass die Last zum Zeitpunkt $t = 0$ bewegungslos an der Stelle $x = 0$ hängt.

4. Bestimmen Sie Position, Geschwindigkeit und Beschleunigung der Krankatze nach Ende der Beschleunigungsphase $[0, T]$.

Lösen der Differentialgleichung

Nachdem wir die Bewegung der Krankatze beschrieben haben, kehren wir nun wieder zu der Bewegungsgleichung für die angehängte Last zurück. Setzen wir das gewählte Beschleunigungsprofil (11.2) in die linearisierte Differentialgleichung

$$\ddot{\alpha} + \omega^2 \alpha = \frac{\ddot{s}}{\ell} \tag{11.3}$$

ein, dann erhalten wir konkret die Differentialgleichung

$$\ddot{\alpha} + \omega^2 \alpha = \frac{\hat{a}}{2\ell} \cdot (1 - \cos(\Omega t)), \qquad 0 \leq t \leq T. \tag{11.4}$$

Die allgemeine Lösung der Differentialgleichung (11.4) lautet

$$\alpha(t) = C_1 \sin(\omega t) + C_2 \cos(\omega t) + C_3 \sin(\Omega t) + C_4 \cos(\Omega t) + C_5,$$

wobei $C_1, \ldots, C_5$ Konstanten sind, die aus den Nebenbedingungen und Anfangswerten bestimmt werden müssen.

1. Bestimmen sie eigenständig die allgemeine Lösung der Differentialgleichung (11.4) und erklären Sie genau, wie man auf die oben angegebene Lösung kommt.

2. Berechnen Sie davon ausgehend $\dot{\alpha}$ und $\ddot{\alpha}$.

3. Setzen Sie α und $\ddot{\alpha}$ in (11.4) ein und bestimmen Sie durch Koeffizientenvergleich die Konstanten C_3, C_4 und C_5. Warum können Sie die übrigen Konstanten nicht ebenso ermitteln?

4. Benutzen Sie die Bedingung, dass die Last zu Beginn der Fahrt bewegungslos und gerade am Seil hängt, um C_1 und C_2 zu bestimmen.

 Als *inhomogene lineare Differentialgleichungen zweiter Ordnung mit konstanten Koeffizienten* bezeichnet man Gleichungen der Art

$$\ddot{x} + a\dot{x} + bx = c(t), \qquad a, b \in \mathbb{R}$$

mit einer *Störfunktion* $c(t)$. Nach dem Prinzip *„Allgemeine Lösung der inhomogenen Differentialgleichung = allgemeine Lösung der homogenen Differentialgleichung + spezielle Lösung der inhomogenen Differentialgleichung"* lassen sich alle Lösungen dieser Differentialgleichung in der Form $x(t) = x_h(t) + x_p(t)$ schreiben, wobei $x_h(t)$ die *allgemeine Lösung* der homogenen Differentialgleichung ist und $x_p(t)$ eine *spezielle Lösung* der ursprünglichen inhomogenen Differentialgleichung ist. Diese spezielle Lösung kann zum Beispiel durch *„Variation der Konstanten"*, in vielen Fällen aber auch durch geschicktes Raten (*„Ansatz vom Typ der rechten Seite"*) gefunden werden. Besteht die Inhomogenität aus zwei Funktionen verschiedener Bauart, zum Beispiel wie in (11.4) aus einer konstanten Funktion und einer trigonometrischen Funktion, dann kann man für beide getrennt nach einer speziellen Lösung suchen und diese dann anschließend addieren.

Ist also

$$\ddot{\alpha}_{p1} + \omega^2 \alpha_{p1} = \frac{\hat{a}}{2\ell} \quad \text{und} \quad \ddot{\alpha}_{p2} + \omega^2 \alpha_{p2} = -\frac{\hat{a}}{2\ell} \cos(\Omega t),$$

dann ist $\alpha_p = \alpha_{p1} + \alpha_{p2}$ eine spezielle Lösung der inhomogenen Differentialgleichung (11.4).

Wenn Sie alle Konstanten korrekt bestimmt haben, erhalten Sie als konkrete Lösung von (11.4):

$$\alpha(t) = \frac{\hat{a}}{2\ell} \left[\left(\frac{1}{\omega^2 - \Omega^2} - \frac{1}{\omega^2} \right) \cos(\omega t) - \frac{1}{\omega^2 - \Omega^2} \cdot \cos(\Omega t) + \frac{1}{\omega^2} \right] \tag{11.5}$$

$$\dot{\alpha}(t) = \frac{\hat{a}}{2\ell} \left[-\omega \left(\frac{1}{\omega^2 - \Omega^2} - \frac{1}{\omega^2} \right) \sin(\omega t) + \Omega \cdot \frac{1}{\omega^2 - \Omega^2} \cdot \sin(\Omega t) \right] \tag{11.6}$$

An dieser Stelle ist es hilfreich, sich in Erinnerung zu rufen, dass die Maximalbeschleunigung $\hat{a}$ und die Kreisfrequenz Ω noch unbekannt sind und erst mit Hilfe dieser Gleichungen berechnet werden sollen. Zuerst kümmern wir uns um Ω, beziehungsweise um die Dauer $T = \frac{2\pi}{\Omega}$ der Beschleunigungsphase.

Die Dauer der Beschleunigungsphase bestimmen

1. Benutzen Sie die beiden obigen Gleichungen (11.5) und (11.6) für α und $\dot{\alpha}$ und die Bedingung, dass das Pendel am Ende der Beschleunigungsphase ruhen soll, um Ω zu bestimmen.

2. Als mögliche Lösungen sollten Sie dabei $\Omega = \omega, \frac{1}{2}\omega, \frac{1}{3}\omega, \ldots$ erhalten. Zeigen Sie, dass $\Omega = \omega$ als Lösung nicht in Betracht kommt, indem Sie untersuchen, wie sich in diesem Fall der Pendelwinkel zum Zeitpunkt $t = T$ verhält. Berechnen Sie dazu $\lim_{\Omega \to \omega} \alpha(T)$ und $\lim_{\Omega \to \omega} \dot{\alpha}(T)$.

3. Versuchen Sie, dieses Verhalten physikalisch zu erklären: Was passiert genau, wenn $\Omega = \omega$ ist?

Wir nehmen also die nächste Lösung

$$\Omega = \frac{1}{2}\omega = \frac{1}{2}\sqrt{\frac{g}{\ell}},$$

denn für $\Omega = \frac{1}{3}\omega, \frac{1}{4}\omega, \ldots$ dauert die Beschleunigungsphase länger, da die Frequenz kleiner ist. Damit erhalten wir

$$T = \frac{2\pi}{\Omega} = 4\pi \cdot \sqrt{\frac{\ell}{g}}. \tag{11.7}$$

Die maximale Beschleunigung bestimmen

Wir können auch vorgeben, wie stark die Beschleunigung sein soll, indem wir die Amplitude $\hat{a}$ vorgeben. Berechnen Sie die Geschwindigkeit $\dot{s}(T)$ und die Position $s(T)$ der Krankatze am Ende der Beschleunigungsphase.

Statt die Amplitude $\hat{a}$ vorzugeben, können wir aber auch andere Vorgaben machen.

(a) Die konstante Endgeschwindigkeit $\dot{s}(T) = \hat{v}$ sei vorgegeben. Berechnen Sie nun die zugehörige Maximalbeschleunigung $\hat{a}$, indem sie das obige T und Ω in die Lösung $\dot{s}$ zur Zeit $t = T$ einsetzen. Berechnen Sie auch, wo sich die Krankatze dann befindet.

(b) Umgekehrt können wir natürlich auch vorgeben, wo sich das Objekt nach der Beschleunigungsphase befinden soll: Es sei $s(T) = s_1$ gegeben. Berechnen Sie jetzt $\hat{a}$ und die dann herrschende Geschwindigkeit $\dot{s}(T) = \hat{v}$.

Jetzt tragen wir alles zusammen, setzen es in die Lösung ein und erhalten die gesuchte Pendelbewegung:

$$\alpha(t) = \frac{\hat{a}}{2\ell} \left[\frac{1}{3} \frac{\ell}{g} \cos\left(\sqrt{\frac{g}{\ell}} \cdot t \right) - \frac{4}{3} \frac{\ell}{g} \cdot \cos\left(\frac{1}{2} \sqrt{\frac{g}{\ell}} \cdot t \right) + \frac{\ell}{g} \right]$$

$$= \frac{1}{6} \frac{\hat{a}}{g} \cdot \left(\cos(\omega t) - 4 \cos\left(\frac{\omega}{2} t \right) + 3 \right). \tag{11.8}$$

In den Situationen (a) oder (b), bei denen $\hat{v}$ oder s_1 vorgegeben ist, setzt man für die Amplitude $\hat{a}$ den Wert ein, den man in den Aufgaben berechnet hat.

1. Machen Sie sich klar, wie die Pendelbewegung abläuft. Zeichnen Sie dazu den Verlauf von $\alpha(t)$ und von $\dot{\alpha}(t)$ für $\ell = 9\,\mathrm{m}$ im Bereich $t \in [0, T]$, einmal für die gegebene konstante Geschwindigkeit $\hat{v} = 1, 2, 3\,\mathrm{m/s}$ und einmal für die gegebene Beschleunigungsstrecke $s_1 = 1, 2, 5\,\mathrm{m}$.

2. Lesen Sie aus den Zeichnungen ab, bei welchem Zeitpunkt $t_{\max}$ innerhalb der Beschleunigungszeit T das Pendel den größten Ausschlag hat.
   Überlegen Sie: Ist das physikalisch plausibel? Berechnen Sie den Maximalausschlag $\hat{\alpha} = \alpha(t_{\max})$. Überprüfen Sie nun auch noch einmal, ob es gerechtfertigt war, bei der Linearisierung der Bewegungsgleichungen $\sin(\alpha)$ durch α und $\cos(\alpha)$ durch 1 zu ersetzen.

Konkrete Sonderfälle

Der Gesamtweg s_{ges}, den der Kran zurücklegt, lässt sich in drei Abschnitte einteilen: in die Beschleunigungsstrecke s_1, in eine Fahrtstrecke s_0, in der die Geschwindigkeit konstant ist, und in die Bremsstrecke, die symmetrisch zur Beschleunigung dann wieder s_1 beträgt. Insgesamt ist also

$$s_{\mathrm{ges}} = 2 \cdot s_1 + s_0.$$

Technisch sind dem Kranantrieb natürlich Grenzen gesetzt, er kann nicht beliebig schnell sein, und auch die Beschleunigung kann nicht beliebig groß werden. In der Praxis sind also die Maximalwerte $\hat{v}_M$ (Motor) und $\hat{a}_R$ (Reibschluss) gegeben.

Informieren Sie sich über diese technischen Grenzen und erklären Sie sie für ein fachfremdes Publikum (etwa für Ihren Mathematik-Dozenten, der möglicherweise noch nie von einem Reibschluss gehört hat).

Wir untersuchen nun einige Sonderfälle.

Fall 1: Die Beschleunigungsphase geht direkt in die Bremsphase über: $s_0 = 0$. Wie groß ist in diesem Fall die Strecke s_1? Wie lange dauert der Transport? Welche Bedingungen müssen erfüllt sein, damit dieser Fall eintreten kann?

Fall 2: Während der Phase mit konstanter Geschwindigkeit wird mit Maximalgeschwindigkeit $\hat{v}_M$ gefahren. Wie lange dauert diese Phase? Rechnen Sie dazu aus, wie lang dafür, abhängig von $\hat{v}_M$, die Beschleunigungsstrecke sein muss. Wie lange dauert der gesamte Transport?

Fall 3: Während der Beschleunigungs- und Bremsphase wird die Maximalbeschleunigung erreicht: $\hat{a} = \hat{a}_R$. Wie lang ist dann die Mittelstrecke s_0, auf der die Geschwindigkeit konstant ist? Wie lange dauert diese Transportphase?

Zahlenbeispiele

Wir rechnen nun einige Situationen konkret durch. Natürlich wollen Sie die Möglichkeiten Ihrer Maschine ausnutzen, das heißt, Sie versuchen, die obigen Fälle 2 oder 3 umzusetzen. Es kann aber auch sein, dass die Gesamtstrecke zu kurz dafür ist, dann erreichen Sie vielleicht noch den Fall 1, bei dem auf die Beschleunigungssofort die Bremsphase folgt. Für die folgenden Rechnungen nehmen wir an, dass der Kran die Maximalgeschwindigkeit $\hat{v}_M = 120\,\mathrm{m}/\mathrm{min}$ und die Maximalbeschleunigung $\hat{a}_R = 0{,}5\,\mathrm{m}/\mathrm{s}^2$ nicht überschreiten darf.

1. Entscheiden Sie, welche der drei Fälle unter den folgenden Voraussetzungen in Betracht kommen:

    (a) Das Seil ist $\ell = 9\,\mathrm{m}$, die Strecke $s_{\mathrm{ges}} = 4\,\mathrm{m}$ lang.

    (b) Das Seil ist $\ell = 9\,\mathrm{m}$, die Strecke $s_{\mathrm{ges}} = 50\,\mathrm{m}$ lang.

    (c) Das Seil ist $\ell = 3\,\mathrm{m}$, die Strecke $s_{\mathrm{ges}} = 50\,\mathrm{m}$ lang.

    Berechnen Sie jeweils, wie lang die Beschleunigungs- und Bremsphase ist, wie lang die Gesamtdauer und wie groß der maximale Pendelausschlag ist.

2. Überlegen Sie, wie weit Sie Ihre Ladung an einem Seil der Länge $\ell = 3\,\mathrm{m}$ maximal transportieren können, wenn Sie nur Fall 1 realisieren wollen.

3. Überlegen Sie sich durch genaue Betrachtung der Formeln, die Sie im vorigen Abschnitt für die Fälle 1, 2 und 3 hergeleitet haben, ob Sie bei einer vorgegebener Seillänge ℓ und einer vorgegebenen Transportstrecke s_{ges} den Transport immer wenigstens in einem der Fälle 1, 2 und 3 bewerkstelligen können.

Exkurs: Abbremsen eines schwingenden Containers

Wir wollen nun untersuchen, ob die Formeln, die wir bisher hergeleitet haben, es auch erlauben, eine mit konstanter Geschwindigkeit fahrende, schaukelnde Last innerhalb einer vorgegeben Strecke mit einem cosinusförmigen Bremsvorgang so abzubremsen, dass sie am Ende ruht. Mathematisch formuliert: Wenn $\hat{v} = \mathit{const}$,

$\alpha(0) = \alpha_0$, $\dot{\alpha}(0) = \alpha_1$ als Anfangsbedingung gegeben sind, können wir dann so abbremsen, dass nach einer vorgegebenen Strecke s_{ges}, die in der Zeit T zurückgelegt wird, gerade $\dot{\alpha}(T) = \alpha(T) = 0$ ist?

11.4 Der sportliche Kranführer: Fahrt mit Rechteck-Beschleunigung

Jetzt untersuchen wir eine rechteckförmige Beschleunigung, das heißt den Fall, bei dem wir die Krankatze zu Beginn des Transports für eine Zeit t_1 mit einer konstanten Beschleunigung $\ddot{s} = \hat{a}$ antreiben, die Last dann eine Zeit lang mit konstanter Geschwindigkeit fährt und wir t_1 Zeiteinheiten vor Ende der Transportstrecke wieder mit einer konstanten Beschleunigung bremsen.

Aufstellen der Differentialgleichung

Die Beschleunigung ist zunächst konstant, dann null, und dann wieder konstant, jedoch negativ. Es bietet sich daher an, die Fahrtzeit $[0, t_{\text{ges}}]$ ähnlich wie im vorigen Kapitel in drei Etappen einzuteilen, die Bewegungsgleichung auf den drei Teilstücken getrennt aufzustellen und zu lösen und dabei zu berücksichtigen, dass die Bewegung auf den drei Teilstücken ineinander übergehen soll:

- Phase I (Beschleunigung): $t \in [0, t_1]$

- Phase II (konstante Fahrt): $t \in [t_1, t_2]$

- Phase III (negative Beschleunigung): $t \in [t_2, t_{\text{ges}}]$

> **Hinweis für die Übungen**
>
> Die Teilnehmer können diskutieren, warum die Lösungen „ineinander übergehen" sollen und was das mathematisch bedeutet.

Gesucht sind am Ende die Dauer und Stärke der Beschleunigung, das heißt t_1 und $\hat{a}$, wenn die Transportstrecke s_{ges} und die Transportzeit t_{ges} vorgegeben sind.

Die Beschleunigungsphase

Wir betrachten zuerst die Phase I, in der eine gleichmäßige Beschleunigung auf die Krankatze wirkt. Bestimmen Sie für $t \in [0, t_1]$ jeweils $\ddot{s}(t)$, $\dot{s}(t)$ und $s(t)$ und setzen Sie die Ausdrücke in die linearisierte Pendel-Differentialgleichung

$$\ddot{\alpha} + \omega^2 \alpha = \frac{\ddot{s}}{\ell}$$

ein. Lösen Sie die so entstehende Differentialgleichung

$$\ddot{\alpha} + \omega^2 \alpha = \frac{\hat{a}}{\ell} \tag{11.9}$$

konkret durch Koeffizientenvergleich unter Benutzung der Randbedingung, dass das Pendel zu Beginn der Fahrt völlig ruht.

Die Bremsphase

Als nächstes betrachten wir Phase III. Hier hat die Beschleunigung den selben Absolutbetrag wie in Phase I, ist allerdings negativ. Bestimmen Sie für $t \in [t_2, t_{\text{ges}}]$ die Lösung der Pendel-Differentialgleichung ebenfalls durch Koeffizientenvergleich, und benutzen Sie dabei die Randbedingung, dass das Pendel zu Ende der Fahrt völlig ruhen soll. Wählen Sie als Ansatz für die Lösung

$$\alpha(t) = E_1 \sin(\omega(t - t_{\text{ges}})) + E_2 \cos(\omega(t - t_{\text{ges}})) + E_3. \tag{11.10}$$

Dieser Ansatz hat den Vorteil, dass man die Randbedingung bequem ausnutzen kann.

Die Symmetriebedingung

Als letztes betrachten wir jetzt noch die Fahrtphase II. Hier ist das Verhalten des Pendels stark von t_1 abhängig: Je nach dem, wie lange die Beschleunigungsphase I dauert, tritt das Pendel in die Phase II mit mehr oder weniger Schwung und mehr oder weniger ausgelenkt ein.

Um die Rechnungen zu vereinfachen, wollen wir zuerst einen konkreten Wert für t_1 bestimmen und mit diesem weiterrechnen. Wir möchten, dass die Bewegung in gewisser Weise spiegelbildlich abläuft, und fordern daher, dass $\alpha(t_{\text{ges}} - t) \overset{!}{=} -\alpha(t)$ sein soll für alle $t \in [0, t_1]$. Das bedeutet auch, dass die Beschleunigungs- und die Bremsphase gleich lange dauern sollen. Wir nehmen daher ab jetzt an, dass $t_2 = t_{\text{ges}} - t_1$ ist.

1. Warum folgt aus der Symmetriebedingung $\alpha(t_{\text{ges}} - t) = -\alpha(t)$ automatisch für $t \in [0, t_1]$ auch die Beziehung $\dot{\alpha}(t_{\text{ges}} - t) = \dot{\alpha}(t)$ für die Geschwindigkeit des Pendels?

2. Machen Sie sich mit einer Skizze klar, wie die Pendelbewegung durch diese Bedingungen ungefähr aussehen wird. Setzen Sie die eben gefundenen Formeln für die Bewegung in Phase I und III, das heißt für $t \in [0, t_1]$ beziehungsweise für $t \in [t_{\text{ges}} - t_1, t_{\text{ges}}]$, ein: Entstehen durch diese Forderungen irgendwelche zusätzlichen Anforderungen an die Lösungen?

3. Die obigen Symmetriebedingungen sollen für alle Zeiten t gelten. Setzen Sie konkret den Wert $t = t_{\text{ges}}/2$ ein. Welche Bedingung an die Lösung erhalten Sie nun? Was bedeutet sie anschaulich?

Bewegung in der Fahrtphase

Wir sehen bei der Bearbeitung dieser Aufgaben, dass es theoretisch immer möglich ist, die Bewegung symmetrisch nach den obigen Forderungen ablaufen zu lassen, solange das Pendel genau zur Hälfte einen Nulldurchgang vollführt. Wir werden nun die Bewegungsgleichung für $\alpha(t)$ für die noch fehlende mittlere Fahrtphase $[t_1, t_2]$ bestimmen, und zwar so, dass sie glatt an die Lösungen von Phase I auf $[0, t_1]$ und Phase III auf $[t_2, t_{\text{ges}}]$ anschließt und zusätzlich genau diese Bedingung $\alpha(t_{\text{ges}}/2) = 0$ erfüllt. Glatt bedeutet hier, dass weder $\alpha(t)$ noch $\dot{\alpha}(t)$ bei t_1 einen Sprung hat.

Auf $[t_1, t_2]$ wirkt keine Beschleunigung auf das Pendel, die rechte Seite der Pendel-Differentialgleichung ist daher null, und entsprechend ist die Bewegungsgleichung für $\alpha(t)$ eine homogene Differentialgleichung. Die Lösung auf diesem Stück ist deshalb auch einfach nur die homogene Lösung der Differentialgleichung (11.9) von oben. Aus den gleichen Gründen wie eben – um Randbedingungen gut auszunutzen –, wählen wir den Ansatz

$$\alpha(t) = D_1 \sin(\omega(t - t_1)) + D_2 \cos(\omega(t - t_1)),$$

das heißt die Standardlösung der Pendelgleichung, nur phasenverschoben um t_1.

> Üblicherweise macht man für die Lösung den Ansatz $\alpha(t) = C_1 \sin(\omega t) + C_2 \cos(\omega t)$, benutzt also die Menge $\{\sin(\omega t), \cos(\omega t)\}$ als Fundamentalsystem von Lösungen der homogenen linearen Differentialgleichung $\ddot{\alpha} + \omega^2 \alpha = 0$. Um den angegebenen Ansatz zu rechtfertigen, muss man sich entweder klarmachen, dass auch $\{\sin(\omega(t - t_1)), \cos(\omega(t - t_1))\}$ ein Fundamentalsystem darstellt, oder man muss mit Hilfe der Additionstheoreme für Sinus und Cosinus nachrechnen, dass sich die beiden verschiedenen Ansätze ineinander umrechnen lassen.

1. Bestimmen Sie für $t \in [t_1, t_2]$ die Bewegungsgleichungen $\alpha(t)$ und $\dot{\alpha}(t)$, indem Sie dafür sorgen, dass sie am linken Rand $t = t_1$ glatt an die Lösung von Phase I anschließen.

2. Bringen Sie nun die Bedingung $\alpha(t_{\text{ges}}/2) = 0$ ins Spiel. Benutzen Sie das Additionstheorem $\cos(\alpha + \beta) = \cos(\alpha)\cos(\beta) - \sin(\alpha)\sin(\beta)$. Um die dabei auftretende Gleichung zu lösen und Bedingungen an t_1 zu erhalten (dabei ist t_{ges} vorgegeben und fest), hilft es, sich den Verlauf der Cosinusfunktion vor Augen zu führen: Die Cosinuswerte zweier Punkte x und y sind dann

identisch, wenn die Punkte identisch sind, $x = y$, oder wenn sie sich spiegelbildlich bezüglich 0 gegenüber liegen, $x = -y$, und natürlich zusätzlich auch, wenn man die Punkte um eine ganze Periodenlänge verschiebt: $y = x + 2k\pi$ oder $y = -x + 2k\pi$ mit einer beliebigen Zahl $k \in \mathbb{Z}$.

3. Machen Sie sich klar, dass die Bedingungen $y = x + 2k\pi$ oder $y = -x + 2k\pi$ zu zwei unterschiedlichen Typen von Lösungen führen. Während im ersten Fall das Pendel während der gesamten mittleren Fahrtphase ruht, schwingt das Pendel im zweiten Fall während der Fahrtphase II noch hin und her. Aus Sicherheitsgründen wird man in der Praxis die ruhig fahrende Last vorziehen, deshalb betrachten wir ab jetzt nur noch diese Lösung.

4. Nun wollen wir kurz untersuchen, ob unsere Lösungen tatsächlich erlauben, dass wir die Gesamtzeit t_{ges} frei vorgeben können. Finden Sie daher heraus, ob man weitere Bedingungen an die Gesamtzeit t_{ges} stellen muss, damit die Lösung von Phase II glatt in die Lösung von Phase III übergeht. (Bisher hatten wir uns ja nur den Übergang von Phase I nach Phase II zur Zeit $t = t_1$ angesehen.)

Zahlenbeispiele

Wir schauen uns wieder konkrete Situationen an.

1. Zur Vorbereitung berechnen wir nun die nötige Beschleunigung $\hat{a}$, bei der die Strecke s_{ges} exakt in der Zeit t_{ges} zurückgelegt wird. Die Gesamtdauer des Transportvorgangs t_{ges} geben wir dabei vor, t_1 darf zunächst frei gewählt werden, ergibt sich später aber aus den Rahmenbedingungen. Damit ist auch $t_2 = t_{\text{ges}} - t_1$ festgelegt.

2. Berechnen Sie für die Situation wie in Abschn. 11.3, dass die Maximalgeschwindigkeit $\hat{v}_M = 120\,\text{m}/\text{min}$ und die Maximalbeschleunigung $\hat{a}_R = 0{,}5\,\text{m}/\text{s}^2$ beträgt, wie lang die Beschleunigungs- und Bremsphase ist, wie lang die Gesamtdauer und wie groß der maximale Pendelausschlag. Dazu sei d die Dauer der Phase II (wir haben oben gesehen, dass wir die Gesamtzeit frei wählen dürfen, solange die Beschleunigungs- und Bremszeit hineinpassen, also können wir die Zeit der konstanten Fahrt variieren: $t_{\text{ges}} = 2t_1 + d$). Finden Sie die zeitkürzeste Lösung, die technisch umsetzbar ist! (Dazu müssen Sie Extrema unter Nebenbedingungen berechnen, aber das ist so einfach, dass Sie keine Lagrange-Multiplikatoren benötigen, sondern die Nebenbedingungen direkt ineinander einsetzen können.)

    (a) Das Seil sei $\ell = 9\,\text{m}$, die Strecke $s_{\text{ges}} = 4\,\text{m}$ lang.

    (b) Das Seil sei $\ell = 9\,\text{m}$, die Strecke $s_{\text{ges}} = 50\,\text{m}$ lang.

11.5 Abschließender Vergleich

In diesem Projekt haben wir zwei Methoden untersucht, wie wir eine Last mit einem Brückenkran bewegen können – unter der Voraussetzung, dass wir die Beschleunigung $\ddot{s}$ der Krankatze stufenlos steuern können, und mit dem Ziel, dass die Last zu Anfang und zu Ende des Transportsvorgangs nicht schaukelt ($\alpha(0) = \alpha(t_{\text{ges}}) = 0$ und $\dot{\alpha}(0) = \dot{\alpha}(t_{\text{ges}}) = 0$).

Zum einen haben wir eine cosinusförmige Beschleunigung untersucht, bei der wir die Last in gewisser Weise vorsichtig auf einen Maximalwert beschleunigen und die Beschleunigung dann wieder auf null zurückfahren, bei der die Last anschließend eine Weile mit konstanter Geschwindigkeit und ohne zu schaukeln fährt und bei der wir sie schließlich symmetrisch zur Beschleunigung wieder abbremsen.

Zum anderen haben wir eine Rechtecksbeschleunigung untersucht, bei der wir eine konstante Beschleunigung für eine Weile anschalten, die Last dann mit konstanter Geschwindigkeit fährt (wobei wir wieder eine pendelfreie Fahrt gefordert haben) und bei der wir wieder symmetrisch zur Beschleunigung abbremsen.

Wir haben ferner eine gewisse Symmetrie gefordert, nämlich dass sich das Pendel zu Anfang und zu Ende des Transports in bestimmter Weise spiegelbildlich verhält.

Vergleichen Sie die bisher gerechneten Beispiele: Welche der beiden Steuermöglichkeiten ist für $\ell = 9\,\text{m}$ am schnellsten (mit ruhendem Pendel in der Zwischenphase): cosinusförmige Beschleunigung oder Rechteckbeschleunigung, ...

    ... wenn die Transportstrecke $s_{\text{ges}} = 4\,\text{m}$ lang ist?

    ... wenn die Transportstrecke $s_{\text{ges}} = 50\,\text{m}$ lang ist?

12 Die Lösungen

12.1 Die Bewegungsgleichung (Aufgaben 11.1)

1. Aus Abb. 12.1 kann man ablesen

   - F_s ist die Seilkraft, die das Pendel, beziehungsweise die Last festhält.
   - $x_m(t)$, beziehungsweise $y_m(t)$ sind die x- und y-Komponente der Position der Last zur Zeit t.
   - $\ddot{x}_m$, $\ddot{y}_m$ sind die x- und y-Komponente der Beschleunigung der Last.
   - $m\ddot{x}_m$, $m(g + \ddot{y}_m)$ sind die Komponenten der Kraft in x-Richtung und in y-Richtung. Dabei ist mg die Schwerkraft, die in y-Richtung wirkt und daher zur x-Komponente der Kraft keinen Beitrag leistet.

2. Weil uns nur der Betrag der Kräfte interessiert, können wir statt F_s auch $-F_s$ betrachten und im so entstehenden Kräftedreieck ablesen:

$$F_s \sin\alpha = \ddot{x}_m m \qquad \text{und} \qquad F_s \cos\alpha = m(g + \ddot{y}_m)$$

Damit erhalten wir eine erste Darstellung von $\tan(\alpha)$, nämlich

$$\tan(\alpha) = \frac{\sin(\alpha)}{\cos(\alpha)} = \frac{\ddot{x}_m}{g + \ddot{y}_m}.$$

3. Die Position der Last in x-Richtung lässt sich aus der Position $s(t)$ der Aufhängung und der Pendelauslenkung bestimmen:

$$x_m(t) = s(t) - \ell \sin(\alpha(t))$$

Durch Ableiten unter Berücksichtigung der Kettenregel ergibt sich daraus

$$\dot{x}_m(t) = \dot{s}(t) - \ell \cos(\alpha(t))\, \dot{\alpha}(t)$$
$$\ddot{x}_m(t) = \ddot{s}(t) - \ell(-\sin(\alpha(t))\, \dot{\alpha}(t)^2 + \cos(\alpha(t))\, \ddot{\alpha}(t)).$$

Ebenso ist

$$y_m(t) = -\ell \cos(\alpha(t))$$
$$\dot{y}_m(t) = \ell \sin(\alpha(t))\, \dot{\alpha}(t)$$
$$\ddot{y}_m(t) = \ell(\cos(\alpha(t))\, \dot{\alpha}(t)^2 + \sin(\alpha(t))\, \ddot{\alpha}(t)).$$

J. Härterich, A. Rooch, *Das Mathe-Praxis-Buch*, Springer-Lehrbuch, DOI 10.1007/978-3-642-38306-9_12, © Springer-Verlag Berlin Heidelberg 2014

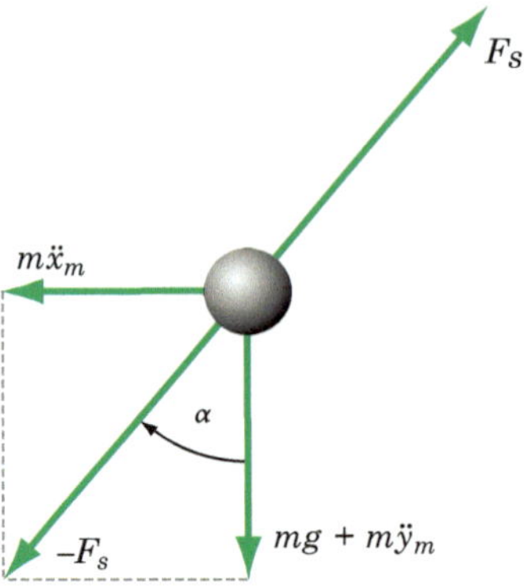

Abb. 12.1: Kräfte am schwingenden, bewegten Pendel

4. Setzt man diese Ausdrücke in die Gleichung

$$\tan(\alpha)\,(g + \ddot{y}_m) = \ddot{x}_m$$

ein, so erhält man

$$\tan(\alpha)(g + \ell\cos(\alpha)\cdot\dot{\alpha}^2 + \ell\sin(\alpha)\cdot\ddot{\alpha}) = \ddot{s} - \ell(-\sin(\alpha)\cdot\dot{\alpha}^2 + \cos(\alpha)\cdot\ddot{\alpha}).$$

Mit Hilfe von $\sin^2(\alpha) + \cos^2(\alpha) = 1$ sowie $\tan(\alpha) = \sin(\alpha)/\cos(\alpha)$ können wir diese Gleichung vereinfachen zu

$$g\tan(\alpha) + \frac{\ell\ddot{\alpha}}{\cos(\alpha)} = \ddot{s}.$$

Das ist die gesuchte Bewegungsgleichung für den Auslenkungswinkel α. Wenn wir die Zeitabhängigkeit wieder ausdrücklich notieren und noch einige elementare Umformungen durchführen, können wir diese Differentialgleichung in die Form (11.1) bringen.

5. Da das senkrecht nach unten hängende Pendel den Winkel $\alpha = 0$ hat und das Ruhen des Pendels der Winkelgeschwindigkeit $\dot{\alpha} = 0$ entspricht, lauten die Randbedingungen: $\alpha(0) = \alpha(t_{\mathrm{ges}}) = \dot{\alpha}(0) = \dot{\alpha}(t_{\mathrm{ges}}) = 0$

6. Wenn die Krankatze sich nicht bewegt, ist $s(t) = \dot{s}(t) = \ddot{s}(t) = 0$, und die Bewegungsgleichung (11.1) vereinfacht sich zu

$$\ddot{\alpha} = -\frac{g}{\ell}\sin(\alpha).$$

Das ist genau die Bewegungsgleichung eines mathematischen Pendels und somit ein Indiz dafür, dass wir bisher richtig gerechnet haben.

12.2 Von der nichtlinearen zur linearen Differentialgleichung (Aufgaben 11.2)

Da man die Bewegungsgleichung (11.1) nur numerisch lösen kann, *linearisieren* wir im nächsten Schritt die Differentialgleichung: Wir entwickeln dazu die nichtlinearen Funktionen Sinus, Cosinus und Tangens in eine Taylorreihe und brechen diese nach der ersten Ordnung ab.

 Allgemein ist für eine Funktion $f(x)$ die Taylorentwicklung um den Entwicklungspunkt x_0 von der Form

$$f(x_0) + f'(x_0) \cdot (x - x_0) + \frac{f''(x_0)}{2!}(x - x_0)^2 + \frac{f'''(x_0)}{3!}(x - x_0)^3 + \ldots$$

Die Koeffizienten der Taylorentwicklung kann man also finden, indem man die Ableitungen der Funktion f berechnet.

Bricht man diese unendliche Summe nach dem Term $\frac{f^{(k)}(x_0)}{k!}(x - x_0)^k$ ab, dann erhält man das *Taylor-Polynom n-ten Grades von* f.

1. Konkret erhält man für die Funktionen sin, cos und tan mit Hilfe der Ableitungen

$$\sin'(\alpha) = \cos(\alpha), \quad \sin''(\alpha) = -\sin(\alpha), \quad \sin'''(\alpha) = -\cos(\alpha),$$
$$\cos'(\alpha) = -\sin(\alpha), \quad \cos''(\alpha) = -\cos(\alpha), \quad \cos'''(\alpha) = \sin(\alpha),$$
$$\tan'(\alpha) = \frac{1}{\cos^2(\alpha)}, \quad \tan''(\alpha) = \frac{2\sin(\alpha)}{\cos^3(\alpha)}, \quad \tan'''(\alpha) = \frac{4\sin^2(\alpha) + 2}{\cos^4(\alpha)}$$

die Werte

$$\sin'(0) = 1, \quad \sin''(0) = 0, \quad \sin'''(0) = -1,$$
$$\cos'(0) = 0, \quad \cos''(0) = -1, \quad \cos'''(0) = 0,$$
$$\tan'(0) = 1, \quad \tan''(0) = 0, \quad \tan'''(\alpha) = 2$$

und damit als Anfang der Taylorentwicklung um $\alpha = 0$

$$\sin(\alpha) = \alpha - \frac{\alpha^3}{3!} + \ldots$$

$$\cos(\alpha) = 1 - \frac{\alpha^2}{2!} + \ldots$$

$$\tan(\alpha) = \alpha + \frac{\alpha^3}{3} + \ldots$$

Berücksichtigt man jeweils nur die Terme bis zur ersten Ordnung, erhält man folgende Ergebnisse für die linearen Approximationen:

$$\cos\alpha \approx 1, \qquad \sin\alpha \approx \alpha, \qquad \tan\alpha \approx \alpha \tag{12.1}$$

2. Setzt man diese linearen Approximationen in die Bewegungsgleichung ein, dann gelangt man zu einer inhomogenen linearen Differentialgleichung zweiter Ordnung:

$$\ddot{\alpha} + \frac{g}{\ell}\alpha = \frac{\ddot{s}}{\ell}$$

Weil die charakteristische Gleichung $\lambda^2 + \frac{g}{\ell} = 0$ der entsprechenden homogenen Differentialgleichung zweiter Ordnung die komplexen Lösungen $\pm i\sqrt{g/\ell}$ besitzt, führt man die Abkürzung $\omega = \sqrt{g/\ell}$ für die Eigenfrequenz des Pendels ein und gelangt so zu der Differentialgleichung

$$\ddot{\alpha} + \omega^2\alpha = \frac{\ddot{s}}{\ell}.$$

Das ist die linearisierte Bewegungsgleichung um die Gleichgewichtslage.

12.2.1 Vergleich des nichtlinearen Modells mit der linearisierten Form

In Abb. 12.2 ist dargestellt, wie die linearen Näherungen an $\tan(x)$ und $\cos(x)$ aussehen. Durch Ablesen aus der Grafik vermuten wir, dass die Linearisierung von $\tan(x)$ etwa im Bereich $-0{,}4 < x < 0{,}4$ gut mit der Originalfunktion übereinstimmt und die von $\cos(x)$ im Bereich $-0{,}2 < x < 0{,}2$.

Wir berechnen nun noch exakt, in welchem Bereich für x die Näherungen (12.1) höchstens um 1% von der Originalfunktion abweichen. Um diesen *relativen Fehler* für die Cosinusfunktion zu begrenzen, müssen wir die Ungleichung

$$\left| \frac{1 - \cos(x)}{\cos(x)} \right| \overset{!}{\leq} 0{,}01$$

nach x auflösen. Da Zähler und Nenner der linken Seite auf dem Intervall $(-\frac{\pi}{2}, \frac{\pi}{2})$ positiv sind, können wir die Betragsstriche weglassen und gelangen durch einfache Umformungen zu der Ungleichung

$$1 - \cos(x) \leq 0{,}01 \cos(x) \quad \Leftrightarrow \quad \frac{1}{1{,}01} \leq \cos(x).$$

Die letzte Ungleichung ist erfüllt im Bereich

$$-0{,}140836 \approx -\arccos\left(\frac{1}{1{,}01}\right) \leq x \leq \arccos\left(\frac{1}{1{,}01}\right) \approx 0{,}140836.$$

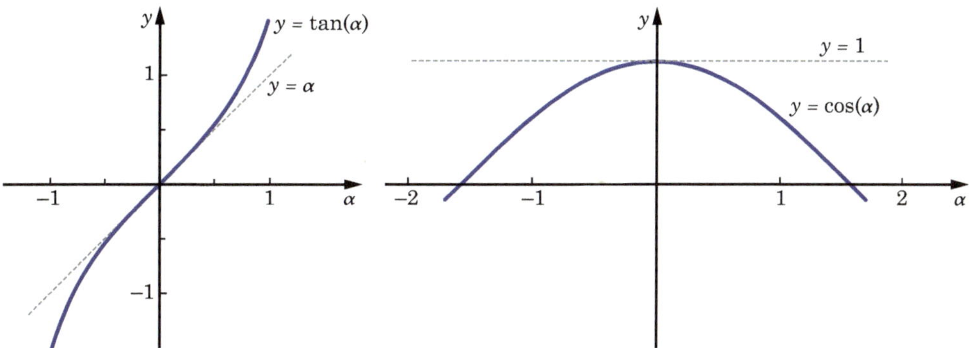

Abb. 12.2: Linearisierung um den Punkt $\alpha_0 = 0$ (*gestrichelt*) und ursprüngliche Funktion (*durchgehend*) für die Funktionen $f(x) = \tan(x)$ (*links*) und $f(x) = \cos(x)$ (*rechts*)

Die Arcuscosinusfunktion ist die Umkehrfunktion der Cosinusfunktion. Da die Cosinusfunktion nicht monoton ist, kann man sie nicht einfach invertieren, sondern betrachtet sie nur auf dem Intervall $[0, \pi]$, wo sie monoton ist und alle Werte zwischen -1 und 1 annimmt. Die Arcuscosinusfunktion ist daher auf dem Intervall $[-1,1]$ definiert und nimmt Werte zwischen 0 und π an.

Die entsprechende Ungleichung

$$\left| \frac{x - \tan(x)}{\tan(x)} \right| \overset{!}{\leq} 0{,}01$$

kann man auch in die Form

$$\frac{\tan(x) - x}{\tan(x)} \overset{!}{\leq} 0{,}01$$

bringen. Weil $\frac{x-\tan(x)}{\tan(x)} \leq 0$ auf dem Intervall $(-\frac{\pi}{2}, \frac{\pi}{2})$ gilt, müssen wir beim Weglassen der Betragsstriche das Vorzeichen umdrehen. Da die Funktion auf der linken Seite eine gerade Funktion ist, ist das gesuchte Intervall (wie schon bei der Cosinusfunktion) symmetrisch um den Nullpunkt. Es reicht daher, wenn wir nur den Fall $x \geq 0$ untersuchen. Durch elementare Umformungen findet man die äquivalente Form

$$99 \tan(x) - 100x \leq 0.$$

Die Grenze des Bereichs, in dem die Abweichung kleiner als 1% ist, wird daher durch die Gleichung

$$99 \tan(x) - 100x = 0 \tag{12.2}$$

beschrieben. Man kann die positive Lösung dieser Gleichung durch Ausprobieren oder ein Intervallhalbierungsverfahren berechnen oder für die Funktion $F(x) = 99\tan(x) - 100x$ einige Schritte des Newton-Verfahrens mit einem geeigneten Startwert durchführen.

Das *Newton-Verfahren* dient dazu, näherungsweise die Lösung einer Gleichung $F(x) = 0$ zu bestimmen. Ausgehend von einer ersten Näherung x_0 für diese Lösung beschafft man sich iterativ durch die Vorschrift

$$x_{n+1} = x_n - \frac{F(x_n)}{F'(x_n)}$$

weitere Werte $x_1, x_2, \ldots$ und hofft, dass diese sich einer Lösung der Gleichung $F(x) = 0$ immer mehr annähern. Man kann zeigen, dass dies tatsächlich so ist, wenn der Startwert x_0 „nahe genug" an der gesuchten Lösung liegt, aber im allgemeinen gibt es keine Garantie, dass man mit dem Newton-Verfahren tatsächlich eine Lösung bestimmen kann. Konkret sieht ein Iterationsschritt des Newton-Verfahrens für unsere Gleichung (12.2) folgendermaßen aus:

$$x_{n+1} = x_n - \frac{99\tan(x_n) - 100x_n}{\frac{99}{\cos(x_n)^2} - 100} = x_n - \frac{99\sin(x_n)\cos(x_n) - 100x_n\cos(x_n)^2}{99 - 100\cos(x_n)^2}$$

Hinweis für die Übungen

Wendet man das Newton-Verfahren an, muss man sich Gedanken über einen guten Startwert machen. Wählt man $x_0 = 0$, dann erhält man $x_1 = x_2 = \ldots = 0$ und findet die positive Lösung von Gleichung (12.2) überhaupt nicht. Für $x_0 = 1$ benötigt man acht Schritte, um die Lösung auf drei Nachkommastellen genau zu bestimmen. Mit $x_0 = 0{,}15$ erreicht man dieselbe Genauigkeit dagegen schon nach zwei Schritten.

Alle Methoden sollten natürlich zu demselben Ergebnis führen, nämlich dem Bereich

$$\frac{x - \tan(x)}{\tan(x)} \leq 0{,}01 \quad \Leftrightarrow \quad -0{,}173032 \leq x \leq 0{,}173032.$$

Hinweis für die Übungen

Wie in der Mathematik üblich, sind die Winkel hier im Bogenmaß angegeben. Ein Winkel α im Bogenmaß entspricht dabei $\alpha \cdot \frac{360°}{2\pi}$ im Gradmaß.

Als erstes fällt bei diesen Zahlenwerten auf, dass Abb. 12.2 irreführend ist und der Tangens durch die Gerade gar nicht so gut angenähert wird, wie es aussieht, sondern etwa gleich gut wie der Cosinus. Im Gradmaß angegeben, ist die Linearisierung von $\tan(x)$ im Bereich $|x| \leq 9{,}91°$ und die Linearisierung von $\cos(x)$ im Bereich $|x| \leq 8{,}07°$ in Ordnung, das heißt schlimmstenfalls 1% von der Originalfunktion entfernt.

Damit ist noch nicht sichergestellt, dass auch die Lösungen der linearisierten Differentialgleichung (11.3) nur wenig von den Lösungen der ursprünglichen Bewegungsgleichung (11.1) abweichen, aber man kann sich denken, dass die gute Approximation der rechten Seite durch die Linearisierung zumindest eine wichtige Voraussetzung dafür ist.

12.3 Lösung für eine cosinusförmige Beschleunigung (Aufgaben 11.3)

Wir wollen die Beschleunigung $\ddot{s}$ der Krankatze innerhalb einer Zeit T sanft (nämlich cosinusförmig) auf einen Maximalwert $\hat{a}$ hochfahren und dann wieder auf 0 zurückfahren. Im Anschluss daran fährt die Last eine Zeit lang mit konstanter Geschwindigkeit, und T Zeiteinheiten vor Ende der Transportstrecke wird die Krankatze mit exakt dem gleichen, aber negativen cosinusförmigen Verlauf wieder auf die Geschwindigkeit 0 abgebremst. Uns interessiert vor allem, wie sich die angehängte Last während des Beschleunigungs- und Bremsvorgangs bewegt.

12.3.1 Aufstellen der Differentialgleichung

1. Der zeitliche Verlauf von Beschleunigung, Geschwindigkeit und zurückgelegter Strecke auf dem gesamten Intervall $[0, t_{\text{ges}}]$ ist in Abb. 12.3 dargestellt. Dazu ergänzt man das linke Bild in Abb. 11.3 zunächst um einen Abschnitt, in dem keine Beschleunigung wirkt, und um den Bremsabschnitt, in dem die cosinusförmige Beschleunigung wie zu Beginn, aber mit negativem Vorzeichen auftritt. Da die Beschleunigung auf dem ersten Abschnitt positiv ist, nimmt dort die Geschwindigkeit laufend zu. Das wiederum bewirkt, dass das Schaubild der zurückgelegten Strecke auf $[0, T]$ eine konvexe Funktion ist. Nach dem beschleunigungslosen Teil, in dem die Geschwindigkeit konstant und die zurückgelegte Strecke eine lineare Funktion ist, folgt in der Bremsphase das genau entgegengesetzte Verhalten: Die Beschleunigung ist negativ, die Geschwindigkeit ist daher eine monoton fallende Funktion, und die zurückgelegte Strecke ist in diesem Abschnitt konkav.

2. Um die Beschleunigung im Intervall $[0, T]$ zu beschreiben, muss die Cosinusfunktion auf eine geeignete Weise skaliert und verschoben werden. Dabei

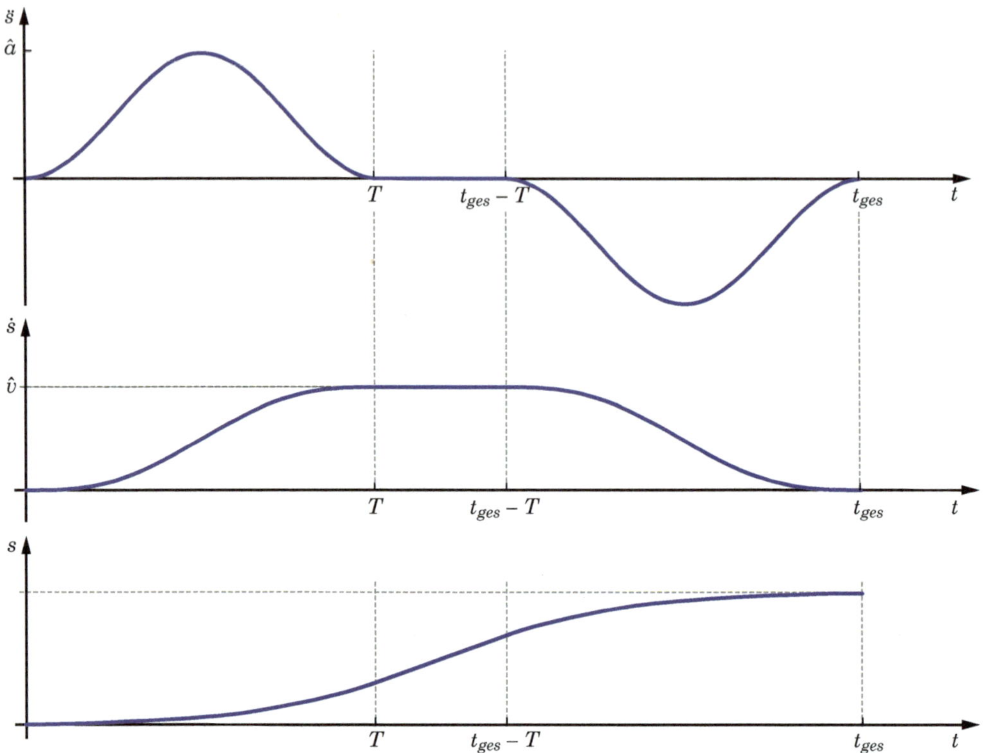

Abb. 12.3: cosinusförmige Beschleunigung mit zugehöriger Geschwindigkeit und Position

hilft es, sich klarzumachen, dass die Änderung $\ddot{s}$ der Geschwindigkeit $\dot{s}$ bei $t = T/2$ maximal ist und die Beschleunigung im Intervall $[0, T]$ symmetrisch bezüglich der Gerade $t = T/2$ verläuft. Ab $t = T$ ist die Beschleunigung 0, also bleibt die Geschwindigkeit konstant. Aus Abb. 11.3 kann man ablesen, dass die Amplitude $\frac{\hat{a}}{2}$ beträgt und die Dauer einer Periode gerade die Zeit T betragen sollte. Die Funktion $\frac{\hat{a}}{2}\cos(\Omega t)$ ist allerdings zunächst fallend und erst für $t > T/2$ wachsend, während wir eine Funktion suchen, die zunächst anwächst und für $t > T/2$ wieder fällt. Außerdem ist unsere gesuchte Beschleunigung nirgends negativ. Daher erhält man die Beschleunigung, indem man die Kurve $\frac{\hat{a}}{2}\cos(\Omega t)$ an der t-Achse spiegelt und um $\frac{\hat{a}}{2}$ nach oben verschiebt, als

$$\ddot{s}(t) = \frac{\hat{a}}{2}\left(1 - \cos(\Omega t)\right).$$

3. Durch gewöhnliches Integrieren von $\ddot{s}(t)$ erhalten wir zunächst

$$\dot{s}(t) = \frac{\hat{a}}{2}\left(t - \frac{1}{\Omega}\cdot\sin(\Omega t)\right) + C_1.$$

Die Integrationskonstante C_1 bestimmen wir aus der Bedingung, dass die Krankatze bei $t = 0$ ruht, dass also $\dot{s}(0) = 0$ ist. Dies bedeutet, dass $C_1 = 0$ sein muss. Eine weitere Integration führt auf

$$s(t) = \frac{\hat{a}}{2}\left(\frac{1}{2}t^2 + \frac{1}{\Omega^2} \cdot \cos(\Omega t)\right) + C_2.$$

Die Bedingung $s(0) = 0$ über den Startpunkt der Krankatze legt die Integrationskonstante $C_2 = -\frac{\hat{a}}{2\Omega^2}$ fest, sodass wir als Ergebnis schließlich

$$s(t) = \frac{\hat{a}}{2}\left(\frac{1}{2}t^2 + \frac{1}{\Omega^2} \cdot \cos(\Omega t) - \frac{1}{\Omega^2}\right)$$

erhalten.

4. Einsetzen von $t = T$ in die obigen Gleichung ergibt für die Beschleunigung, Geschwindigkeit und Position der Krankatze am Ende der Beschleunigungsphase die Werte

$$\ddot{s}(T) = 0, \qquad \dot{s}(T) = \frac{\hat{a}}{2} \cdot T, \qquad s(T) = \frac{\hat{a}}{2} \cdot \frac{1}{2}T^2, \qquad (12.3)$$

wobei wir die Beziehung $\Omega = 2\pi/T$ ausgenutzt haben.

12.3.2 Lösen der Differentialgleichung

Um die allgemeine Lösung der inhomogenen linearen Differentialgleichung

$$\ddot{\alpha} + \omega^2\alpha = \frac{\hat{a}}{2\ell} \cdot (1 - \cos(\Omega t))$$

zu berechnen, bestimmt man getrennt die allgemeine Lösung der zugehörigen homogenen Differentialgleichung sowie eine spezielle Lösung der inhomogenen Differentialgleichung.

1. Die homogene Differentialgleichung lautet

$$\ddot{\alpha} + \omega^2\alpha = 0.$$

Es handelt sich um eine Differentialgleichung 2. Ordnung mit konstanten Koeffizienten. Der Exponentialansatz $\alpha(t) = e^{\lambda t}$ führt auf die charakteristische Gleichung $\lambda^2 + \omega^2\lambda = 0$. Die Lösungen dieser Gleichung ergeben sich nach einer kurzen Umformung als

$$\lambda = \pm\sqrt{-\omega^2} = \pm i\omega.$$

Damit ist die Lösung der homogenen Differentialgleichung

$$\alpha_h(t) = C_1 \sin(\omega t) + C_2 \cos(\omega t).$$

Aus der allgemeinen Theorie homogener lineare Differentialgleichungen weiß man: Hat die charakteristische Gleichung die komplex-konjugierten Lösungen $a \pm bi$, dann lässt sich die allgemeine (reelle) Lösung der Differentialgleichung in der Form $\alpha_h(t) = e^{at}(C_1 \sin(bt) + C_2 \cos(bt))$ schreiben, wobei die Konstanten C_1 und C_2 beliebige reelle Zahlen sein dürfen. Konkret liegt hier der Fall $a = 0$ und $b = \omega$ vor.

Jetzt brauchen wir noch eine (einzige) spezielle Lösung der inhomogenen Differentialgleichung

$$\ddot{\alpha} + \omega^2 \alpha = \frac{\hat{a}}{2\ell} \cdot (1 - \cos(\Omega t)).$$

Wir probieren aus, ob eine Funktion vom Typ der rechten Seite als Lösung in Frage kommt. Die rechte Seite hat die Gestalt „Sinus- und Cosinusterm plus Konstante", also wählen wir

$$\alpha_p(t) = C_3 \sin(\Omega t) + C_4 \cos(\Omega t) + C_5.$$

Die allgemeine Lösung hat also tatsächlich die vorne angegebene Form

$$\alpha(t) = \alpha_h(t) + \alpha_p(t) = C_1 \sin(\omega t) + C_2 \cos(\omega t) + C_3 \sin(\Omega t) + C_4 \cos(\Omega t) + C_5.$$

Durch Ableiten und Einsetzen findet man heraus, dass diese Funktion bei geeigneter Wahl der Konstanten tatsächlich die gesamte Differentialgleichung (11.4) löst.

Hinweis für die Übungen

Wie in Abschn. 11.3 erwähnt, kann man auch getrennt nach partikulären Lösungen für die rechte Seite $\frac{\hat{a}}{2\ell}$ und $-\frac{\hat{a}}{2\ell} \cos(\Omega t)$ suchen und die beiden partikulären Lösungen anschließend addieren.

2. Durch Differenzieren von α erhalten wir:

$$\dot{\alpha}(t) = \omega C_1 \cos(\omega t) - \omega C_2 \sin(\omega t) + \Omega C_3 \cos(\Omega t) - \Omega C_4 \sin(\Omega t)$$
$$\ddot{\alpha}(t) = -\omega^2 C_1 \sin(\omega t) - \omega^2 C_2 \cos(\omega t) - \Omega^2 C_3 \sin(\Omega t) - \Omega^2 C_4 \cos(\Omega t)$$

3. Setzt man diesen Ausdruck für $\ddot{\alpha}$ in die inhomogene Differentialgleichung ein, dann liefert ein Koeffizientenvergleich Gleichungen für C_3, C_4 und C_5:

$$C_3 = 0$$
$$C_4 = -\frac{\hat{a}}{2\ell} \cdot \frac{1}{\omega^2 - \Omega^2}$$
$$C_5 = \frac{\hat{a}}{2\ell} \cdot \frac{1}{\omega^2}$$

Die Terme der übrigen Konstanten heben sich weg, es entsteht die Aussage „$0 = 0$", die keine Lösung liefert. Die Konstanten C_1 und C_2 lassen sich durch Einsetzen also nicht bestimmen. Da diese beiden Konstanten den Anteil der homogenen Lösung beschreiben, ändert sich die rechte Seite auch nicht, wenn man diese Konstanten verändert.

4. Die Konstanten C_1 und C_2 werden durch die Randbedingungen $\alpha(0) = \dot{\alpha}(0) = 0$ festgelegt. Indem wir speziell $t = 0$ in die Lösung einsetzen, erhalten wir:

$$C_2 = -C_4 - C_5 = \frac{\hat{a}}{2\ell} \left(\frac{1}{\omega^2 - \Omega^2} - \frac{1}{\omega^2} \right)$$
$$C_1 = 0$$

12.3.3 Die Dauer der Beschleunigungsphase

1. Bei $t = T$ ist die Beschleunigungsphase abgeschlossen, die Bedingung, dass das Pendel am Ende der Beschleunigungsphase ruhen soll, lautet daher in Formelschreibweise $\alpha(T) = \dot{\alpha}(T) = 0$. Wir erhalten daraus und mit $T = \frac{2\pi}{\Omega}$ die beiden Bedingungen

$$\sin \left(\frac{\omega}{\Omega} \cdot 2\pi \right) = 0$$
$$\cos \left(\frac{\omega}{\Omega} \cdot 2\pi \right) = 1,$$

also $\frac{\omega}{\Omega} = 1, 2, 3, \ldots$ Weil $\Omega = \frac{2\pi}{T}$ ist, bedeuten diese Gleichungen, dass man als Beschleunigungsdauer $T = k \cdot \frac{2\pi}{\omega}$ mit irgendeiner natürlichen Zahl $k \in \mathbb{N}$ wählen kann.

2. Wir wollen zeigen, dass man für $\Omega = \omega$ keine Lösung erhält, die die geforderten Randbedingungen erfüllt. Da für $\Omega = \omega$ in den Ausdrücken für α und $\dot{\alpha}$ eine Null im Nenner entsteht, können wir nicht direkt $\Omega = \omega$ einsetzen, sondern müssen berechnen, wie sich $\alpha(T)$ und $\dot{\alpha}(T)$ verhalten, wenn sich Ω

immer mehr dem Wert ω nähert. Dabei müssen wir berücksichtigen, dass $T = \frac{2\pi}{\Omega}$ von Ω abhängt. Wir berechnen daher den Grenzwert

$$
\begin{aligned}
\lim_{\Omega \to \omega} \alpha(T) &= \lim_{\Omega \to \omega} \frac{\hat{a}}{2\ell} \left(\frac{\cos(\omega T) - \cos(\Omega T)}{\omega^2 - \Omega^2} + \frac{1}{\omega^2} \left(1 - \cos(\omega T) \right) \right) \\
&= \frac{\hat{a}}{2\ell} \lim_{\Omega \to \omega} \frac{\cos(\omega T) - \cos(\Omega T)}{\omega^2 - \Omega^2} + \frac{\hat{a}}{2\ell\omega^2} \underbrace{\lim_{\Omega \to \omega} \left(1 - \cos(\omega T) \right)}_{=0} \\
&= \frac{\hat{a}}{2\ell} \lim_{\Omega \to \omega} \frac{\cos\left(\omega \frac{2\pi}{\Omega}\right) - \cos(2\pi)}{\omega^2 - \Omega^2} \\
&= \frac{\hat{a}}{2\ell} \lim_{\Omega \to \omega} \frac{\frac{2\pi\omega}{\Omega^2} \sin\left(\frac{2\pi\omega}{\Omega}\right)}{-2\Omega} \\
&= -\frac{\hat{a}\pi}{2\ell\omega^2} \sin(2\pi) = 0,
\end{aligned}
$$

wobei in der vorletzten Zeile die Regel von de l'Hospital verwendet wird. Für die Untersuchung von $\dot{\alpha}$ berechnen wir zunächst wieder unter Verwendung der Regel von de l'Hospital

$$
\lim_{\Omega \to \omega} \left(\frac{\omega}{\omega^2 - \Omega^2} \right) \sin(\omega T) = \lim_{\Omega \to \omega} \frac{\sin\left(\frac{2\pi\omega}{\Omega}\right)}{\omega - \frac{\Omega^2}{\omega}} = \lim_{\Omega \to \omega} \frac{\frac{2\pi\omega}{\Omega^2} \cos\left(\frac{2\pi\omega}{\Omega}\right)}{\frac{2}{\omega}\Omega} = \frac{\pi}{\omega}.
$$

Damit und mit der Tatsache, dass $\sin(\Omega T) = \sin(\Omega \frac{2\pi}{\Omega}) = \sin(2\pi) = 0$ ist, ergibt sich

$$
\begin{aligned}
\lim_{\Omega \to \omega} \dot{\alpha}(T) &= \lim_{\Omega \to \omega} \frac{\hat{a}}{2\ell} \left(\frac{-\omega}{\omega^2 - \Omega^2} \sin(\omega T) + \frac{1}{\omega} \sin(\omega T) + \frac{\Omega}{\omega^2 - \Omega^2} \sin(\Omega T) \right) \\
&= \lim_{\Omega \to \omega} \frac{\hat{a}}{2\ell} \frac{-\omega}{\omega^2 - \Omega^2} \sin(\omega T) + \underbrace{\lim_{\Omega \to \omega} \frac{\hat{a}}{2\ell\omega} \sin(\omega T)}_{=0} \\
&= -\frac{\hat{a}}{2\ell} \frac{\pi}{\omega}
\end{aligned}
$$

Das ist jedoch nicht 0 wie gefordert, und deshalb scheidet die vermeintliche Lösung $\Omega = \omega$ aus.

3. Physikalisch bezeichnet man den Fall $\Omega = \omega$ als *Resonanzfall*. Hier ist die Eigenfrequenz der Schwingung exakt gleich groß wie die Frequenz der Anregung, und das System schaukelt sich immer weiter auf. Mit jeder Schwingung wird dem System dabei Energie zugeführt, und da die Geschwindigkeit $\dot{\alpha}$ direkt mit der kinetischen Energie $E_{\text{kin}} = \frac{1}{2} m (\ell \dot{\alpha})^2$ des angehängten Pendels verknüpft ist, verschwindet $\dot{\alpha}$ nicht, wenn α wieder zum Ausgangspunkt zurückkehrt.

Streng mathematisch gesehen ist der Ansatz „Sinus- und Cosinusterm plus Konstante" für die spezielle Lösung α_p, den wir oben gewählt haben, falsch, wenn $\Omega = \omega$ ist, denn mit diesem Ansatz wäre die partikuläre Lösung ja exakt von derselben Gestalt wie die homogene Lösung und könnte daher die inhomogene Differentialgleichung gar nicht lösen. Korrekterweise müsste man den Ansatz hier modifizieren und nach einer Lösung $\alpha_p(t) = d_1 t \cos(\Omega t) + e_1 t \sin(\Omega t)$ suchen, aber da diese niemals die geforderten Randbedingungen erfüllt, dürfen Sie sich die Rechnung ersparen.

12.3.4 Die maximale Beschleunigung

Wir berechnen als nächstes für eine gegebene Maximalbeschleunigung $\hat{a}$ die Geschwindigkeit und Position am Ende der Beschleunigungsphase $[0, T]$. Setzt man $\Omega = \frac{1}{2}\omega$, beziehungsweise die Beschleunigungsdauer $T = \frac{2\pi}{\Omega} = \frac{4\pi}{\omega} = 4\pi\sqrt{\ell/g}$ in die oben hergeleitete Darstellung (12.3) von $\dot{s}(T)$ und $s(T)$ ein, dann erhält man als Geschwindigkeit und Position am Ende der Beschleunigungsphase die Werte

$$\dot{s}(T) = \frac{\hat{a}}{2} \cdot T = \frac{\hat{a}}{2} \cdot 4\pi \cdot \sqrt{\frac{\ell}{g}} = 2\pi\hat{a} \cdot \sqrt{\frac{\ell}{g}} \tag{12.4}$$

und

$$s(T) = \frac{\hat{a}}{4} \cdot T^2 = \frac{\hat{a}}{4} \cdot 16\pi^2 \frac{\ell}{g} = 4\pi^2\hat{a}\frac{\ell}{g}. \tag{12.5}$$

Für die beiden angegebenen Fälle mit vorgegebener Endgeschwindigkeit oder Beschleunigungsstrecke lässt sich daraus direkt die notwendige Beschleunigungsamplitude $\hat{a}$ berechnen.

(a) Wenn eine bestimmte Endgeschwindigkeit $\hat{v}$ erreicht werden soll, so ergibt sich aus der Bedingung $\dot{s}(T) = \hat{v}$ durch Umstellen

$$\hat{a} = \frac{\hat{v}}{2\pi} \cdot \sqrt{\frac{g}{\ell}} \tag{12.6}$$

und daraus wiederum der Beschleunigungsweg

$$s(T) = 4\pi^2 \frac{\hat{v}}{2\pi} \cdot \sqrt{\frac{g}{\ell}\frac{\ell}{g}} = 2\pi \cdot \hat{v} \cdot \sqrt{\frac{\ell}{g}}. \tag{12.7}$$

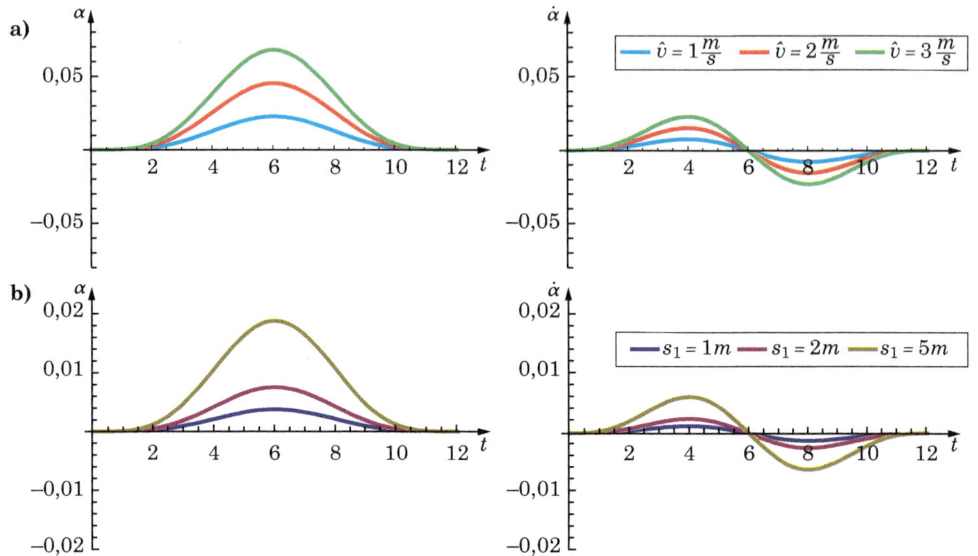

Abb. 12.4: $\alpha(t)$ (*links*) und $\dot{\alpha}(t)$ (*rechts*) für die vorgegebene Endgeschwindigkeit $\hat{v} = 1, 2, 3\,\mathrm{m/s}$ (*oben*) und einmal für die gegebene Beschleunigungsstrecke $s_1 = 1, 2, 5\,\mathrm{m}$ (*unten*)

(b) Ist dagegen die Länge s_1 der Beschleunigungsstrecke gegeben, dann erhalten wir auf die gleiche Weise aus der Bedingung $s(T) = s_1$

$$\hat{a} = s_1 \cdot \frac{1}{4\pi^2} \cdot \frac{g}{\ell} \tag{12.8}$$

$$\dot{s}(T) = s_1 \cdot \frac{1}{2\pi} \cdot \sqrt{\frac{g}{\ell}}. \tag{12.9}$$

Der Verlauf von $\alpha(t)$ und $\dot{\alpha}(t)$ für die verschiedenen Endgeschwindigkeiten beziehungsweise Beschleunigungsstrecken ist in Abb. 12.4 dargestellt. Man erkennt, dass die Werte des Winkels $\alpha(t)$ in dem Bereich liegen, in dem die Näherungen $\cos(\alpha) \approx 1$ und $\sin(\alpha) \approx \alpha$ jeweils einen Fehler unter einem Prozent verursachen.

Wir können ablesen, dass der Winkel α genau zur Hälfte der Beschleunigungsphase maximal ist:

$$\hat{\alpha} = \alpha(t_{\max}) = \alpha(T/2) = \frac{4}{3} \frac{\hat{a}}{g}$$

Das ist plausibel, denn nach der Zeit T beginnt die Phase, in der das Pendel ruhend mit konstanter Geschwindigkeit fährt. Da die Beschleunigung cosinusförmig und symmetrisch ist, ist auch zu erwarten, dass der Pendelwinkel sich in der Zeit $0 \leq t \leq T$ auf ähnliche Weise symmetrisch verhält, also wird der maximale Ausschlag bei $T/2$ zu beobachten sein.

Wer dieses Resultat noch rechnerisch überprüfen will, kann auch die Funktion

$$\alpha(t) = \frac{1}{6}\frac{\hat{a}}{g} \cdot \left(\cos(\omega t) - 4\cos\left(\frac{\omega}{2}t\right) + 3\right)$$

einmal differenzieren und erhält

$$\dot{\alpha}(t) = \frac{1}{6}\frac{\hat{a}}{g} \cdot \left(-\omega\sin(\omega t) + 2\omega\sin\left(\frac{\omega}{2}t\right)\right).$$

Unter Verwendung des Additionstheorems

$$\sin(\omega t) = 2\sin\left(\frac{\omega}{2}t\right)\cos\left(\frac{\omega}{2}t\right)$$

erhält man die Faktorisierung

$$\dot{\alpha}(t) = \frac{1}{3}\frac{\hat{a}}{g} \cdot \omega\sin\left(\frac{\omega}{2}t\right) \cdot \left(1 - \cos\left(\frac{\omega}{2}t\right)\right)$$

und findet als Nullstellen der Ableitung $\dot{\alpha}$ im Intervall $t \in [0, T]$ die drei Werte $t = 0$, $t = \frac{T}{2}$ und $t = T$. Man kann sich anhand des Verlaufs von $\alpha(t)$ klarmachen, dass in $t = 0$ und $t = T$ ein Minimum vorliegt, während das Maximum von α tatsächlich bei $t_{\max} = \frac{T}{2}$ angenommen wird. Die Annahme, dass man einen relativen Fehler von weniger als einem Prozent macht, indem man $\cos(\alpha)$ durch 1 und $\tan(\alpha)$ durch α ersetzt, war für $|\alpha| < 0{,}14$ gerechtfertigt. Dies bedeutet, dass der Maximalausschlag $\hat{\alpha}$ unterhalb dieses Werts bleiben sollte. Konkret sollte also

$$\frac{4}{3}\frac{\hat{a}}{g} < 0{,}14 \quad \Leftrightarrow \quad \hat{a} < 0{,}14 \cdot \frac{3}{4}g = 0{,}14 \cdot 0{,}75 \cdot 9{,}81\,\mathrm{m/s^2} \approx 1\,\mathrm{m/s^2}$$

sein. Bei allen höheren Beschleunigungswerten können wir zwar unsere Rechnung weiterhin durchführen, müssen aber davon ausgehen, dass der Fehler, den wir dabei begehen, deutlich größer ist als 1 Prozent.

12.3.5 Konkrete Sonderfälle

Fall 1: Wenn $s_0 = 0$ sein soll, dann ist $s_1 = \frac{1}{2}s_{\mathrm{ges}}$. Die Maximalbeschleunigung $\hat{a}$ für diesen vorgegebenen Beschleunigungswert berechnet sich aus (12.8) als

$$\hat{a} = \frac{s_{\mathrm{ges}}}{2} \cdot \frac{1}{4\pi^2}\frac{g}{\ell}.$$

Da das Beschleunigen und Bremsen jeweils die Zeit T benötigt, dauert der gesamte Transport die Zeit $t_{\mathrm{ges}} = 2T = 8\pi\sqrt{\ell/g}$.

Damit dieser Fall eintreten kann, dürfen die technischen Grenzen nicht überschritten werden. Die Maximalgeschwindigkeit muss also kleiner als $\hat{v}_M$ sein,
die Maximalbeschleunigung kleiner als $\hat{a}_R$. Die Maximalgeschwindigkeit wird
am Ende der Beschleunigungsphase erreicht, für sie muss daher gelten:

$$\dot{s}(T) = \frac{s_{\text{ges}}}{2} \cdot \frac{1}{2\pi} \sqrt{\frac{g}{\ell}} \leq \hat{v}_M$$

oder äquivalent

$$s_{\text{ges}} \leq 4\pi \sqrt{\frac{\ell}{g}} \hat{v}_M.$$

Der zurückgelegte Weg darf also nicht zu lang sein.

Die höchste Beschleunigung wird dagegen bereits in der Mitte der Beschleunigungsphase erreicht, also muss gelten:

$$\ddot{s}\left(\frac{T}{2}\right) = \frac{s_{\text{ges}}}{2} \cdot \frac{1}{4\pi^2} \frac{g}{\ell} \leq \hat{a}_R$$

Fall 2: Die Strecke s_0 wird mit Maximalgeschwindigkeit $\hat{v}_M$ gefahren. Wird die
Maximalgeschwindigkeit $\hat{v}$ für eine Zeit t_0 gefahren, dann gilt $s_0 = t_0 \cdot \hat{v}_M$.
Andererseits ist wegen (12.7) auch

$$s_0 = s_{\text{ges}} - 2s_1 = s_{\text{ges}} - 2 \cdot s(T) = s_{\text{ges}} - 4\pi\hat{v}_m \sqrt{\frac{\ell}{g}}.$$

Durch Gleichsetzen und Umstellen erhalten wir

$$t_0 = \frac{s_{\text{ges}}}{\hat{v}_M} - 4\pi \sqrt{\frac{\ell}{g}}.$$

Wir werden später darauf achten müssen, dass dieser Ausdruck nicht negativ wird, denn ein negatives t_0 ergibt in unserem Kontext keinen Sinn. Die
Gesamtdauer des Transports beträgt

$$t_{\text{ges}} = 2T + t_0 = \frac{s_{\text{ges}}}{\hat{v}_M} + 4\pi \sqrt{\frac{\ell}{g}}.$$

Fall 3: Wenn die maximal mögliche Beschleunigung $\hat{a} = \hat{a}_R$ erreicht werden soll,
dann erhalten wir mit Hilfe von (12.5) für die Länge der Mittelstrecke den
Wert

$$s_0 = s_{\text{ges}} - 2s_1 = s_{\text{ges}} - 2s(T)$$

$$= s_{\text{ges}} - 2 \cdot \hat{a}_R 4\pi^2 \frac{\ell}{g}.$$

Die Dauer t_0 der zweiten Phase ergibt sich aus der Länge der Strecke geteilt durch die konstante Geschwindigkeit $\dot{s}(T)$ aus (12.4), mit der sie zurückgelegt wird:

$$t_0 = \frac{s_0}{\dot{s}(T)} = \frac{s_{\text{ges}}}{2\pi \hat{a}_R} \sqrt{\frac{g}{\ell}} - 4\pi \sqrt{\frac{\ell}{g}}$$

Die Gesamtdauer des Transports ist dann

$$t_{\text{ges}} = 2T + t_0 = \frac{s_{\text{ges}}}{2\pi \hat{a}_R} \sqrt{\frac{g}{\ell}} + 4\pi \sqrt{\frac{\ell}{g}}.$$

Auch hier werden wir jedoch darauf achten müssen, dass kein (physikalisch unsinniger) negativer Wert für t_0 vorkommt und dass die Maximalgeschwindigkeit $\dot{s}(T)$ die technischen Grenzen nicht verletzt.

12.3.6 Zahlenbeispiele

1. Wir rechnen mit den Formeln, die wir auf den letzten Seiten erarbeitet haben, für die verschiedenen Fälle jeweils T, t_{ges}, $\dot{x}(T)$, $\ddot{s}(T/2)$, $\hat{\alpha}$, s_0 und t_0 aus, soweit das möglich ist. Wie oben schon erwähnt, müssen wir dabei darauf achten, dass für die mittlere Phase konstanter Geschwindigkeit keine negative Zeit t_0 benötigt wird.

   (a) Seillänge $\ell = 9\,\text{m}$, Strecke $s_{\text{ges}} = 4\,\text{m}$

   – Wir betrachten zuerst den 1. Fall (Bremsphase folgt direkt auf Beschleunigungsphase, sodass $s_0 = t_0 = 0$).

   $$T = 4\pi \sqrt{\frac{\ell}{g}} = 12{,}036\,\text{s}$$

   $$t_{\text{ges}} = 2T = 24{,}072\,\text{s}$$

   $$\dot{s}(T) = \frac{s_{\text{ges}}}{4\pi} \sqrt{\frac{g}{\ell}} = 0{,}332\,\text{m/s} \quad (< \hat{v}_M)$$

   $$\hat{a} = \ddot{s}(T/2) = \frac{s_{\text{ges}}}{8\pi^2} \frac{g}{\ell} = 0{,}055\,\text{m/s}^2 \quad (< \hat{a}_R)$$

   $$\hat{\alpha} = \frac{4}{3} \frac{\hat{a}}{g} = 0{,}008$$

   Dieser Fall kommt in Betracht, da sowohl die Maximalgeschwindigkeit als auch die Maximalbeschleunigung deutlich unterhalb der technischen Grenzen bleiben.

   – Wir betrachten den 2. Fall (Fahrt mit konstanter Maximalgeschwindigkeit nach der Beschleunigungsphase). Die Beschleunigung, die nötig ist, um die entsprechende Endgeschwindigkeit zu erreichen, beträgt nach (12.6)

$$\hat{a} = \frac{\hat{v}_M}{2\pi} \cdot \sqrt{\frac{g}{\ell}} = 0{,}332 \,\mathrm{m/s^2}.$$

Für die Strecke s_0 konstanter Fahrt mit Geschwindigkeit $\hat{v}_M$ ergibt sich

$$s_0 = s_{\mathrm{ges}} - 4\pi \hat{v}_M \sqrt{\frac{\ell}{g}} = -20{,}073 \,\mathrm{m},$$

anders ausgedrückt: Um die Geschwindigkeit $\hat{v}_M$ zu erreichen, benötigt man die Strecke

$$s(T) = 2\pi \hat{v}_M \sqrt{\frac{\ell}{g}} = 12{,}036 \,\mathrm{m},$$

die viel länger ist als die zur Verfügung stehende Strecke. Dieser Fall kommt nicht in Betracht, die Gesamtstrecke ist offensichtlich zu kurz, um die Maximalgeschwindigkeit zu erreichen.

– Wir betrachten den 3. Fall (Fahrt mit Maximalbeschleunigung). Hier erhalten wir für die mit konstanter Geschwindigkeit zurückgelegte Strecke

$$s_0 = s_{\mathrm{ges}} - 8\pi^2 \hat{a}_R \frac{\ell}{g} = -32{,}219 \,\mathrm{m}$$

ebenfalls einen negativen Wert. Dieser Fall kommt also ebenfalls nicht in Betracht. Auch hier ist die Gesamtstrecke zu kurz, um die maximale Beschleunigung überhaupt zu erreichen.

Es ist also für $s_{\mathrm{ges}} = 4\,\mathrm{m}$ nur Fall 1 möglich.

(b) Seillänge $\ell = 9\,\mathrm{m}$, Strecke $s_{\mathrm{ges}} = 50\,\mathrm{m}$

Nun ist die Strecke s_{ges} länger, und wir erwarten, dass jetzt vielleicht Fall 2 oder 3 in Betracht kommen.

– Wir beginnen wieder mit Fall 1 (Bremsphase folgt direkt auf Beschleunigungsphase, sodass $s_0 = t_0 = 0$). Da die Streckenlänge s_{ges} nicht in die Formel für T eingeht, bleiben wie oben $T = 12{,}036\,\mathrm{s}$ und $t_{\mathrm{ges}} = 24{,}072\,\mathrm{s}$. Allerdings haben wir jetzt

$$\dot{s}(T) = \frac{s_{\mathrm{ges}}}{4\pi} \sqrt{\frac{g}{\ell}} = 4{,}154 \,\mathrm{m/s} \quad (> \hat{v}_M),$$

und somit kommt dieser Fall nicht in Betracht, da die nötige Geschwindigkeit die Möglichkeiten des Geräts übersteigt. Anders ausgedrückt: Die Beschleunigungsstrecke ist in diesem Fall zu lang.

– Wir betrachten den 2. Fall (zwischenzeitliche Fahrt mit konstanter Maximalgeschwindigkeit):

$$s_0 = s_{\text{ges}} - 4\pi\hat{v}_M\sqrt{\frac{\ell}{g}} = 25{,}927\,\text{m}$$

$$t_0 = \frac{s_0}{\hat{v}_M} = 12{,}964\,\text{s}$$

$$t_{\text{ges}} = 2T + t_0 = 37{,}036\,\text{s}$$

$$\hat{a} = \ddot{s}(T/2) = \frac{\hat{v}_M}{2\pi}\sqrt{\frac{g}{\ell}} = 0{,}332\,\text{m/s}^2 \quad (< \hat{a}_R)$$

Dadurch, dass wir nur bis zur maximal zulässigen Geschwindigkeit beschleunigen, müssen wir nur kontrollieren, dass die maximal zulässige Beschleunigung nicht überschritten wird. Da dies nicht der Fall ist, ist dieser Fall mit den vorgegebenen Grenzen des Kranantriebs realisierbar. Der maximale Winkel der Last zur Vertikalen beträgt

$$\hat{\alpha} = \frac{4}{3}\frac{\hat{a}}{g} = 0{,}045.$$

Dieser Winkel entspricht einer Auslenkung von $\hat{\alpha} \cdot \ell = 0{,}045 \cdot 9\,\text{m} = 40{,}5\,\text{cm}$.

– Wir betrachten noch den 3. Fall (Fahrt mit Maximalbeschleunigung).

$$s_0 = s_{\text{ges}} - 8\pi^2\hat{a}_R\frac{\ell}{g} = 13{,}781\,\text{m}$$

$$t_0 = \frac{s_0}{2\pi\hat{a}_R}\sqrt{\frac{g}{\ell}} = 4{,}580\,\text{s}$$

$$\dot{s}(T) = \frac{\hat{a}}{2}T = 3{,}009\,\text{m/s} \quad (> \hat{v}_M)$$

Die am Ende der Beschleunigungsphase erreichte Geschwindigkeit verletzt die technischen Beschränkungen.

Wir sehen also, dass nur Fall 2 möglich ist.

(c) Seillänge $\ell = 3\,\text{m}$, Strecke $s_{\text{ges}} = 50\,\text{m}$

Auch hier haben wir eine Gesamtstrecke, die ausreichen sollte, um Fall 2 oder Fall 3 zu realisieren. Die Frage ist jedoch wieder, ob dabei die technischen Beschränkungen eingehalten werden.

– Wir betrachten wieder als erstes Fall 1 (Bremsphase folgt direkt auf Beschleunigungsphase, sodass $s_0 = t_0 = 0$).

Für ein kürzeres Pendel ändert sich ω und damit auch

$$T = 4\pi \sqrt{\frac{\ell}{g}} = 6{,}949\,\mathrm{s}.$$

Die Maximalbeschleunigung beträgt dann

$$\hat{a} = \frac{2s_{\mathrm{ges}}}{T^2} = \frac{s_{\mathrm{ges}}g}{8\pi^2\ell} = 2{,}071\,\mathrm{m/s^2} \quad (> \hat{a}_R),$$

und somit kommt dieser Fall nicht in Betracht. Die Beschleunigungsstrecke ist in diesem Fall zu lang.

– Wir betrachten den 2. Fall (zwischenzeitliche Fahrt mit konstanter Maximalgeschwindigkeit).

In diesem Fall ist nach (12.6)

$$\hat{a} = \frac{\hat{v}_M}{2\pi} \cdot \sqrt{\frac{g}{\ell}} = 0{,}576\,\mathrm{m/s^2}$$

ebenfalls größer als erlaubt. Dieser Fall kann also auch nicht realisiert werden.

– Es bleibt noch der 3. Fall (Fahrt mit Maximalbeschleunigung).

$$s_0 = s_{\mathrm{ges}} - 8\pi^2\hat{a}_R\frac{\ell}{g} = 37{,}927\,\mathrm{m}$$

$$t_0 = \frac{s_0}{2\pi\hat{a}_R}\sqrt{\frac{g}{\ell}} = 21{,}831\,\mathrm{s}$$

$$t_{\mathrm{ges}} = t_0 + 2T = 35{,}730\,\mathrm{s}$$

$$\dot{s}(T) = \frac{\hat{a}}{2}T = 1{,}737\,\mathrm{m/s} \quad (< \hat{v}_M)$$

Die am Ende der Beschleunigungsphase erreichte Geschwindigkeit bleibt innerhalb der technischen Beschränkungen.

In dieser Konstellation kann also nur Fall 3 realisiert werden.

2. Um mit einem Pendel der Länge $\ell = 3\,\mathrm{m}$ noch Fall 1 zu schaffen, darf die Gesamtstrecke nicht zu lang sein. Die Schwingungsdauer hängt nur von der Länge des Seils ab und beträgt $T = 4\pi\sqrt{\ell/g} = T = 6{,}949\,\mathrm{s}$. Da in Fall 1 die Bremsphase direkt auf die Beschleunigungsphase folgt, erreichen wir den

weitesten Transport, indem wir so beschleunigen, dass am Ende der Beschleu-nigungsphase die Geschwindigkeit maximal ist (wenn auch nur infinitesimal kurz, denn es beginnt ja sofort die Bremsphase).

$$s_{\max} = 2s(T) = 4\pi\hat{v}_M\sqrt{\frac{\ell}{g}} = 13{,}898\,\text{m}$$

$$\hat{a} = \frac{\hat{v}_M}{2\pi}\sqrt{\frac{g}{\ell}} = 0{,}576\,\text{m/s}^2 \; > \; \hat{a}_R$$

Das bedeutet: $\hat{v}_M$ ist nicht erreichbar, die dazu nötige Beschleunigung ist mit unserem Gerät nicht umsetzbar. Wir untersuchen, welche Gesamtstrecke wir mit der Maximalbeschleunigung fahren können. In diesem Fall erreicht der Kran am Ende der Beschleunigungsstrecke nicht ganz die maximal mögliche Geschwindigkeit $\hat{v}_M$, sondern nur

$$\hat{v} = \dot{s}(T) = 2\pi\hat{a}\sqrt{\frac{\ell}{g}} = 1{,}737\,\text{m/s}$$

und legt somit nur die Gesamtstrecke

$$s_{\max} = 2s(T) = 4\pi\hat{v}\sqrt{\frac{\ell}{g}} = 12{,}073\,\text{m}$$

zurück. Dafür wird die Zeit $t_{\text{ges}} = 2T = 13{,}898\,\text{s}$ benötigt. Für Gesamtstre-cken, die länger sind als $s_{\max}$ müssen wir entweder einen der anderen Fälle benutzen oder wir müssen statt $T = 4\pi\sqrt{\ell/g}$ eine der anderen Lösungen $T = 6\pi\sqrt{\ell/g}$, $T = 8\pi\sqrt{\ell/g},\dots$ verwenden. Diese Möglichkeit verfolgen wir jedoch nicht weiter.

3. Wie eben gesehen, schaffen wir in Fall 1 nicht beliebig weite Strecken: Die Schwingungsdauer T ist durch die Seillänge festgelegt, somit ist die Gesamt-transportdauer festgelegt. Die technischen Grenzen des Antriebs beschränken die Reichweite.

   In Fall 2 ist die nötige Spitzenbeschleunigung $\hat{a} = \ddot{s}(T/2)$ nur abhängig von der Seillänge: Wenn das Seil zu kurz ist, kann es sein, dass $\hat{a}$ sehr groß wird und die Möglichkeiten des Antriebs übersteigt.

   In Fall 3 ist die Maximalgeschwindigkeit $\dot{s}(T)$ abhängig von T, und T hängt wiederum von der Seillänge ℓ ab. Wenn ℓ sehr groß ist, ist auch T groß, und dann erreichen wir durch die Beschleunigungsphase eine Geschwindigkeit, die der Motor nicht halten kann.

   Zusammenfassend kann man also feststellen, dass es maßgeblich von der Seil-länge ℓ abhängt, ob wir einen Transport in einem der drei Fälle 1, 2 oder 3 bewerkstelligen können. Im Allgemeinen ist nicht jede der Varianten in jeder Situation möglich.

Exkurs: Abbremsen eines schwingenden Containers

Wir wollen herausfinden, ob es möglich ist, einen mit konstanter Geschwindigkeit $\hat{v} = const$ fahrenden Kran so abzubremsen, dass eine schaukelnde Last am Ende einer vorgegebenen Strecke s_{ges} zur Ruhe kommt. Zum Zeitpunkt $t = 0$ ist die Last also um den Winkel $\alpha_0 \neq 0$ ausgelenkt und die Winkeländerung beträgt α_1, das heißt $\alpha(0) = \alpha_0$ und $\dot{\alpha}(0) = \alpha_1$. Dazu kehren wir das Problem um. Damit wir auf unsere bisher hergeleiteten Formeln zurückgreifen können, fragen wir nicht danach, wie gebremst werden soll, damit eine mit konstanter Geschwindigkeit fahrende Last, die bei $t = 0$ in gewisser Weise schaukelt, bei $t = T$ still steht, sondern nach einer Beschleunigung, die die Last, die bei $t = 0$ ruht, innerhalb der Zeit T so beschleunigt, dass sie danach mit konstanter Geschwindigkeit fährt und in der bestimmten Weise schaukelt. Das Negative dieser Beschleunigung ist dann die gesuchte Bremssteuerung.

In (11.5) und (11.6) haben wir die Bewegungsgleichung für $\alpha(t)$ und $\dot{\alpha}(t)$ in allgemeiner Form bestimmt. Wir suchen nun wieder eine Maximalbeschleunigung $\hat{a}$ und Ω. Allerdings haben wir dieses Mal andere Randbedingungen als oben, zum Zeitpunkt $t = T = \frac{2\pi}{\Omega}$ soll gelten:

$$\alpha(T) = \frac{\hat{a}}{2\ell} \left[\left(\frac{1}{\omega^2 - \Omega^2} - \frac{1}{\omega^2} \right) \cdot \cos\left(2\pi\frac{\omega}{\Omega}\right) - \frac{1}{\omega^2 - \Omega^2} + \frac{1}{\omega^2} \right] \overset{!}{=} \alpha_0 \qquad (12.10)$$

$$\dot{\alpha}(T) = \frac{\hat{a}}{2\ell} \left[-\omega \cdot \left(\frac{1}{\omega^2 - \Omega^2} - \frac{1}{\omega^2} \right) \sin\left(2\pi\frac{\omega}{\Omega}\right) \right] \overset{!}{=} \alpha_1 \qquad (12.11)$$

Zunächst kann man feststellen, dass $\alpha(T)$ und $\dot{\alpha}$ beide genau dann den Wert 0 annehmen, wenn das Verhältnis ω/Ω ganzzahlig ist. Wir setzen daher voraus, dass $\alpha_0 \neq 0$ und $\alpha_1 \neq 0$ sind. Aus den beiden Gleichungen (12.10) und (12.11) können wir durch Dividieren $\hat{a}$ eliminieren und Ω bestimmen:

$$\frac{\alpha_0}{\alpha_1} = -\frac{1}{\omega} \cdot \frac{1}{\tan(2\pi\frac{\omega}{\Omega})} + \frac{1}{\omega \cdot \sin(2\pi\frac{\omega}{\Omega})} = \frac{1}{\omega} \cdot \frac{1 - \cos(2\pi\frac{\omega}{\Omega})}{\sin(2\pi\frac{\omega}{\Omega})}$$

Hieraus ergibt sich Ω als Lösung der Gleichung

$$\frac{\omega\alpha_0}{\alpha_1} \sin\left(2\pi\frac{\omega}{\Omega}\right) = 1 - \cos\left(2\pi\frac{\omega}{\Omega}\right).$$

Quadriert man auf beiden Seiten, erhält man eine Gleichung, die man mit Hilfe der Identität $\sin^2(x) + \cos^2(x) = 1$ in eine quadratische Gleichung für $q = \cos(2\pi\frac{\omega}{\Omega})$ umschreiben kann:

$$\frac{\omega^2\alpha_0^2}{\alpha_1^2}\sin^2\left(2\pi\frac{\omega}{\Omega}\right) = \left(1 - \cos\left(2\pi\frac{\omega}{\Omega}\right)\right)^2$$

$$\Leftrightarrow \quad \frac{\omega^2\alpha_0^2}{\alpha_1^2}\left(1 - \cos^2\left(2\pi\frac{\omega}{\Omega}\right)\right) = 1 - 2\cos\left(2\pi\frac{\omega}{\Omega}\right) + \cos^2\left(2\pi\frac{\omega}{\Omega}\right)$$

$$\Leftrightarrow \quad 0 = \left(1 + \frac{\omega^2\alpha_0^2}{\alpha_1^2}\right)\cos^2\left(2\pi\frac{\omega}{\Omega}\right) - 2\cos\left(2\pi\frac{\omega}{\Omega}\right) + 1 - \frac{\omega^2\alpha_0^2}{\alpha_1^2}$$

$$\Leftrightarrow \quad 0 = \left(1 + \frac{\omega^2\alpha_0^2}{\alpha_1^2}\right)q^2 - 2q + 1 - \frac{\omega^2\alpha_0^2}{\alpha_1^2}$$

Da die Lösung $q = 1$ gerade den ganzzahligen Werten von $\frac{\omega}{\Omega}$ entspricht, müssen wir sie nicht berücksichtigen. Es bleibt als zweite Lösung der quadratischen Gleichung

$$q = \frac{\alpha_1^2 - \omega^2\alpha_0^2}{\alpha_1^2 + \omega^2\alpha_0^2}.$$

Aus dieser Gleichung können wir, indem wir $q = \cos(2\pi\frac{\omega}{\Omega})$ einsetzen, Ω und daraus wieder durch Einsetzen in (12.10) $\hat{a}$ bestimmen. Durch Ω ist auch die Bremsdauer festgelegt und damit auch der Bremsweg

$$s = s(T) = \frac{\hat{a}}{2}\cdot\frac{1}{2}\cdot\frac{4\pi^2}{\Omega^2} = \pi\cdot\frac{\hat{a}}{\Omega^2}.$$

Dieser wird im Allgemeinen jedoch nicht mit dem zur Verfügung stehenden Weg s_{ges} übereinstimmen, sodass während der Fahrt mit $\hat{v}$, $\alpha(t)$, $\dot{\alpha}(t)$ zum Ziel ständig zu prüfen wäre, wann alle Bedingungen zur Bremseinleitung vorliegen.

12.4 Lösung für eine Rechteck-Beschleunigung (Aufgaben 11.4)

12.4.1 Die Beschleunigungsphase

Das Aufstellen der Differentialgleichung ist für die Rechteck-Beschleunigung einfacher als im vorigen Abschnitt für die cosinusförmige Beschleunigung. Die Beschleunigung ist in Phase I konstant und hat daher die einfache Form

$$\ddot{s}(t) = \hat{a}$$

mit einem Wert $\hat{a}$, den wir später genauer festlegen werden. Durch elementares Integrieren erhalten wir für die Geschwindigkeit und die Position der Krankatze die Gleichungen

$$\dot{s}(t) = \hat{a}t$$

$$s(t) = \frac{1}{2}\hat{a}t^2,$$

wobei die Anfangsbedingungen $s(0) = \dot{s}(0) = 0$ berücksichtigt wurden.

Die Pendel-Differentialgleichung für die Auslenkung der angehängten Last lautet in Phase I also

$$\ddot{\alpha} + \omega^2\alpha = \frac{\hat{a}}{\ell}. \tag{12.12}$$

Der homogene Teil der Differentialgleichung ist dabei genau gleich wie im Fall der cosinusförmigen Beschleunigung. Die homogene Lösung lautet daher

$$\alpha_h(t) = C_1\sin(\omega t) + C_2\cos(\omega t).$$

Eine partikuläre Lösung erhalten wir, indem wir als Lösung eine Funktion vom Typ der rechten Seite wählen. Die rechte Seite der Differentialgleichung (12.12) ist konstant, also wählen wir als Lösungsansatz ebenfalls eine Konstante:

$$\alpha_p(t) = C_3$$

Man verifiziert leicht, dass $\alpha_p(t)$ bei richtiger Wahl von C_3 tatsächlich die Differentialgleichung löst. Dazu setzt man den Lösungsansatz direkt in (12.12) ein und da $\ddot{\alpha}_p$ verschwindet, erhält man

$$C_3 = \frac{1}{\omega^2} \cdot \frac{\hat{a}}{\ell} = \frac{\hat{a}}{g}.$$

Die allgemeine Lösung lautet also

$$\alpha(t) = C_1\sin(\omega t) + C_2\cos(\omega t) + \frac{\hat{a}}{g}$$

$$\dot{\alpha}(t) = \omega \cdot C_1\cos(\omega t) - \omega \cdot C_2\sin(\omega t)$$

$$\ddot{\alpha}(t) = -\omega^2 C_1\sin(\omega t) - \omega^2 C_2\cos(\omega t).$$

Um die Konstanten C_1 und C_2 zu bestimmen, müssen wir die Randbedingungen benutzen. Einsetzen der Randbedingung $\alpha(0) \overset{!}{=} 0$ liefert $-C_2 = \frac{\hat{a}}{g}$, also

$$C_2 = -\frac{\hat{a}}{g}.$$

Mathematisch etwas fundierter kann man die partikuläre Lösung durch *Variation der Konstanten* bestimmen. Dabei sucht man eine Lösung der inhomogenen Differentialgleichung $\ddot{\alpha} + \omega^2\alpha = h(t)$ in der Form

$$\alpha_p(t) = C_1(t)\sin(\omega t) + C_2(t)\cos(\omega t).$$

Hieraus leitet sich der Name „Variation der Konstanten" ab: Man betrachtet statt der Konstanten aus der Lösung der homogenen Differentialgleichung nun „variierende" Funktionen. Die Ableitung von α_p ist

$$\dot{\alpha}_p(t) = \dot{C}_1(t)\sin(\omega t) + C_1(t)\omega\cos(\omega t) + \dot{C}_2(t)\cos(\omega t) - C_2(t)\omega\sin(\omega t).$$

Wenn man nun fordert, dass

$$\dot{C}_1(t)\sin(\omega t) + \dot{C}_2(t)\cos(\omega t) = 0 \tag{12.13}$$

ist, erhält man für die zweite Ableitung von α_p den Ausdruck

$$\ddot{\alpha}_p(t) = \dot{C}_1(t)\omega\cos(\omega t) - C_1(t)\omega^2\sin(\omega t) - \dot{C}_2(t)\omega\sin(\omega t) - C_2(t)\omega^2\cos(\omega t).$$

Durch Einsetzen in die inhomogene Differentialgleichung findet man heraus, dass die gesuchten Funktionen C_1 und C_2 auch die Differentialgleichung

$$\dot{C}_1(t)\omega\cos(\omega t) - \dot{C}_2(t)\omega\sin(\omega t) = h(t) \tag{12.14}$$

lösen. Die Gleichungen (12.13) und (12.14) kann man gemeinsam in der Form

$$\begin{pmatrix} \dot{C}_1(t) \\ \dot{C}_2(t) \end{pmatrix} = \begin{pmatrix} \sin(\omega t) & \frac{\cos(\omega t)}{\omega} \\ \cos(\omega t) & -\frac{\sin(\omega t)}{\omega} \end{pmatrix} \begin{pmatrix} 0 \\ h(t) \end{pmatrix}$$

schreiben und durch direkte Integration lösen. Die Methode „Ansatz vom Typ der rechten Seite" ist eine Faustregel, die man durch die Analyse vieler Fälle mittels Variation der Konstanten gefunden hat.

Mit der Randbedingung $\dot{\alpha}(0) \overset{!}{=} 0$ folgt $C_1 = 0$. Die Lösung in Phase I, das heißt für $0 \leq t \leq t_1$, ist also

$$\alpha(t) = \frac{\hat{a}}{\omega^2\ell} \cdot (1 - \cos(\omega t)) = \frac{\hat{a}}{g}(1 - \cos(\omega t)) \tag{12.15}$$

$$\dot{\alpha}(t) = \frac{\hat{a}}{\omega\ell} \cdot \sin(\omega t) = \omega \cdot \frac{\hat{a}}{g}\sin(\omega t) \tag{12.16}$$

$$\ddot{\alpha}(t) = \frac{\hat{a}}{\ell}\cos(\omega t).$$

12.4.2 Die Bremsphase

In Phase III ist $\ddot{s}$ wieder konstant (aber negativ), also lautet die Differentialgleichung

$$\ddot{\alpha} + \omega^2 \alpha = -\frac{\hat{a}}{\ell}.$$

Mit dem Ansatz (11.10) laut Tipp in der Aufgabe erhalten wir die allgemeine Lösung:

$$\alpha(t) = E_1 \sin(\omega(t - t_{\mathrm{ges}})) + E_2 \cos(\omega(t - t_{\mathrm{ges}})) + E_3$$
$$\dot{\alpha}(t) = \omega E_1 \cos(\omega(t - t_{\mathrm{ges}})) - \omega E_2 \sin(\omega(t - t_{\mathrm{ges}}))$$
$$\ddot{\alpha}(t) = -\omega^2 E_1 \sin(\omega(t - t_{\mathrm{ges}})) - \omega^2 E_2 \cos(\omega(t - t_{\mathrm{ges}}))$$

Durch Einsetzen in die Differentialgleichung und Koeffizientenvergleich erhalten wir als spezielle Lösung der inhomogenen Differentialgleichung

$$E_3 = -\frac{1}{\omega^2} \cdot \frac{\hat{a}}{\ell} = -\frac{\hat{a}}{g}.$$

Ähnlich wie bei der Bewegung in Phase I erhalten wir durch Einsetzen der Randbedingung $\alpha(t_{\mathrm{ges}}) \overset{!}{=} 0$ die Relation $-E_2 = E_3$, also

$$E_2 = \frac{1}{\omega^2} \frac{\hat{a}}{\ell} = \frac{\hat{a}}{g}.$$

Hier macht es sich bezahlt, dass wir beim Ansatz der Differentialgleichung den Winkelfunktionen eine Phase gegeben haben.

Hinweis für die Übungen

Verwendet man statt des „geschickten" Ansatzes (11.10) den „Standardansatz" $\alpha(t) = C_1 \sin(\omega t) + C_2 \cos(\omega t) - \frac{\hat{a}}{g}$, dann ergeben sich die Konstanten C_1 und C_2 als Lösungen des linearen Gleichungssystems

$$C_1 \sin(\omega t_{\mathrm{ges}}) + C_2 \cos(\omega t_{\mathrm{ges}}) = \frac{\hat{a}}{g}$$
$$-C_1 \omega \cos(\omega t_{\mathrm{ges}}) - C_2 \omega \sin(\omega t_{\mathrm{ges}}) = 0$$

als

$$C_1 = \frac{\hat{a}}{g} \sin(\omega t_{\mathrm{ges}}), \qquad C_2 = \frac{\hat{a}}{g} \cos(\omega t_{\mathrm{ges}}).$$

Mit Hilfe der Additionstheoreme für Sinus und Cosinus kann man diese Lösung in die Form (12.17), (12.18) bringen.

Aus der Randbedingung $\dot{\alpha}(t_{\text{ges}}) \overset{!}{=} 0$ folgt $E_1 = 0$. In Phase III, das heißt für $t \in [t_2, t_{\text{ges}}]$, erhalten wir also die Lösung

$$\alpha(t) = \frac{\hat{a}}{g} \cdot (\cos(\omega(t - t_{\text{ges}})) - 1) \tag{12.17}$$

$$\dot{\alpha}(t) = -\frac{\omega\hat{a}}{g} \cdot \sin(\omega(t - t_{\text{ges}})) \tag{12.18}$$

12.4.3 Die Symmetriebedingung

1. Wenn die Funktionen $\alpha(t_{\text{ges}} - t)$ und $-\alpha(t)$ für alle t übereinstimmen, dann sind auch die Ableitungen der beiden Funktionen gleich. Indem man die Symmetriebedingung $\alpha(t_{\text{ges}} - t) = -\alpha(t)$ auf beiden Seiten ableitet, erhält man

$$-\dot{\alpha}(t_{\text{ges}} - t) = -\dot{\alpha}(t),$$

   es muss also $\dot{\alpha}(t_{\text{ges}} - t) = \dot{\alpha}(t)$ sein.

2. Wir benutzen nun die berechneten Lösungen (12.15) und (12.17), um die erste Symmetriebedingung auszuwerten. Wenn die Auslenkung $\alpha(t)$ symmetrisch verlaufen soll, dann muss die Lösung $\alpha(t)$ aus Phase I und die Lösung $\alpha(t_{\text{ges}} - t)$ aus Phase III miteinander durch die Gleichung $\alpha(t_{\text{ges}} - t) = -\alpha(t)$ verknüpft sein, wobei wir bei $\alpha(t)$ die Lösung (12.15) und bei $\alpha(t_{\text{ges}} - t)$ die Lösung (12.17) verwenden müssen. Es soll also folgendes gelten:

$$\alpha(t_{\text{ges}} - t) \overset{!}{=} -\alpha(t)$$

$$\Leftrightarrow \quad \frac{\hat{a}}{g} \cdot (\cos(\omega(t_{\text{ges}} - t - t_{\text{ges}})) - 1) = -\frac{\hat{a}}{g} \cdot (1 - \cos(\omega t))$$

$$\Leftrightarrow \quad \cos(-\omega t) = \cos(\omega t)$$

Diese Bedingung ist wegen der Spiegelsymmetrie der Cosinusfunktion immer erfüllt; hieraus erhalten wir also keine einschränkende Bedingung für t_1.

Als nächstes überprüfen wir die Symmetriebedingung $\dot{\alpha}(t_{\text{ges}} - t) = \dot{\alpha}(t)$ an die Ableitungen. Dabei müssen wir $\dot{\alpha}(t)$ aus Phase I, das heißt aus (12.16) und $\dot{\alpha}(t_{\text{ges}} - t)$ aus Phase III, also aus (12.18) miteinander vergleichen:

$$\dot{\alpha}(t_{\text{ges}} - t) \overset{!}{=} \dot{\alpha}(t)$$

$$\Leftrightarrow \quad -\frac{\omega\hat{a}}{g} \cdot \sin(\omega(t_{\text{ges}} - t - t_{\text{ges}})) = \frac{\omega\hat{a}}{g} \cdot \sin(\omega t)$$

$$\Leftrightarrow \quad -\sin(-\omega t) = \sin(\omega t)$$

$$\Leftrightarrow \quad \sin(\omega t) = \sin(\omega t)$$

Auch diese Bedingung ist immer erfüllt. Das bedeutet, dass die Lösungen auf den Intervallen $[0, t_1]$ (Phase I) und $[t_2, t_{\text{ges}}]$ (Phase III) automatisch spiegelbildlich zueinander sind.

> Streng genommen ist das eine Konsequenz aus der Tatsache, dass die entsprechenden Differentialgleichungen in Phase I und Phase III „spiegelbildlich" zueinander sind und dass die Anfangsbedingung bei $t = 0$ mit der Endbedingung bei $t = t_{\text{ges}}$ übereinstimmt.

3. Die Symmetriebedingung $\alpha(t_{\text{ges}} - t) = -\alpha(t)$ ergibt speziell für $t = t_{\text{ges}}/2$ die Forderung

$$\alpha(t_{\text{ges}}/2) \overset{!}{=} -\alpha(t_{\text{ges}}/2),$$

das heißt, es muss $\alpha(t_{\text{ges}}/2) = 0$ sein.

Aus der zweiten Symmetriebedingung $\dot{\alpha}(t_{\text{ges}} - t) = \dot{\alpha}(t)$ für die Ableitung ergeben sich bei Einsetzen von $t = t_{\text{ges}}/2$ dagegen keine weiteren Bedingungen.

Anschaulich bedeutet das, dass wir eine symmetrische Lösung erhalten, wenn wir sicherstellen, dass die Auslenkung $\alpha(t)$ gerade bei $t = t_{\text{ges}}/2$ einen Nulldurchgang hat. Auf halber Strecke muss das Pendel also senkrecht nach unten zeigen.

12.4.4 Die Bewegung in der Fahrtphase

Die allgemeine Lösung in Phase II lautet:

$$\alpha(t) = D_1 \sin(\omega(t - t_1)) + D_2 \cos(\omega(t - t_1))$$
$$\dot{\alpha}(t) = \omega D_1 \cos(\omega(t - t_1)) - \omega D_2 \sin(\omega(t - t_1))$$
$$\ddot{\alpha}(t) = -\omega^2 D_1 \sin(\omega(t - t_1)) - \omega^2 D_2 \cos(\omega(t - t_1))$$

1. Damit die Bewegung von Phase I glatt in die Bewegung von Phase II übergeht, müssen bei $t = t_1$ sowohl $\alpha(t)$ als auch $\dot{\alpha}(t)$ auf beiden Bereichen übereinstimmen. Daraus ergeben sich die beiden Bedingungen

$$\alpha(t_1) = D_2 \overset{!}{=} \frac{\hat{a}}{g}(1 - \cos(\omega t_1))$$

$$\dot{\alpha}(t_1) = \omega D_1 \overset{!}{=} \frac{\omega \hat{a}}{g} \sin(\omega t_1)$$

und schließlich als Lösung für Phase II

$$\alpha(t) = \frac{\hat{a}}{g} \sin(\omega t_1) \sin(\omega(t - t_1)) + \frac{\hat{a}}{g}(1 - \cos(\omega t_1)) \cos(\omega(t - t_1))$$

$$\dot{\alpha}(t) = \frac{\omega \hat{a}}{g} \sin(\omega t_1) \cos(\omega(t - t_1)) - \frac{\omega \hat{a}}{g}(1 - \cos(\omega t_1)) \sin(\omega(t - t_1))$$

Nach Ausmultiplizieren der Klammer $(1 - \cos(\omega t_1))$ und unter Verwendung der Additionstheoreme für Sinus und Cosinus kann man dies auch etwas anders schreiben:

$$\alpha(t) = -\frac{\hat{a}}{g} \cos(\omega t) + \frac{\hat{a}}{g} \cos(\omega(t - t_1)) \tag{12.19}$$

$$\dot{\alpha}(t) = \frac{\omega \hat{a}}{g} \sin(\omega t) - \frac{\hat{a} \omega}{g} \sin(\omega(t - t_1)) \tag{12.20}$$

2. Nach (12.19) muss die Gleichung

$$\cos(\omega t_{\text{ges}}/2) = \cos(\omega(t_{\text{ges}}/2 - t_1))$$

erfüllt sein. Diese Bedingung bedeutet, dass für die beiden Winkel $\omega(\frac{t_{\text{ges}}}{2} - t_1)$ und $\omega\frac{t_{\text{ges}}}{2}$ die Cosinuswerte übereinstimmen.

3. Aus dem Verlauf der Cosinusfunktion ergibt sich, dass die Cosinuswerte zweier Punkte x und y dann übereinstimmen, wenn die Punkte identisch sind, $x = y$, oder wenn sie bezüglich 0 spiegelbildlich zueinander liegen, $x = -y$. Außerdem kann man die Punkte um eine oder mehrere ganze Periodenlängen verschieben. Das ergibt die beiden Familien von Lösungen $y = x + 2k\pi$ oder $y = -x + 2k\pi$ mit einer beliebigen Zahl $k \in \mathbb{Z}$.

Konkret bedeutet das in unserem Fall

$$\omega\frac{t_{\text{ges}}}{2} - \omega t_1 = \pm\omega\frac{t_{\text{ges}}}{2} + 2k\pi,$$

das heißt

$$t_1 = \frac{2k\pi}{\omega} \qquad \text{oder} \qquad t_1 = t_{\text{ges}} - \frac{2k\pi}{\omega},$$

jeweils mit einer beliebigen Zahl $k \in \mathbb{Z}$.

Nehmen wir uns die erste Bedingung vor: Hier endet die Beschleunigungsphase offenbar genau in dem Augenblick, in dem das Pendel eine volle Schwingung vollführt hat. In diesem Fall tritt das Pendel ruhend in die Fahrtphase II ein und ruht während der konstanten Fahrt, bis die Bremsphase III beginnt, wie man durch Einsetzen von t_1 in $\alpha(t)$ und $\dot{\alpha}(t)$ in Phase II sieht:

$$\alpha(t) \equiv 0 \quad \text{und} \quad \dot{\alpha}(t) \equiv 0.$$

Das ist auch physikalisch klar, denn in Phase II wirken keine beschleunigenden Kräfte auf das Pendel.

Bei der zweiten Möglichkeit, $t_1 = t_{\text{ges}} - \frac{2k\pi}{\omega}$ ist dies nicht der Fall, sondern wir erhalten

$$\alpha(t_1) = \frac{\hat{a}}{g}\left(1 - \cos(\omega t_{\text{ges}})\right) \qquad \text{und} \qquad \dot{\alpha}(t_1) = \frac{\omega \hat{a}}{g}\sin(\omega t_{\text{ges}})$$

und das Pendel schwingt während der gesamten Phase II hin und her. Deshalb lassen wir diese Wahl von t_1 außen vor und berücksichtigen nur

$$t_1 = \frac{2\pi}{\omega}, \frac{4\pi}{\omega}, \frac{6\pi}{\omega}, \ldots \tag{12.21}$$

Das ist genau das, was wir wollen: Die Last ruht während Phase II.

4. Damit die Bewegung auch von Phase II glatt in Phase III übergeht, müssen bei $t = t_2$ die Werte für $\alpha(t)$ und $\dot{\alpha}(t)$ auf beiden Bereichen übereinstimmen. Wir vergleichen also zunächst (12.19) und (12.17) speziell für $t = t_2$. Für die Lösung aus Phase II erhält man wegen $\omega t_1 = 2k\pi$

$$\alpha(t_2) = -\frac{\hat{a}}{g}\cos(\omega t_2) + \frac{\hat{a}}{g}\cos(\omega(t_2 - t_1)) = -\frac{\hat{a}}{g}\cos(\omega t_2) + \frac{\hat{a}}{g}\cos(\omega t_2 - 2k\pi) = 0$$

und für die Lösung aus Phase III mit Hilfe von $t_2 = t_{\text{ges}} - t_1$

$$\alpha(t_2) = \frac{\hat{a}}{g} \cdot \left(\cos(\omega(t_2 - t_{\text{ges}})) - 1\right) = \frac{\hat{a}}{g} \cdot \left(\cos(-2k\pi) - 1\right) = 0.$$

Die Auslenkungen stimmen also schon einmal überein. Für die Winkelgeschwindigkeiten vergleichen wir auf die gleiche Weise (12.20) und (12.18) zur Zeit $t = t_2$ und erhalten zunächst für die Lösung aus Phase II

$$\dot{\alpha}(t_2) = \frac{\omega \hat{a}}{g}\sin(\omega t_2) - \frac{\hat{a}\omega}{g}\sin(\omega(t_2 - t_1)) \frac{\omega \hat{a}}{g}\sin(\omega t_2) - \frac{\hat{a}\omega}{g}\sin(\omega t_2 - 2k\pi) = 0$$

und für die Lösung aus Phase III

$$\dot{\alpha}(t_2) = -\frac{\omega \hat{a}}{g} \cdot \sin(\omega(t_2 - t_{\text{ges}})) = -\frac{\omega \hat{a}}{g} \cdot \sin(-2k\pi) = 0.$$

Beide Bedingungen sind also immer erfüllt. Das bedeutet: Wenn die Symmetriebedingung erfüllt ist und der Übergang von Phase I nach Phase II glatt erfolgt, dann tritt auch beim Übergang von Phase II nach Phase III kein Sprung in α oder $\dot{\alpha}$ auf. Wenn man den Fall realisiert, dass die Last während der Fahrt mit konstanter Geschwindigkeit ruhen soll, kann t_{ges} beliebig groß sein, solange genug Zeit für die Beschleunigungs- und die Bremsphase ist $(t_{\text{ges}} \geq 2t_1)$.

12.4.5 Zahlenbeispiele

1. Die Strecke, die während der Bremsphase zurückgelegt ist, ist genau so groß wie die, die während der Beschleunigungsphase zurückgelegt wird (und etwas einfacher zu berechnen, da hier die Geschwindigkeit die einfache Gestalt $\dot{s}(t) = \hat{a} \cdot t$ hat). Damit haben wir

$$
\begin{aligned}
s(t_{\text{ges}}) &\overset{!}{=} \int_0^{t_{\text{ges}}} \dot{s}(t)\,\mathrm{d}t \\
&= \underbrace{\int_0^{t_1} \hat{a} \cdot t\,\mathrm{d}t}_{\text{Phase I}} + \underbrace{\int_{t_1}^{t_2} \hat{a} \cdot t_1\,\mathrm{d}t}_{\text{Phase II}} + \underbrace{\int_0^{t_1} \hat{a} \cdot t\,\mathrm{d}t}_{\text{Phase III}} \\
&= \hat{a}t_1^2 + \hat{a}t_1(t_2 - t_1) \\
&= \hat{a}t_1 t_2.
\end{aligned}
$$

Wenn wir also in der Zeit $t = t_{\text{ges}}$ gerade die Strecke $s(t_{\text{ges}}) = s_{\text{ges}}$ zurücklegen wollen, muss

$$
\hat{a} = \frac{s_{\text{ges}}}{t_1 t_2}
$$

sein.

2. Für die Beschleunigungszeit t_1 haben wir nach (12.21) die Möglichkeiten

$$
t_1 = 2\frac{\pi}{\omega}, 4\frac{\pi}{\omega}, 6\frac{\pi}{\omega}, \ldots.
$$

Daraus ergibt sich dann:

$$
\begin{aligned}
t_2 &= t_1 + d \\
t_{\text{ges}} &= 2t_1 + d \\
\hat{a} &= s_{\text{ges}}/(t_1 t_2) = \frac{s_{\text{ges}}}{t_1(t_1 + d)} \\
\hat{v} &= \hat{a} \cdot t_1 = \frac{s_{\text{ges}}}{t_2} = \frac{s_{\text{ges}}}{t_1 + d} \\
\hat{\alpha} &= \frac{2\hat{a}}{\omega^2 \ell} = \frac{2s_{\text{ges}}}{gt_1(t_1 + d)}
\end{aligned}
$$

Aus technischen Gründen verlangen wir $\hat{v} \leq \hat{v}_M$ und $\hat{a} \leq \hat{a}_R$, also

$$
t_1 + d \geq \frac{s_{\text{ges}}}{\hat{v}_M} \qquad \text{und} \qquad t_1(t_1 + d) \geq \frac{s_{\text{ges}}}{\hat{a}_R}.
$$

Wir suchen nun eine Minimalstelle der Funktion $t_{\text{ges}}(t_1, d) = 2t_1 + d$ unter diesen Nebenbedingungen, das heißt im Gebiet

$$\left\{ (t_1, d) \,\middle|\, t_1 + d \geq \frac{s_{\text{ges}}}{\hat{v}_M}, \; t_1(t_1 + d) \geq \frac{s_{\text{ges}}}{\hat{a}_R} \right\}.$$

In Inneren des Gebietes liegen keine Extremstellen, denn der Gradient der Funktion $t_{\text{ges}}(t_1, d) = 2t_1 + d$ ist

$$\text{grad } t_{\text{ges}} = (2,1) \neq (0,0).$$

Minima können also nur auf dem Rand des oben angegebenen Gebiets liegen. Auf dem Rand gilt bei beiden Bedingungen Gleichheit, es ist also

$$t_1 + d = \frac{s_{\text{ges}}}{\hat{v}_M} \quad \text{und} \quad t_1(t_1 + d) = \frac{s_{\text{ges}}}{\hat{a}_R}.$$

Wir setzen die erste in die zweite Bedingung ein und erhalten

$$t_1 = \frac{\hat{v}_M}{\hat{a}_R}.$$

Setzt man diesen Wert wiederum in die erste Bedingung ein, ergibt sich

$$d = \frac{s_{\text{ges}}}{\hat{v}_M} - \frac{\hat{v}_M}{\hat{a}_R}.$$

 Das gleiche Ergebnis erhalten wir übrigens, wenn wir die Extremstellen mit der Methode der Lagrange-Multiplikatoren bestimmen.

Es ist absehbar, dass wir dieses Minimum nicht erreichen, denn wir haben eine Nebenbedingung außer Acht gelassen: t_1 kann nur feste Werte annehmen. Wenn wir jedoch das kleinste t_1 nehmen, das nicht kleiner ist als $\hat{v}_M/\hat{a}_R$, und das entsprechende kleinste d bestimmen, ist klar, dass es sich um ein Minimum handeln muss, da die Funktion t_{ges} in beiden Variablen wächst.

3. Mit diesen Überlegungen können wir nun die Rechnungen für konkrete Zahlenwerte durchführen. Fest vorgegeben ist bei einer Seillänge von $\ell = 9\,\text{m}$

$$\omega = \sqrt{\frac{g}{\ell}} = 1{,}044 \; ^1/_\text{s}.$$

(a) Wenn das Seil $\ell = 9\,\mathrm{m}$ und die Strecke $s_{\mathrm{ges}} = 4\,\mathrm{m}$ lang ist, müssen wir die Bedingungen $t_1 \geq \frac{\hat{v}_M}{\hat{a}_R} = 4$ und $d \geq \frac{s}{\hat{v}_M} - \frac{\hat{v}_M}{\hat{a}_R} = -2$ erfüllen. Dazu wählen wir

$$t_1 = 2\frac{\pi}{\omega} = 6{,}018\,\mathrm{s}$$

$$d = 0$$

und erhalten die Lösung

$$t_2 = t_1 + d = t_1 = 6{,}018\,\mathrm{s}$$

$$t_{\mathrm{ges}} = 2t_1 + d = 12{,}036\,\mathrm{s}$$

$$\hat{a} = s/(t_1 t_2) = \frac{s}{t_1(t_1 + d)} = 0{,}110\,\mathrm{m/s^2}$$

$$\hat{v} = s/(t_2) = s/(t_1 + d) = 0{,}665\,\mathrm{m/s}$$

$$\hat{\alpha} = \frac{2s}{g t_1(t_1 + d)} = 0{,}045$$

Hier können wir also mit der kleinstmöglichen Wahl von t_1 und d eine Lösung innerhalb der technischen Beschränkungen realisieren.

(b) Das Seil sei $\ell = 9\,\mathrm{m}$, die Strecke $s_{\mathrm{ges}} = 50\,\mathrm{m}$ lang. In diesem Fall lauten die Bedingungen $t_1 \geq \frac{\hat{v}_M}{\hat{a}_R} = 4$ und $d \geq \frac{s_{\mathrm{ges}}}{\hat{v}_M} - \frac{\hat{v}_M}{\hat{a}_R} = 21$. Also wählen wir

$$t_1 = 2\frac{\pi}{\omega} = 6{,}018\,\mathrm{s}$$

$$d = 21\,\mathrm{s}$$

jeweils so klein wie möglich und erhalten die Lösung

$$t_2 = t_1 + d = 27{,}018\,\mathrm{s}$$

$$t_{\mathrm{ges}} = 2t_1 + d = 33{,}036\,\mathrm{s}$$

$$\hat{a} = s_{\mathrm{ges}}/(t_1 t_2) = \frac{s_{\mathrm{ges}}}{t_1(t_1 + d)} = 0{,}308\,\mathrm{m/s^2}$$

$$\hat{v} = s_{\mathrm{ges}}/(t_2) = \frac{s_{\mathrm{ges}}}{t_1 + d} = 1{,}851\,\mathrm{m/s}$$

$$\hat{\alpha} = \frac{2s_{\mathrm{ges}}}{g t_1(t_1 + d)} = 0{,}125.$$

Auch dieser Fall ist realisierbar.

12.5 Abschließender Vergleich

Aus den in den vorigen Abschnitten durchgerechneten Beispielen können wir die folgenden Werte für t_{ges} ablesen:

$s_{\mathrm{ges}} \setminus$ Art	Cosinus	Rechteck
4 m	24,072 s	12,036 s
50 m	37,036 s	33,036 s

Dabei tritt bei der cosinusförmigen Beschleunigung für $s_{\mathrm{ges}} = 4\,$m der Fall 1 auf, in dem die Bremsphase sofort auf die Beschleunigungsphase folgt, während bei $s_{\mathrm{ges}} = 50\,$m der Fall 2 auftritt, bei dem der Kran zwischenzeitlich für $t_0 = 12{,}964\,$s mit der konstanten Maximalgeschwindigkeit $\hat{v}_M = 2\,$m/s fährt. Man erkennt, dass der sportlichere Fahrstil mit einer größeren Anfangsbeschleunigung ohne das sanfte Anfahren zu einem schnelleren Transport führt, dass dieser Vorteil aber bei langen Transportwegen deutlich abnimmt.

12.6 Unter der Lupe: Optimalsteuerung

Die Kransteuerung ist ein Beispiel für eine so genannte *Optimalsteuerungsaufgabe*, die sich abstrakt etwa so beschreiben lässt: Wir suchen eine Funktion der Zeit, die eine von außen auf ein dynamisches System einwirkende Größe beschreibt. Diese *Eingangsgröße* muss so gewählt werden, dass unter Beachtung von Beschränkungen eine technische Aufgabe gelöst wird. Eine Optimalsteuerungsaufgabe umfasst zusätzlich noch ein *Gütekriterium*, mit dem unter mehreren Lösungen die beste ausgewählt werden kann. Im Beispiel ist die Eingangsgröße die auf die Krankatze einwirkende Beschleunigung (oder Kraft), und die zu lösende Aufgabe besteht darin, den zeitlichen Verlauf dieser Kraft so zu wählen, dass vom Startpunkt zum vorgegebenen Zielpunkt gefahren wird. Im Beispiel kommen Beschränkungen in Form von Maximalwerten für die Geschwindigkeit und Beschleunigung des Kranwagens vor. Als Gütekriterium kann die Zeit gewählt werden, die für einen Beschleunigungsverlauf gebraucht wird, um vom Start- zum Zielpunkt zu fahren. Unter mehreren Lösungen ist dann diejenige die beste, bei der am schnellsten vom Start- zum Zielpunkt gefahren wird.

Optimalsteuerungsaufgaben werden häufig wie hier mit mechanischen Beispielen eingeführt. Die oben gegebene abstrakte Beschreibung einer Optimalsteuerungsaufgabe hilft dabei, den Aufgabentyp (und damit zielführende Lösungsansätze) wieder zu erkennen, auch wenn das technische System nicht mechanisch ist. Die hier erlernten Methoden können zum Beispiel benutzt werden, um Fragen vom folgenden Typ zu beantworten: Wie dosiere ich (als Funktion der Zeit) die Grundstoffe einer chemischen Reaktion in einem verfahrenstechnischen Prozess, wenn bei der Reaktion Wärme frei wird und eine Maximaltemperatur nicht überschritten werden darf, gleichzeitig aber die Produktion schneller ablaufen kann, wenn sie nahe der Maximaltemperatur betrieben wird? Wie steuere ich (als Funktion der Zeit) die Volumenströme durch Wasserkraftwerke, damit die Energiegewinnung möglichst effizient ist, aber gleichzeitig die Wasserstände der Flussabschnitte, aus denen das Wasser stammt, nur so stark schwanken, dass kein ökologischer Schaden angerichtet wird?

Eine Besonderheit von Optimalsteuerungsaufgaben besteht darin, dass ihre Lösung eine Funktion ist und nicht etwa ein Punkt oder eine Menge von Punkten wie beim Lösen von Gleichungen und Gleichungssystemen. Weil Optimalsteuerungsaufgaben damit ungleich schwieriger sind als das Lösen von Gleichungssystemen, reicht es im ersten Schritt aus, überhaupt einen Eingangsgrößenverlauf zu finden, der die gewünschte Steuerung unter Einhaltung der Beschränkungen erzielt. Im zweiten Schritt wird dann nach einem optimalen Verlauf, also dem Verlauf, der das Gütekriterium bestmöglich erfüllt, gesucht. Beide Schritte lassen sich für reale technische Systeme oft nur mit Hilfe von numerischen Näherungsmethoden lösen. Die Entwicklung von Lösungsverfahren für Optimalsteuerungsaufgaben ist Gegenstand aktueller Forschung.

13 Exemplarischer Zeitplan

Woche 1

- Erklärung des Problems

- Physikalische Grundlagen zum Fadenpendel wiederholen

- Hausaufgaben: Kräftebilanz erstellen, Bewegungsgleichungen herleiten

Woche 2

- Diskussion der Hausaufgaben

- Wie kann man die Bewegungsgleichung lösen?

- Linearisierung der nichtlinearen Terme

- Hausaufgaben: Fehler der linearen Approximationen zeichnerisch und rechnerisch bestimmen

(Woche 3, kein Treffen)

Woche 4

- Diskussion der Hausaufgaben

- Lösungsmethode für lineare Differentialgleichungen 2. Ordnung

- Diskussion: Welche Beschleunigung $s(t)$ könnte sinnvoll sein? Welche technischen Grenzen sind zu berücksichtigen?

- Hausaufgaben: Anleitung schreiben zum Thema „Wie löst man eine lineare Differentialgleichung 2. Ordnung?"

(Woche 5, kein Treffen)

J. Härterich, A. Rooch, *Das Mathe-Praxis-Buch*, Springer-Lehrbuch, DOI 10.1007/978-3-642-38306-9_13, © Springer-Verlag Berlin Heidelberg 2014

Woche 6

- Diskussion der Hausaufgaben/gemeinsam wiederholen: Wie löst man ein System von linearen Differentialgleichungen?

- Gemeinsam Differentialgleichung für Cosinusbeschleunigung lösen

- Diskussion: Wie kann man die Ergebnisse interpretieren? Was geschieht im Fall $\omega = \Omega$?

- Hausaufgaben: Lösen der konkreten Zahlenbeispiele

(Woche 7, kein Treffen)

Woche 8

- Besprechung der Hausaufgaben

- Diskussion: Unterschiede zwischen Cosinus- und Rechteck-Beschleunigung

- Diskussion: Wie kann eine symmetrische Lösung beschrieben werden?

- Lösen der Bewegungsgleichung der Rechteck-Beschleunigung

- Hausaufgaben: Vergleich der Ergebnisse bei Cosinus- und Rechteck-Beschleunigung

Woche 9

- Besprechung der Hausaufgaben

- Präsentationstraining

Woche 10

- Optionaler Zusatztermin

Woche 11

- Generalprobe/Prüfungen

Woche 12

- Abschlusspräsentation

Teil IV

Immer mit der Ruhe: Schwingungstilgung

Jörg Härterich, Philipp Junker, Aeneas Rooch

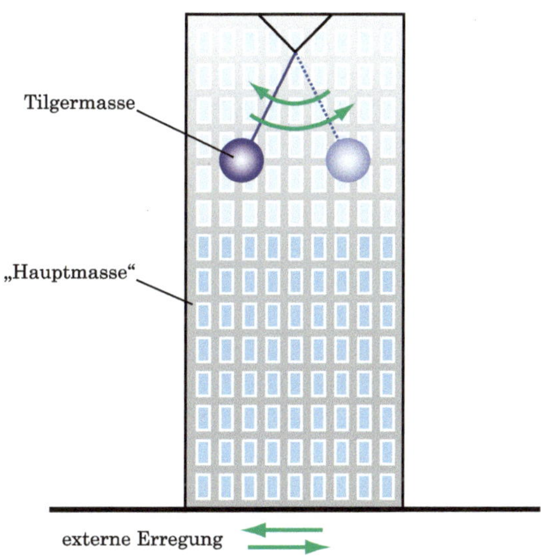

14 Die Aufgabe

14.1 Steckbrief

Praxisproblem	Erdbeben oder Wind bringen Gebäude zum Schwingen.
Frage	Wie kann das Bauwerk konstruktiv so umgestaltet werden, dass es trotz Anregung in Ruhe bleibt?
Mathematik	lineare Systeme gewöhnlicher Differentialgleichungen 2. Ordnung, Eigenwerte, trigonometrische Funktionen, komplexe Zahlen.
Anschauung	Versuchsaufbau, an dem sich Schwingungseffekte (Eigenfrequenz, Tilgung, gekoppeltes System) eindrucksvoll demonstrieren und theoretische Rechnungen praktisch verifizieren lassen.
Stichwörter	Schwingungstilgung, Zwei-Massen-Feder-System, Mechanik.

14.2 Ausführliche Projektbeschreibung

Schon eine kleine Windböe kann für Hochhäuser, Brücken und Schornsteine zur großen Gefahr werden: Sie kann die Bauwerke so stark zum Schwingen anregen, dass sie einstürzen. So versetzte 1940 ungünstiger Wind (kein Sturm!) die drittgrößte Hängebrücke der Welt, die über 800 Meter lange Tacoma Narrows Bridge im US-Bundesstaat Washington, in Schwingung, sodass sie sich immer weiter aufschaukelte, bis Stahlseile und Betonfahrbahn schließlich zerrissen und die Brücke einstürzte. Doch nicht nur Wind kann diese verheerenden Auswirkungen haben: Auch Erdbeben können Bauwerke zu Bewegungen anregen, und sogar Fußgänger, die nicht einmal im Gleichschritt marschieren, können eine Brücke gefährlich in Schwingungen versetzen, wie sich im Jahr 2000 bei der Millennium Bridge in London zeigte.

Damit Bauwerke nicht durch Wind oder Erdbeben aufgeschaukelt werden, werden in ihnen sogenannte Schwingungstilger installiert, die die Schwingungen abfangen und dämpfen, zum Beispiel Tilgerpendel. Doch wie genau lässt sich das erreichen?

J. Härterich, A. Rooch, *Das Mathe-Praxis-Buch*, Springer-Lehrbuch, DOI 10.1007/978-3-642-38306-9_14, © Springer-Verlag Berlin Heidelberg 2014

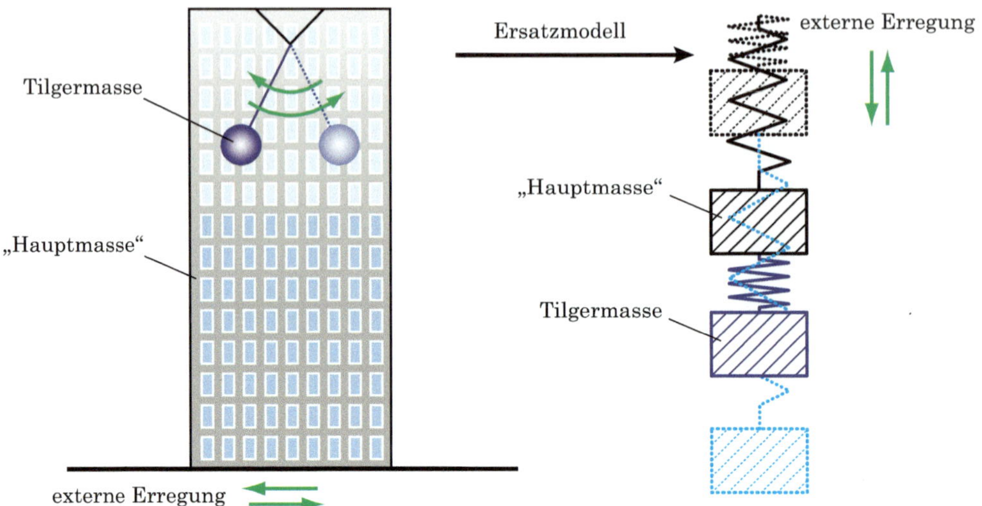

Abb. 14.1: Eine an einer Feder schwingende Masse (*rechts*) dient als Modell für ein Hochhaus (*links*). Wird das System von außen zum Schwingen angeregt (beim Hochhaus etwa durch ein Erdbeben, beim Modell durch einen Elektromotor), so soll eine geeignete zweite Masse diese Schwingung tilgen

**Wie kann ein Bauwerk konstruktiv so umgestaltet werden,
dass es trotz Anregung in Ruhe bleibt?**

Dieses Projekt beantwortet diese Frage anhand eines Feder-Masse-Modells und eines eindrucksvollen Experiments: Eine Masse, die an einer Feder schwingt, soll stabilisiert werden, und zwar durch Anhängen einer zweiten Masse an einer Feder. Dazu berechnen wir die Bewegung der Masse in verschiedenen Situationen und ermitteln, wie groß die anzuhängende Masse sein muss, um die Schwingung zu tilgen. Abschließend überprüfen wir unsere Ergebnisse im Experiment.

Zunächst betrachten wir eine Masse, die an einer Feder aufgehängt und horizontal fixiert ist, sodass sie nur nach unten und oben schwingen kann (Abb. 14.2). Diese Masse ist unser Hochhaus-Modell, siehe Abb. 14.1, und wir bringen sie zum Schwingen, indem wir sie, analog zu Wind, mit einem Elektromotor anregen, der im Kreis dreht und über einen Pleuel die Masse auf und ab bewegt (Abb. 14.3). Der experimentelle Aufbau ist in Kap. 17 beschrieben.

**Stabilisieren Sie die auf und ab schwingende Masse, indem sie eine geeignete
zweite Masse mit einer weiteren Feder unten anhängen (Abb. 16.3), sodass nur
noch die zweite Masse schwingt – und die erste in Ruhe bleibt.**

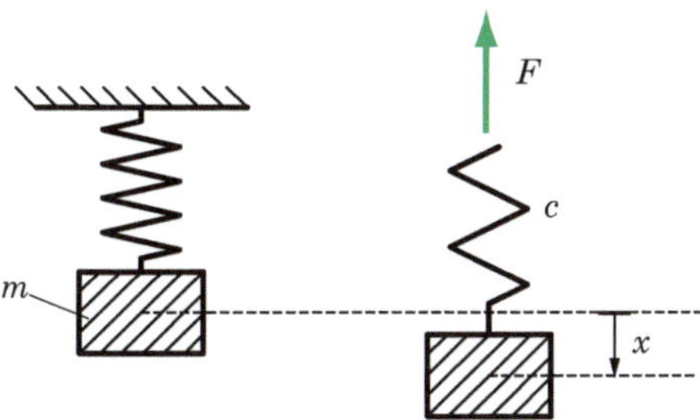

Abb. 14.2: Eine Masse m hängt an einer Feder (mit Federkonstante c). Die x-Koordinate gibt die Auslenkung nach unten aus der statischen Ruhelage an. Es wirkt dann die Federkraft $F = cx$ nach oben

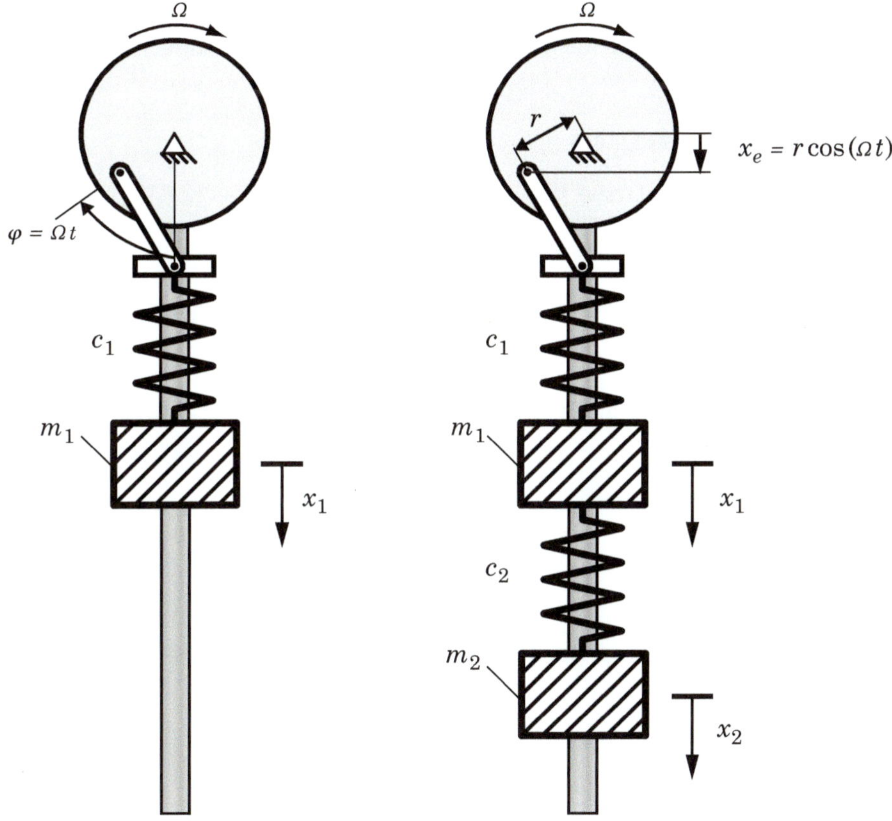

Abb. 14.3: Die an der Feder schwingende Masse $m = m_1$ wird durch einen Elektromotor angeregt, der sich mit Winkelgeschwindigkeit Ω dreht. Über einen Pleuel, der im Abstand r vom Drehpunkt angebracht ist, wird diese Drehbewegung in eine vertikale Bewegung der Feder umgesetzt. Die Masse ist horizontal gelagert, sodass nur Bewegungen in vertikaler Richtung möglich sind. Später kommt eine Masse m_2 an einer weiteren Feder hinzu

14.3 Mathematische Inhalte

Das müssen Sie können:

- Versuchsaufbau freischneiden und angreifende Kräfte ermitteln

- homogene gewöhnliche Differentialgleichung 2. Ordnung lösen

- partikuläre Lösunge für eine gewöhnliche Differentialgleichung 2. Ordnung finden

- mit komplexen Zahlen rechnen

- Nullstellen eines Polynoms finden

- trigonometrische Funktionen sowie ihre Eigenschaften, Ableitungen und Umkehrfunktionen kennen

- Additionstheoreme anwenden

- Determinanten von Matrizen bestimmen

- Darstellung einer Matrix bezüglich einer bestimmten Basis angeben

- Eigenwerte und Eigenvektoren definieren und berechnen können

- Matrix diagonalisieren

- lineare Systeme gewöhnlicher Differentialgleichungen lösen, Fundamentalsystem bestimmen

- lineare Gleichungssysteme als einzelne Zeilen und in Matrixschreibweise darstellen sowie sie lösen

- mit dem Bogenmaß rechnen

- Reduktion der Ordnung bei linearen Systemen gewöhnlicher Differentialgleichungen

- Cramersche Regel/Determinantenmethode

15 Die Schritte zum Ziel

15.1 Verstehen, wie sich die Masse bewegt

Um herauszufinden, wie Sie die Bewegung der Masse stabilisieren und tilgen können, müssen Sie zuerst verstehen, wie sich die Masse bewegt und welchen Einfluss die äußere Anregung auf die Bewegung hat. Dies machen Sie in den folgenden Schritten:

- Informieren Sie sich über alle Begriffe, die auftauchen – wie *Federkonstante, Bewegungsgleichung, Differentialgleichung, ...* Machen Sie sich dabei klar: Was bedeutet der jeweilige Begriff (formal und anschaulich)? Welche Einheiten hat er gegebenenfalls? Wo tritt er im Alltag auf?

- Vermessen Sie im Versuchsaufbau die Massen und Federn, um in einigen Wochen ausrechnen zu können, wie Sie hier ganz konkret die Schwingung tilgen können.

- Überlegen Sie, wie die Bewegungsgleichung der Masse aussieht, und bestimmen Sie ihre Lösung $x_h(t)$.

  - Überlegen Sie, welche Kräfte auf die Masse wirken, wenn sie zum Startzeitpunkt $t = 0$ aus ihrer statischen Ruhelage (die wir bei $x = 0$ festgelegt haben) um x_0 ausgelenkt ist und sich mit der Geschwindigkeit $\dot{x}(0) = v_0$ am Ort $x(0) = x_0$ befindet. Jegliche Dämpfung können Sie dabei erst einmal ignorieren. Benutzen Sie die fundamentale Formel $\sum_i F_i = m\ddot{x}$ aus der Mechanik, die besagt, dass die Summe aller Kräfte der Masse multipliziert mit ihrer Beschleunigung entspricht.

  - Aus dieser Überlegung ergibt sich eine Differentialgleichung (DGL). Schreiben Sie sie auf und lösen Sie sie.

- Bestimmen Sie die Lösung $x(t)$ der Bewegungsgleichung der Masse bei Anregung durch den Elektromotor.

  - Nehmen Sie wieder an, dass $x(0) = x_0$ und $\dot{x}(0) = v_0$.

  - Bestimmen Sie zuerst die Kraft, mit der die Masse über die Pleuelstange angeregt wird.

  - Berücksichtigen Sie diese Kraft bei der Kräftebilanz $\sum_i F_i = m\ddot{x}$. Es ergibt sich eine neue, inhomogene DGL. Geben Sie ihre allgemeine Lösung

J. Härterich, A. Rooch, *Das Mathe-Praxis-Buch*, Springer-Lehrbuch, DOI 10.1007/978-3-642-38306-9_15, © Springer-Verlag Berlin Heidelberg 2014

an (bestimmen Sie dazu eine allgemeine Lösung $x_h(t)$ der homogenen DGL und eine einzelne partikuläre Lösung $x_p(t)$).

15.2 Realistischer modellieren mit Dämpfung

Um herauszufinden, wie Sie die Bewegung der Masse stabilisieren und tilgen können, müssen Sie zuerst verstehen, wie sich die Masse bewegt. Stellen sie erneut eine Bewegungsgleichung für das Ein-Massen-System auf und lösen sie sie – aber berücksichtigen Sie dieses Mal Dämpfung. Analysieren Sie, wie sich die Masse verhält, wenn Sie sie mit ihrer Eigenfrequenz ω anregen. Machen Sie dies in den folgenden Schritten:

- Informieren Sie sich, was es mit der Dämpfungskraft

$$F_D = 2m\gamma \cdot \dot{x}(t)$$

  auf sich hat, und geben Sie den ahnungslosen Mathematikern eine kurze Übersicht.

- Bestimmen Sie analog zu der früheren Aufgabe die Lösung $x_h(t)$ der Bewegungsgleichung der Masse ohne Anregung, aber mit mit Dämpfung.
  Je nach dem, ob der Dämpfungsparameter γ größer, kleiner oder gleich der Eigenfrequenz ω ist, erhalten Sie verschiedene Lösungen. Bestimmen Sie diese Lösungen und geben Sie eine anschauliche Beschreibung, wie sich die Masse mit der Zeit verhält.

- Bestimmen Sie danach die Lösung $x(t)$ der Bewegungsgleichung der Masse bei Anregung durch den Elektromotor und Dämpfung.

  - Die Lösung der homogenen DGL haben Sie bereits ermittelt.

  - Finden Sie also nur eine partikuläre Lösung der inhomogenen DGL. Lassen Sie dabei γ einfach als Parameter stehen, eine Fallunterscheidung interessiert uns hier nicht.

  - Erklären Sie die Behauptung: Die homogene Lösung klingt mit der Zeit ab.

  - Analysieren Sie die partikuläre Lösung, und zwar indem Sie sie in die Gestalt

$$x_p(t) = \frac{C_{\mathrm{Anr}}}{\omega^2} V \cos(\Omega t - \psi)$$

    umschreiben. Dabei ist $C_{\mathrm{Anr}} = -cr/m$ eine Konstante. Vollziehen Sie dazu die unten folgende Rechnung detailliert nach.

(Alternativ können Sie auch von Anfang an dieses $x_p(t)$ als Ansatz nehmen und durch Einsetzen in die DGL eine Lösung dieser Form bestimmen.)

– Sie sehen an dieser neuen Gestalt, dass die partikuläre Lösung offenbar eine Schwingung mit einem Vorfaktor V ist, der sogenannten *Vergrößerungsfunktion*. V ist eine Funktion der Variablen ω, Ω und γ. Stellen Sie sie als Funktion von $\eta = \Omega/\omega$ (dem Verhältnis von Anregung zu Eigenfrequenz) und $\delta = 2\gamma/\omega$ (dem Verhältnis von Dämpfung zu Eigenfrequenz) dar. Zeichnen Sie $V(\eta, \delta)$ in der Nähe von $\eta = 1$ für verschiedene δ und lesen Sie daraus ab, wie sich die Masse bewegt, wenn sie mit ihrer Eigenfrequenz, das heißt $\Omega = \omega$, angeregt wird.

> **Hinweis für die Übungen**
>
> Der Faktor 2 in der Substitution $\delta = 2\gamma/\omega$ mag verwirren; er ist allerdings Konvention.

Analyse der partikulären Lösung

> **Hinweis für die Übungen**
>
> Die folgenden Rechnungen sind nicht besonders kompliziert (man benötigt ein Additionstheorem, bringt einen Vektor durch Division seines Betrages auf Länge 1 und multipliziert den Betrag anschließend, um durch diese Division eine Gleichung nicht zu ändern, auf beiden Seiten hinzu), sie sind jedoch etwas trickreich. Es ist daher kritisch, die Lösung selbst erarbeiten zu lassen (auch mit Hinweisen und Tipps), und hat sich als effizienter herausgestellt, die ausgearbeitete Lösung, so wie im folgenden dargestellt, zum Durcharbeiten auszuhändigen.

Sie haben gesehen, dass die Lösung x_h des homogenen Teils mit der Zeit abklingt, das heißt auf lange Sicht spielt nur die partikuläre Lösung

$$x_p(t) = \frac{C_{\text{Anr}}}{(\omega^2 - \Omega^2)^2 + 4\gamma^2\Omega^2} \left((\omega^2 - \Omega^2)\cos(\Omega t) + 2\gamma\Omega\sin(\Omega t) \right)$$

eine Rolle. Sie ahnen beim Anblick der partikulären Lösung vielleicht bereits, dass $x_p(t)$ eine Schwingung ist. Wir werden den Ausdruck nun so umformen, dass dies offensichtlich ist, und zeigen, dass die partikuläre Lösung die Gestalt

$$x_p(t) = \frac{C_{\text{Anr}}}{\omega^2} V \cos(\Omega t - \psi)$$

hat, also eine Cosinus-Schwingung mit Amplitude $\frac{C_{\text{Anr}}}{\omega^2} V$ und Phasenwinkel ψ ist.

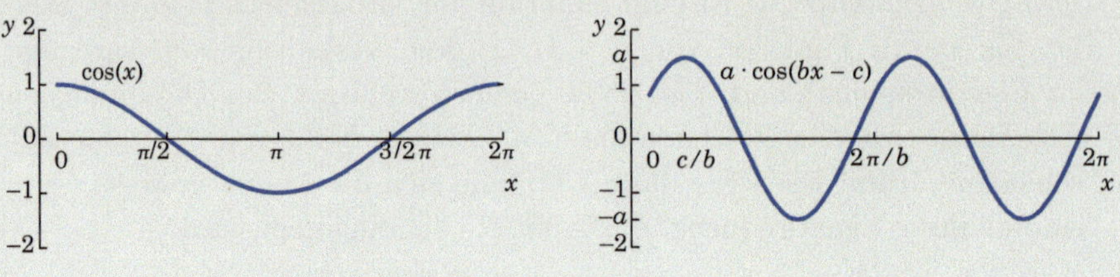

Für die Umformung benutzen wir das Additionstheorem

$$\cos(\alpha - \beta) = \cos\alpha\cos\beta + \sin\alpha\sin\beta,$$

hier konkret

$$\cos(\Omega t - \psi) = \cos\psi\cos(\Omega t) + \sin\psi\sin(\Omega t).$$

Die linke Seite ist die Gestalt, die wir haben wollen, die rechte Seite sieht fast so
aus wie die Lösung ganz oben. Nur leider können wir die Vorfaktoren $(\omega^2 - \Omega^2)$ und
$2\gamma\Omega$ nicht als $\cos\psi$ und $\sin\psi$ darstellen; das ist nur möglich für Zahlenpaare (x, y),
die auf dem Einheitskreis liegen, das heißt die Betrag 1 haben (mit anderen Worten,
alle Punkte (x, y), deren Abstand zum Nullpunkt $\sqrt{(x - 0)^2 + (y - 0)^2} = 1$ ist).
Machen Sie sich dies klar! Doch wir können die Vorfaktoren ja künstlich auf Betrag
1 bringen. Den Betrag des Punktepärchens $(x, y) = (\omega^2 - \Omega^2, 2\gamma\Omega)$ bezeichnen wir
mit

$$L = \|(x, y)\| = \sqrt{x^2 + y^2} = \sqrt{(\omega^2 - \Omega^2)^2 + 4\gamma^2\Omega^2},$$

und damit wird aus dem Additionstheorem

$$L \cdot \cos(\Omega t - \psi) = L\left(\frac{(\omega^2 - \Omega^2)}{L}\cos(\Omega t) + \frac{2\gamma\Omega}{L}\sin(\Omega t)\right),$$

und jetzt hat das Paar $\left(\frac{(\omega^2 - \Omega^2)}{L}, \frac{2\gamma\Omega}{L}\right)$ den Betrag 1, das heißt, wir können es als
$(\cos\psi, \sin\psi)$ schreiben, mit dem Winkel

$$\psi = \arctan\left(\frac{y/L}{x/L}\right) = \arctan\left(\frac{2\gamma\Omega}{\omega^2 - \Omega^2}\right). \tag{15.1}$$

> Jeder Punkt (x, y) auf dem Kreis $\{(x, y) \in \mathbb{R}^2 \mid \|(x, y)\| = r\}$ hat nach Definition von Sinus und Cosinus im rechtwinkligen Dreieck die Koordinaten $x = r \cos \varphi$, $y = r \cos \varphi$, wobei φ der Winkel des Punktes und r der Radius des Kreises in Polarkoordinaten ist. Umgekehrt liegt jeder Punkt $(a \sin \psi, a \cos \psi)$, egal was $\psi \in \mathbb{R}$ ist, immer auf einem Kreis mit Radius a.

Sie haben also gerade nachgerechnet, dass Sie die partikuläre Lösung

$$x_p(t) = \frac{C_{\mathrm{Anr}}}{(\omega^2 - \Omega^2)^2 + 4\gamma^2\Omega^2} \left((\omega^2 - \Omega^2) \cos(\Omega t) + 2\gamma\Omega \sin(\Omega t) \right)$$

auch als

$$x_p(t) = \frac{C_{\mathrm{Anr}}}{\sqrt{(\omega^2 - \Omega^2)^2 + 4\gamma^2\Omega^2}} \cos(\Omega t - \psi) \tag{15.2}$$

schreiben können. Um die gewünschte Gestalt zu erhalten, drücken wir den Vorfaktor jetzt noch durch die neuen Variablen $\eta := \Omega/\omega$ und $\delta := 2\gamma/\omega$ aus und erhalten schließlich

$$x_p(t) = \frac{C_{\mathrm{Anr}}}{\omega^2 \sqrt{\left(1 - \eta^2\right)^2 + \delta^2\eta^2}} \cos(\Omega t - \psi).$$

Hinweis für die Übungen

Die neuen Variablen führen wir aus gutem Grund ein: Im Experiment verändern wir zwar die Anregungsfrequenz Ω, während die Eigenfrequenz ω des Systems fest ist. Doch physikalisch und mathematisch ist nicht der Wert von Ω entscheidend, sondern das Verhältnis von Ω zu ω.

Dabei nennen wir

$$V(\eta, \delta) = \frac{1}{\sqrt{\left(1 - \eta^2\right)^2 + \delta^2\eta^2}}$$

Vergrößerungsfunktion; an ihr können Sie ablesen, wie sich die Amplitude der Schwingung von x_p verhält, wenn $\Omega \to \omega$, das heißt $\eta \to 1$, je nach dem, wie die Dämpfung δ ausfällt.

15.3 Werkzeug: Lineare Differentialgleichungssysteme lösen

Hinweis für die Übungen

Als nächstes befassen wir uns mit dem eigentlichen Objekt des Projekts, einem Zwei-Massen-Federn-System: Wir hängen an die erste Masse über eine weitere Feder eine zweite Masse an. Das Ziel ist es zu berechnen, wie groß diese zweite Masse sein muss, um die Bewegung der ersten Masse zu tilgen, die durch den Elektromotor in Eigenfrequenz angeregt wird. Zwar gehören die bisher behandelten Themen zum Standardstoff in der mathematischen und physikalischen Ausbildung von Ingenieurstudenten, dennoch werden Differentialgleichungen erfahrungsgemäß als schwierig empfunden. Bevor wir uns im Folgenden also mit dem Zwei-Massen-Federn-System und dazu mit Systemen von Differentialgleichungen beschäftigen – die Techniken erfordern, die möglicherweise noch nicht in den Mathematikkursen behandelt wurden –, ist es sinnvoll, einen Zwischenstand des Projekts festzuhalten und die vergleichsweise anspruchsvollen Rechnungen, die folgen, etwas vorzubereiten. Dazu dient dieses eingeschobene Kapitel.

1. Schreiben Sie eine Anleitung/ein Rezept: Wie funktioniert das Diagonalisieren einer Matrix? Erlären Sie dabei (mit Formeln, aber auch mit eigenen Worten): Was ist ein Eigenwert? Was ist ein Eigenvektor?

2. Wenn Sie in der Vorlesung bis dahin schon lineare Differentialgleichungssysteme behandelt haben, machen Sie sich mit dem Thema vertraut. (Wenn nicht, dann natürlich nicht.) Zum Überprüfen und Einüben können Sie die drei unten stehenden Beispielaufgaben rechnen.

3. Schreiben Sie eine Zusammenfassung „Was bisher geschah".

   Gehen Sie Ihre bisherigen Aufzeichnugen durch und schreiben Sie alles ordentlich zusammen, sodass Sie einen Überblick haben. Folgende Fragen sollten Sie dabei beantworten können:

   - Was ist die Ausgangsfrage? Was möchten wir am Ende des Projekts erreicht haben?
   - Welche Schritte sind dorthin nötig?
   - Was haben wir bisher davon schon erledigt?
   - Was ist eine *Differentialgleichung*? Was bedeutet *homogen* und *inhomogen*, was ist eine *partikuläre Lösung*? Wie löst man eine einfache Differentialgleichung?

   Stellen Sie in einer kurzen Präsentation an der Tafel diese Übersicht vor. Anschreiben sollten Sie dabei die wichtigsten Gleichungen und ihre Lösungen.

Wie Sie sie errechnet haben, brauchen Sie nur mündlich erklären. Setzen Sie sich im Team zusammen und besprechen Sie diese Schritte – jeder von Ihnen soll diese Präsentation halten können.

Beispielaufgaben zu linearen Differentialgleichungssystemen

Hinweis für die Übungen

Es bereitet häufig Probleme, lineare Systeme gewöhnlicher Differentialgleichungen des Typs $\dot{\vec{x}} = A\vec{x}$ zu lösen – vor allem, wenn die Matrix A nicht diagonalisierbar ist. Da es dazu wenig Übungsmaterial in Büchern und Vorlesungsskripten gibt, haben wir drei Beispielaufgaben erstellt, anhand derer Teilnehmer die Techniken in verschiedenen Schwierigkeitsgraden üben können.

Lösen Sie die folgenden drei Differentialgleichungssysteme:

$$
\begin{array}{lll}
\dot{x}_1 = x_1 + x_2 & \dot{x}_1 = x_1 + x_2 & \dot{x}_1 = x_1 + x_2 \\
\dot{x}_2 = x_1 + x_2 & \dot{x}_2 = x_2 & \dot{x}_2 = x_2 + x_3 \\
\dot{x}_3 = x_3 & \dot{x}_3 = x_3 & \dot{x}_3 = x_3
\end{array}
$$

Dabei steht x_i für die Funktion $x_i(t)$, und wir suchen jeweils ein Tupel

$$\vec{x}(t) = (x_1(t), x_2(t), x_3(t))$$

aus Funktionen, das das gesamte System löst.

15.4 Das Praxisproblem lösen

Sie haben gesehen und nachgerechnet: Wenn die Masse mit ihrer Eigenfrequenz angeregt wird (oder auch bloß mit einer Frequenz, die der Eigenfrequenz nahe kommt), treten Schwingungen mit sehr großen Amplituden auf. Wir wollen diese Schwingung jedoch tilgen, das heißt, für eine gegebene Anregung, beispielsweise in der Eigenfrequenz, soll sich die Masse nicht mehr bewegen, mit anderen Worten: für alle Zeiten sollen die auf die obere Masse einwirkenden Kräfte ein statisches Gleichgewicht bilden. Anschaulich gesagt leiten wir die Schwingung dabei von der Masse weg in eine andere Masse, die sich statt dessen bewegt (und bei der Sie die Schwingung in einer realen Situation vielleicht besser dämpfen können); der Impuls, der durch die Erregung auf die erste Masse gegeben wird, wird durch sie durchgeleitet, ohne ihren Bewegungszustand zu verändern.

Hinweis für die Übungen

Das Prinzip kann man mit einem Kugelstoßpendel illustrieren: Auch hier wird ein Impuls $\mathcal{J}$ weitergeleitet, ohne den Bewegungszustand (der innenliegenden Kugeln) zu verändern.

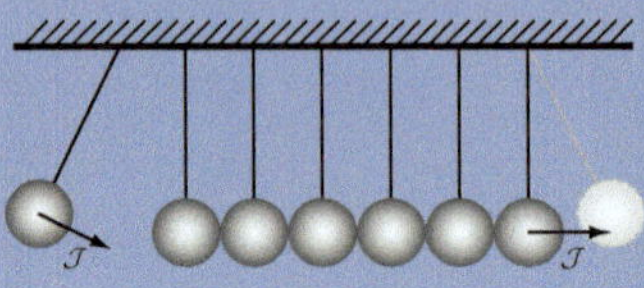

Dazu hängen wir eine zweite Masse mit einer weiteren Feder unten an die erste Masse an. Berechnen Sie, wie groß diese zweite Masse sein muss, damit die erste Masse in Ruhe bleibt. Machen Sie dies in den folgenden Schritten:

- Beachten Sie, dass die Anhängevorrichtung auch etwas wiegt, sodass sich die Masse m_1 vergrößert.

- Bestimmen Sie die Eigenfrequenzen des Systems aus den beiden gekoppelten Massen.

  - Überlegen Sie, welche Kräfte auf die beiden Massen jeweils wirken. Dämpfung und Anregung können Sie dabei erst einmal ignorieren.

  - Aus dieser Überlegung ergibt sich ein gekoppeltes System aus Differentialgleichungen. Schreiben Sie es in zwei Zeilen sowie in Matrixschreibweise auf.

  - Wir wollen das System nicht völlig lösen, sondern wir geben uns mit einem essentiellen Teil zufrieden: Wir wollen die Eigenfrequenzen ermitteln. Machen Sie dies allgemein sowie konkret für die Massen $m_2 = 200, 400, 600, 900$ Gramm.

  - Vergleichen Sie diese Eigenfrequenzen mit der Eigenfrequenz ω des Ein-Massen-Systems.

- Bestimmen Sie nun, wie groß m_2 sein muss, damit die obere Masse m_1 in Ruhe ist, wenn das System durch den Elektromotor angeregt wird.

  - Schreiben Sie die entstehende inhomogene DGL, die die Bewegung des Systems beschreibt, in Matrixschreibweise und in zwei einzelne Zeilen.

  - Finden Sie eine allgemeine partikuläre Lösung der DGL.

  - Finden Sie eine partikuläre Lösung, die die Bedingung, dass die erste Masse ruht, von Anfang an enthält. Dies wird Sie zu einer Bedingung an die zweite Masse führen.

  - Überprüfen Sie Ihre Lösung am Versuchsaufbau.

16 Die Lösungen

16.1 Verstehen, wie sich die Masse bewegt (Aufgaben 15.1)

16.1.1 Lösung der Bewegungsgleichung

Wir stellen aus der Kräftebilanz die homogene DGL auf, die das System beschreibt, und lösen sie.

> **Hinweis für die Übungen**
>
> Was eine *Bewegungsgleichung* ist, ist nicht genau festgelegt; es gibt zwei plausible Sichtweisen. Für manche ist sie nur die Lösung der Differentialgleichung, die ganz explizit die Bewegung angibt. Die meisten sehen es lockerer und betrachten die ungelöste Differentialgleichung als Bewegungsgleichung, schließlich beschreibt sie – wenn auch in impliziter Form – bereits vollständig die Bewegung eines Systems.

Aufstellen der homogenen DGL

Wenn sich die Masse m nach unten bewegt (wir haben die Richtung der Koordinate x nach unten festgelegt), zieht die ausgelenkte Feder sie mit der Federkraft $F = cx$ in die entgegengesetzte Richtung, nach oben; dabei ist c eine Federkonstante (die das Verhältnis von Kraft zu Auslenkung angibt). Die einzige wirkende Kraft ist also $-F = -cx$, und die Kräftebilanz $m\ddot{x} = \sum_i F_i$ ergibt

$$m\ddot{x}(t) + cx(t) = 0,$$

beziehungsweise mit der gängigen Abkürzung $\omega^2 = c/m$

$$\ddot{x}(t) + \omega^2 x(t) = 0. \tag{16.1}$$

Lösen der homogenen DGL

Gleichung (16.1) ist eine homogene DGL zweiter Ordnung, und man kann sie lösen, indem man die Nullstellen des zugehörigen charakteristischen Polynoms $\lambda^2 + \omega^2$ bestimmt (das charakteristische Polynom entsteht als Bedingung, wenn man den Lösungsansatz $x = Ae^{\lambda t}$ in die DGL einsetzt).

J. Härterich, A. Rooch, *Das Mathe-Praxis-Buch*, Springer-Lehrbuch,
DOI 10.1007/978-3-642-38306-9_16, © Springer-Verlag Berlin Heidelberg 2014

Homogene lineare Differentialgleichungen zweiter Ordnung mit konstanten Koeffizienten sind Gleichungen des Typs

$$\ddot{x} + a\dot{x} + bx = 0,$$

wobei $a, b \in \mathbb{R}$ konstante Vorfaktoren sind. Gegebenenfalls muss man die Gleichung erst durch den Vorfaktor von $\ddot{x}$ teilen, um diese Standardform zu erreichen. Die Nullstellen des zugehörigen charakteristischen Polynoms $s^2 + as + b$ bestimmen die Lösung $x(t)$ der DGL:

- doppelte Nullstelle s: $x(t) = (D_1 t + D_2)e^{st}$

- zwei einfache Nullstellen s_1, s_2: $x(t) = D_1 e^{s_1 t} + D_2 e^{s_2 t}$

- komplexe Nullstellen $\alpha \pm i\beta$: $x(t) = e^{\alpha t}\left(D_1 \cos(\beta t) + D_2 \sin(\beta t)\right)$

Die Konstanten $D_1, D_2 \in \mathbb{R}$ müssen aus Anfangswerten bestimmt werden. Ist die rechte Seite der DGL nicht 0, sondern eine Funktion, so handelt es sich um eine *inhomogene lineare Differentialgleichungen zweiter Ordnung*, siehe S. 170.

Das charakteristische Polynom $\lambda^2 + \omega^2$ lautet, wenn man es ausführlich in Standardform schreibt, $\lambda^2 + 0\lambda + \omega^2$, und die Gleichung

$$\lambda^2 + 0\lambda + \omega^2 = 0$$

hat die Lösungen $\lambda_{1/2} = \pm i\omega$. Bei zwei komplexen Nullstellen der Gestalt $\lambda_{1/2} = \alpha \pm i\beta$ ist der Lösungsansatz für (16.1) $x_h(t) = e^{\alpha t}\left(D_1 \cos(\beta t) + D_2 \sin(\beta t)\right)$, das heißt konkret, wir haben die Lösung

$$x_h(t) = D_1 \cos(\omega t) + D_2 \sin(\omega t)$$

gefunden, mit Konstanten D_1, D_2, die aus den Anfangsbedingungen ermittelt werden können. Als Anfangsbedingungen haben wir

$$x_h(0) = x_0, \qquad \dot{x}_h(0) = v_0,$$

woraus wir durch Ableiten von $x_h(t) = D_1 \cos(\omega t) + D_2 \sin(\omega t)$ und Vergleichen schließlich die Werte für D_1, D_2 erhalten. Die Lösung der DGL (16.1) lautet damit

$$x_h(t) = x_0 \cos(\omega t) + \frac{v_0}{\omega} \sin(\omega t). \tag{16.2}$$

16.1.2 Bewegungsgleichung bei Anregung

Wir beziehen die anregende Kraft durch den Elektromotor in die Kräftebilanz mit ein, stellen die (dann inhomogene) DGL für das erweiterte System auf und lösen sie.

Aufstellen der inhomogenen DGL

Die Masse wird nun durch den Elektromotor angeregt, der eine Scheibe mit der Winkelgeschwindigkeit Ω rotieren lässt. Im Abstand r vom Mittelpunkt, um den die Scheibe dreht, ist eine Pleuelstange befestigt, die die Rotationsbewegung der Scheibe in eine vertikale Bewegung der Feder umsetzt, siehe Abb. 14.3. Das Lager der Masse ist horizontal fixiert, es bleiben also nur vertikale Kräfte übrig, die auf die Masse wirken.

> **Hinweis für die Übungen**
>
> Die Teilnehmer sollten selbst erarbeiten können, was wir im Folgenden darstellen: dass die Auslenkung der Feder die vertikale Komponente der Rotationsbewegung des Schwungrads ist.

Die Federaufhängung wird durch die Pleuelstange ausgelenkt. Die Pleuelstange hat einen variablen Winkel, der allerdings gegen den Winkel Ωt klein ausfällt, weshalb wir diesen kleinen Einfluss vernachlässigen und die Auslenkung der Federaufhängung durch die Pleuelstange näherungsweise mit

$$x_e(t) = r\cos(\Omega t)$$

angeben können; die Richtung interpretieren wir als nach unten. (In unserer Skizze in Abb. 14.3 haben wir dabei festgelegt, wie wir den Winkel φ messen und was die Variable $x_e(t)$ sein soll: Bei „6 Uhr" ist $\varphi = \Omega t = 0$ und wir messen den Winkel von da aus im Uhrzeigersinn; die zusätzliche Auslenkung x_e der Feder soll nach unten positiv und nach oben negativ gemessen werden, ausgehend von $x_e = 0$ bei „9 Uhr".)

> **Hinweis für die Übungen**
>
> Diese Wahl ist willkürlich: Wir können den Ort, bei dem der Winkel 0 ist, auch bei „3 Uhr" festlegen, oder $x_e = 0$ auf den Punkt „6 Uhr" setzen. Das hat aber nur kosmetische Auswirkungen auf die folgenden Rechnungen; es ergeben sich zwar andere mathematische Ausdrücke für x_e, aber in den gewählten Koordinaten beschreiben sie exakt die gleichen Dinge, ebenso wie 1 kg und 2 Pfund das gleiche Gewicht beschreiben.
> Wir messen den Winkel φ im Uhrzeigersinn, weil der Motor in unserem Experimentaufbau die Schreibe im Uhrzeigersinn dreht. Den Nullpunkt bei „6 Uhr" festzusetzen, ist dabei genau so legitim wie bei „9 Uhr", „12 Uhr" oder „3 Uhr"; andere Orte sollte man für $\varphi = 0$ hingegen nicht wählen, weil sie der Anschauung widersprechen und die Rechnung wegen der entstehenden Phasenverschiebung hässlich machen. Hinter der Wahl, $x_e = 0$ bei „9 Uhr" festzusetzen, steht die Überlegung, dass die Feder durch die zusätzliche Auslenkung sowohl gestreckt als auch gestaucht werden kann, deshalb sollte x_e positiv und negativ werden können; den Nullpunkt haben wir also in die mittlere Position des Rades gelegt (hätten das aber genau so gut bei „3 Uhr" machen können).

Diese Auslenkung $x_e(t)$ lenkt die Feder mit aus, und zwar so, dass die Feder um den Wert x_e weniger ausgelenkt wird, siehe Abb. 14.3, und die Federkraft ändert sich zu

$$F = c(x(t) - x_e(t)).$$

In der Kräftebilanz haben wir nun

$$m\ddot{x}(t) = -c(x(t) - x_e(t)),$$

beziehungsweise umgeformt und mit den Abkürzungen $\omega^2 = c/m$ und $C_{\mathrm{Anr}} = cr/m$

$$\ddot{x}(t) + \omega^2 x(t) = C_{\mathrm{Anr}} \cos(\Omega t). \tag{16.3}$$

Lösen der inhomogenen DGL

Die allgemeine Lösung einer inhomogenen DGL wie (16.3) setzt sich zusammen aus der allgemeinen Lösung der homogenen DGL und einer einzigen partikulären Lösung: $x(t) = x_h(t) + x_p(t)$. Wir haben $x_h(t)$ bereits in (16.2) gefunden und benötigen nur noch eine partikuläre Lösung $x_p(t)$.

Inhomogene lineare Differentialgleichungen zweiter Ordnung mit konstanten Koeffizienten sind Gleichungen des Typs

$$\ddot{x} + a\dot{x} + bx = c(t),$$

wobei $a, b \in \mathbb{R}$ Konstanten sind und $c(t)$ eine Funktion, die nicht konstant null ist, ist. Alle Lösungen dieser DGL haben die Form $x(t) = x_h(t) + x_p(t)$, wobei $x_h(t)$ die allgemeine Lösung der homogenen DGL ist (wenn man $c(t)$ durch 0 ersetzt) und $x_p(t)$ eine einzige (mit anderen Worten: partikuläre) Lösung der ursprünglichen inhomogenen DGL ist. Diese partikuläre Lösung kann zum Beispiel durch Raten gefunden werden (man muss durch Einsetzen verifizieren, dass die geratene Funktion $x_p(t)$ die inhomogene DGL tatsächlich löst). Oft findet man so eine Lösung, indem man als $x_p(t)$ den gleichen Typ von Funktion wählt wie $c(t)$. Ist etwa $c(t) = \gamma \sin(\delta t)$, so führt der Ansatz $x_p(t) = A\cos(\delta t) + B\sin(\delta t)$ zum Ziel. Die Konstanten $A, B \in \mathbb{R}$ müssen durch Einsetzen in die DGL und Vergleichen gefunden werden. Das ist der sogenannte *Ansatz vom Typ der rechten Seite.*

In vielen Fällen führt es zum Ziel, als Ansatz für eine partikuläre Lösung eine Funktion vom gleichen Typ wie die Anregung zu nehmen, der sogenannte *Ansatz vom Typ der rechten Seite.* In unserem Fall, einer Anregung durch eine Winkel-Funktion, ist dieser Ansatz eine allgemeine Winkelfunktion $x_p(t) = d_1 \cos(\Omega t) + d_2 \sin(\Omega t)$. Dies führt tatsächlich zum Ziel, wie Sie schnell überprüfen können. Allerdings geht es sogar einfacher, wenn wir exakt den Typ der rechten Seite als

Ansatz versuchen und $x_p(t) = d_1 \cos(\Omega t)$ ausprobieren. Wir setzen diesen Ansatz, das heißt

$$x_p(t) = d_1 \cos(\Omega t)$$
$$\dot{x}_p(t) = -d_1 \Omega \sin(\Omega t)$$
$$\ddot{x}_p(t) = -d_1 \Omega^2 \cos(\Omega t),$$

in die DGL (16.3) ein und erhalten

$$d_1(\omega^2 - \Omega^2)\cos(\Omega t) = C_{\mathrm{Anr}}\cos(\Omega t),$$

und das ist für alle Zeiten t nur wahr, wenn $d_1 = C_{\mathrm{Anr}}/(\omega^2 - \Omega^2)$. Damit ist die partikuläre Lösung gefunden,

$$x_p(t) = \frac{C_{\mathrm{Anr}}}{\omega^2 - \Omega^2}\cos(\Omega t), \qquad (16.4)$$

und die Lösung der DGL (16.3) lautet, wenn Ω gegeben ist,

$$x(t) = x_0 \cos(\omega t) + \frac{v_0}{\omega}\sin(\omega t) + \frac{C_{\mathrm{Anr}}}{\omega^2 - \Omega^2}\cos(\Omega t). \qquad (16.5)$$

Hinweis für die Übungen

Im Allgemeinen genügt der Ansatz $x_p(t) = d_1 \cos(\Omega t)$ nicht, sondern man muss bei einer Anregung (das heißt einer rechten Seite) durch eine Winkelfunktion als Lösungsansatz eine Linearkombination aus Sinus und Cosinus wählen.

Hinweis für die Übungen

Beim Vorführen der Anregung am Experimentaufbau stellen wir als Anregungsfrequenz Ω erst einmal etwas anderes als die Eigenfrequenz $\omega = \sqrt{c/m}$ ein, ohne das jedoch zu thematisieren. Theoretisch ist die Wahl $\Omega = \omega$ nicht ausgeschlossen, doch die Teilnehmer sollen selbst darauf kommen, dass das ein kritischer Fall ist.

Um zu sehen, was passiert, wenn sich die Anregungsfrequenz Ω der Eigenfrequenz ω nähert, betrachten wir die Lösung $x(t)$ nicht als Funktion der eingestellten Anregungsfrequenz Ω, sondern als Funktion von $\eta = \Omega/\omega$, des Verhältnisses von Anregungsfrequenz zur Eigenfrequenz. Statt (16.5) haben wir dann

$$x(t) = x_0 \cos(\omega t) + \frac{v_0}{\omega}\sin(\omega t) + \frac{C_{\mathrm{Anr}}}{\omega^2(1 - \eta^2)}\cos(\eta \omega t).$$

In Abb. 16.1 ist der hintere Teil, der die Anregung enthält, $x_p(t) = \frac{C_{\mathrm{Anr}}}{\omega^2(1-\eta^2)}\cos(\eta \omega t)$ für konkrete Werte von η gezeigt. Es ist deutlich zu erkennen: Für $\eta \to 1$ wächst die Amplitude der Schwingung immer mehr.

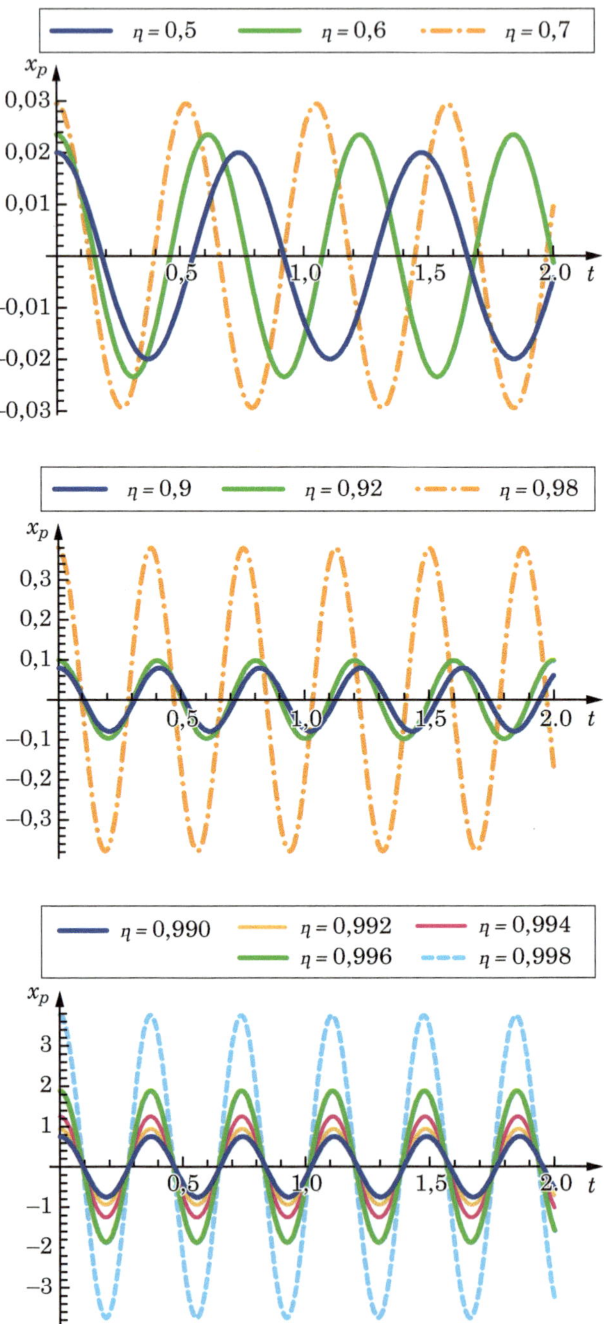

Abb. 16.1: Die partikuläre Lösung $x_p(t)$ für verschiedene Werte von $\eta = \Omega/\omega$. Es ist deutlich zu erkennen: Für $\eta \to 1$ wird die Amplitude immer größer (man beachte die unterschiedliche Skalierung der y-Achse)

Der Spezialfall $\Omega = \omega$

> **Hinweis für die Übungen**
>
> Dieser Teil ist nicht explizit in den Aufgaben als Problem gestellt, sollte sich bei einer guten Gruppe jedoch aus der Diskussion der Aufgaben ergeben (und wenn nicht, durch den Übungsleiter forciert werden). Er vermittelt eine essentielle Fähigkeit: Die Teilnehmer sollen sich, erst recht bei aufwändigen, langen Rechnungen, nicht mit einem mathematischen Ausdruck, den sie ermittelt haben, zufrieden geben, sondern ihn, wenn möglich, physikalisch deuten und hinterfragen. Das vermittelt ein Gefühl für das reale Problem und hilft bei der Fehlersuche. Hier führt es konkret zu einer fundamentalen Einsicht: Eine rechnerische Lösung ist immer nur so gut wie das Modell.

Wir haben stillschweigend $\Omega \neq \omega$ angenommen, das heißt wir regen die Masse mit einer anderen Frequenz als ihrer Eigenfrequenz ω an. Nun wollen wir diesen Spezialfall jedoch betrachten. Statt (16.3) ist dann die DGL

$$\ddot{x}(t) + \omega^2 x(t) = C_{\mathrm{Anr}} \cos(\omega t) \tag{16.6}$$

zu lösen. Der Ansatz vom Typ der rechten Seite wie oben liefert $d_1(\omega^2 - \omega^2)\cos(\omega t) = C_{\mathrm{Anr}}\cos(\omega t)$, das heißt $0 = C_{\mathrm{Anr}}\cos(\omega t)$, und das ist offenbar nicht lösbar, da $\cos(\omega t) \equiv 0$ immer gelten müsste.

Bedeutet das, dass es keine Bewegung gibt, wenn wir die Masse in ihrer Eigenfrequenz ω anregen? Nein, natürlich gibt es eine Bewegung. Dass wir rechnerisch keine Bewegung finden können, liegt daran, dass wir die Wirklichkeit in unserem Modell nur annähernd wiedergegeben haben; wir haben zum Beispiel Dämpfung vernachlässigt. Schon die erhaltenen Lösungen (16.2) und (16.5) sind ja nicht korrekt: Aus Erfahrung wissen Sie, dass die Masse nach einiger Zeit zur Ruhe kommt; die Lösungen hingegen behaupten, dass die Masse bis in alle Unendlichkeit schwingt.

Wir können alternativ, statt von Anfang an von einer Erregung in Eigenfrequenz auszugehen, auch untersuchen, was die Lösung (16.5) für $\Omega \to \omega$ macht. In diesem Fall wird die Auslenkung $x(t)$ immer größer (und theoretisch sogar unendlich groß, es tritt eine sogenannte *Resonanzkatastrophe* ein). Allerdings schafft der Motor nur Anregungen bis zu einer bestimmten Amplitude, weil er durch die Schwingung stark mitbeeinflusst wird, das heißt, wenn $\Omega \to \omega$, dann versagt das System irgendwann; Resonanzkatastrophen sind also nicht nur mathematische Sonderfälle, sondern technisch von großer Relevanz.

Hinweis für die Übungen

Die exakte Lösung der DGL (16.6), bei der die Anregung den gleichen Typ hat wie die Lösung der homogenen DGL selbst, erhält man übrigens mit dem Lösungsansatz

$$x_p(t) = At\sin(\omega t) + Bt\cos(\omega t)$$

mit Konstanten $A, B \in \mathbb{R}$. Diesen Ansatz leitet man mit Hilfe der Technik *Variation der Konstanten* her.

16.1.3 Begriffe klären

Hinweis für die Übungen

Für diese Aufgabe stellen wir keine Musterlösung bereit. Jeder auftauchende Begriff sollte von den Teilnehmern erklärt werden können, am besten sowohl formal korrekt als auch anschaulich anhand eines Beispiels.

Natürlich lässt sich diese Aufgabe mit Anweisungen konkretisieren. Wir haben die Aufgabe hier im Gegensatz zu den anderen Praxisprojekten, bei denen wir die Teilnehmer etwa aufgefordert haben, einen Exkurs über Differentialgleichungen für ein Schulbuch zu schreiben, allerdings möglichst offen gelassen, um zu erfahren, wie weit die Teilnehmer von sich aus Begriffe und Konzepte klären, wenn ihnen keine Vorgaben gegeben sind, um ihre Motivation und Vermittlungskompetenz einschätzen zu können.

Es empfiehlt sich für vorwiegend mathematisch ausgebildete Übungsleiter, Einheiten, Definitionen und einfache Anwendungen der physikalischen und ingenieurwissenschaftlichen Begriffe vorzubereiten, um diese im Zweifelsfall auch selbst wiedergeben oder abfragen zu können.

16.1.4 Vermessen des Versuchsaufbaus

Hinweis für die Übungen

Während Massen schlicht gewogen und Abstände mit einem Maßband vermessen werden, werden die Federkonstanten etwa durch einen Zugversuch ermittelt, bei dem die Feder durch eine Masse ausgelenkt und ihre Längenänderung gemessen wird.

Den Teilnehmern könnte als Zusatzaufgabe gegeben werden, sich eigenständig zu informieren, wie sie die Federkostanten messen.

Wird nicht nur eine Masse angehängt und die resultierende Auslenkung gemessen, sondern mehrere verschiedene, ergibt sich hier eine schöne Anwendung der linearen Regression. Meist jedoch ist dieses Verfahren den Teilnehmern nicht oder nur rudimentär bekannt, da es Anfang des zweiten Semesters noch nicht Stoff der Vorlesungen gewesen ist.

Unser Versuchsaufbau (siehe Abschn. 17) ist wie folgt:

- Federkonstante oben: 86,0411 N/m

- Federkonstante unten: 176,077 N/m

- Masse oben: 0,2955 kg

- Abstand Drehpunkt/Pleuelstange: 1,5 cm

- Masse der Aufhängung, die beim Zwei-Massen-System zu m_1 hinzukommt: 0,0297 kg

Je nach Aufbau erhalten Sie hier natürlich andere Werte.

16.2 Realistischere Modellierung mit Dämpfung (Aufgaben 15.2)

16.2.1 Dämpfungskraft

Hinweis für die Übungen

Das Ziel ist es, die im Folgenden auftretende Dämpfungskraft

$$F_D = 2m\gamma \cdot \dot{x}(t)$$

zu motivieren und zu verstehen, wieso man sie so modelliert. Da Dämpfung ein komplexer Begriff und die Literatur dazu unübersichtlich ist, ist es effizienter, einen Ansprechpartner in der Physik oder den Ingenieurwissenschaften anzubieten, bei dem sich die Teilnehmer informieren können.

16.2.2 Bewegungsgleichung mit Dämpfung

Wir werden wie bereits in einer früheren Aufgabe eine DGL aufstellen und lösen, wobei wir dieses Mal in die Kräftebilanz allerdings Dämpfung mit einfließen lassen.

Aufstellen der homogenen DGL

Wir nehmen an, dass die Dämpfung proportional zur Geschwindigkeit und damit die Dämpfungskraft

$$F_D = 2m\gamma \cdot \dot{x}(t)$$

ist. Die Dämpfungskraft wirkt der Bewegung entgegen, ebenso wie Trägheit und Federkraft, das heißt, sie hat das gleiche Vorzeichen wie die Federkraft F und $m\ddot{x}$, und die zu lösende DGL lautet

$$\ddot{x} + 2\gamma\dot{x} + \omega^2 x = 0. \tag{16.7}$$

Lösen der homogenen DGL

 Zum Lösen einer homogenen DGL zweiter Ordnung siehe S. 168.

Das charakteristische Polynom ist nun $\lambda^2 + 2\gamma\lambda + \omega^2$, und dessen Nullstellen sind nach der p-q-Formel

$$\lambda_{1,2} = -\gamma \pm \sqrt{\gamma^2 - \omega^2},$$

und je nach dem, ob die Wurzel negativ, 0 oder positiv ist, erhalten wir verschiedene Lösungen. Wir unterscheiden also drei Fälle.

1. Zwei verschiedene reelle Nullstellen $\lambda_{1,2}$ ($\gamma^2 > \omega^2$)
   In diesem Fall ist die Lösung von (16.7)

$$x_h(t) = c_1 e^{\lambda_1 t} + c_2 e^{\lambda_2 t}. \tag{16.8}$$

   c_1, c_2 sind Konstanten, die aus Anfangsbedingungen bestimmt werden müssen und uns erst einmal nicht interessieren. Beachten Sie, dass $\lambda_{1,2}$ beide negativ sind. Gleichung (16.8) zeigt ein grundsätzlich anderes Verhalten als das, was wir aus dem Fall ohne Dämpfung kennen gelernt hatten: Die Lösung klingt mit wachsendem t ab, hier oszilliert nichts. Durch Dämpfung wird dem System Energie entzogen; ist keine Energie mehr da, kann es auch keine kinetische Energie mehr im System geben, und es findet keine Bewegung mehr statt. Diesen Fall nennt man *Kriechfall*.

2. Eine doppelte reelle Nullstelle $\lambda_1 = \lambda_2$ ($\gamma^2 = \omega^2$)
   In diesem Fall ist die Lösung von (16.7)

$$x_h(t) = e^{\lambda_1 t}(c_1 + c_2 t). \tag{16.9}$$

   c_1, c_2 sind wieder Konstanten, die aus Anfangsbedingungen bestimmt werden müssen. Es ist klar, dass λ_1 negativ ist, und die Exponentialfunktion mit negativem λ_1 sorgt als Einhüllende dafür, dass $x(t) \to 0$ für $t \to \infty$. Das besondere an diesem Fall $\gamma^2 = \omega^2$ ist, dass gerade mindestens so viel Dämpfung im System wirkt, dass die Masse nur noch ein wenig in eine Richtung „kriecht", aber nicht mehr zurückkommt. Es tritt in diesem Fall gerade eben keine Schwingung mehr auf, weshalb man diesen Fall *aperiodischen*

Grenzfall nennt. Wird γ noch größer, dann bewegt sich die Masse noch weniger, siehe Gleichung (16.8).

3. Zwei komplexe Nullstellen $\alpha \pm i\beta$ ($\gamma^2 < \omega^2$)
   Nun lautet die Lösung von (16.7)

$$x_h(t) = e^{\alpha t}(c_1 \cos(\beta t) + c_2 \sin(\beta t)), \tag{16.10}$$

wobei hier konkret $\alpha = -\gamma$ und $\beta = \sqrt{\omega^2 - \gamma^2}$ ist. Die Interpretation ist: Der Exponentialteil klingt ab und dämpft als Einhüllende die Lösung, der Teil mit den trigonometrischen Funktionen beschreibt eine Schwingung. Wir erhalten also eine *gedämpfte Schwingung*, da für wachsendes t die Lösung abklingt.

Hinweis für die Übungen

Oben haben wir die Nullstellen $\lambda_{1,2} = -\gamma \pm \sqrt{\gamma^2 - \omega^2}$ ermittelt, und unten im Fall zweier komplexer Nullstellen $\alpha \pm i\beta$ konkret $\beta = \sqrt{\omega^2 - \gamma^2}$ angegeben. Die Teilnehmer sollen erklären, wieso unter der Wurzel die beiden Variablen vertauscht sind.

16.2.3 Bewegungsgleichung mit Dämpfung bei Anregung

Wir werden eine DGL aufstellen und lösen, wobei wir dieses Mal in die Kräftebilanz sowohl Dämpfung als auch Anregung einfließen lassen. Die Terme für Dämpfung und Anregung kennen wir bereits aus früheren Überlegungen.

Aufstellen und Lösen der inhomogenen DGL

Wir suchen nun also die Lösung von

$$\ddot{x} + 2\gamma\dot{x} + \omega^2 x = C_{\text{Anr}} \cos(\Omega t). \tag{16.11}$$

 Zum Lösen einer inhomogenen DGL zweiter Ordnung siehe S. 170.

Eine allgemeine Lösung der homogenen DGL haben wir eben schon gefunden, jetzt brauchen wir nur noch eine einzige partikuläre Lösung und versuchen wieder den Ansatz vom Typ der rechten Seite, das heißt, wir setzen den Typ *Winkelfunktion* an:

$$x_p(t) = d_1 \cos(\Omega t) + d_2 \sin(\Omega t)$$
$$\dot{x}_p(t) = -d_1\Omega \sin(\Omega t) + d_2\Omega \cos(\Omega t)$$
$$\ddot{x}_p(t) = -d_1\Omega^2 \cos(\Omega t) - d_2\Omega^2 \sin(\Omega t)$$

Wir setzen dies in (16.11) ein und erhalten

$$d_1(\omega^2 - \Omega^2)\cos(\Omega t) + d_2(\omega^2 - \Omega^2)\sin(\Omega t) - 2\gamma d_1 \Omega \sin(\Omega t) + 2\gamma d_2 \Omega \cos(\Omega t)$$
$$= C_{\mathrm{Anr}}\cos(\Omega t).$$

Wenn x_p eine Lösung von (16.11) sein soll, dann muss diese Gleichheit für alle t gelten.

> Sucht man in einer Gleichung, die sowohl unbekannte Konstanten als auch Funktionen enthält, etwa einer Gleichung der Art $c_1 f(t) + c_2 g(t) = h(t) + c_3$, die unbekannten Konstanten, so setzt man oft konkrete Werte für t ein. Denn die Gleichung muss für die gesamte Funktion, das heißt aber erst recht für jeden einzelnen Wert von t gelten. Setzt man insbesondere Werte für t ein, bei denen eine der Funktionen eine Nullstelle hat oder einen anderen handlichen Wert annimmt, vereinfacht sich die Gleichung dadurch, und man kann die Konstanten einfacher ermitteln.

Hinweis für die Übungen

Die Teilnehmer sollen die geeigneten t selbst finden, die man einsetzt, um die Konstanten in der Gleichung zu ermitteln.

Das heißt, die Gleichheit gilt insbesondere für $t = 0$, was

$$d_1(\omega^2 - \Omega^2) + 2\gamma\Omega d_2 = C_{\mathrm{Anr}} \tag{16.12}$$

ergibt, und für $t = \frac{\pi}{2}\frac{1}{\Omega}$, was $d_2(\omega^2 - \Omega^2) - 2\gamma\Omega d_1 = 0$, beziehungsweise

$$d_1 = \frac{1}{2\gamma\Omega}d_2(\omega^2 - \Omega^2) \tag{16.13}$$

ergibt. Aus diesen beiden Bedingungen erhalten wir die Konstanten d_1, d_2; wir setzen (16.13) in (16.12) ein und erhalten

$$d_2 = \frac{2\gamma\Omega\,C_{\mathrm{Anr}}}{(\omega^2 - \Omega^2)^2 + 4\gamma^2\Omega^2}.$$

Setzen wir das nun wiederum in (16.13) ein, ergibt sich

$$d_1 = \frac{C_{\mathrm{Anr}}}{(\omega^2 - \Omega^2)^2 + 4\gamma^2\Omega^2}(\omega^2 - \Omega^2).$$

Die partikuläre Lösung ist damit

$$x_p(t) = \frac{C_{\mathrm{Anr}}}{(\omega^2 - \Omega^2)^2 + 4\gamma^2\Omega^2}\left((\omega^2 - \Omega^2)\cos(\Omega t) + 2\gamma\Omega\sin(\Omega t)\right), \tag{16.14}$$

und als allgemeine Lösung von (16.11) erhalten wir $x(t) = x_h(t) + x_p(t)$, wobei $x_h(t)$ wie in (16.8), (16.9) oder (16.10) und $x_p(t)$ wie in (16.14) ist.

Analyse der partikulären Lösung

Wir haben gesehen, dass die Lösung x_h des homogenen Teils mit der Zeit abklingt, das heißt auf lange Sicht spielt nur die partikuläre Lösung x_p eine Rolle. Wir wollen sie nun genauer analysieren um herauszufinden, was die Masse für $\Omega \to \omega$ macht, für eine Anregung die immer näher an die Eigenfreqenz herankommt.

Sie ahnen beim Anblick von (16.14) bereits, dass $x_p(t)$ eine Schwingung ist. Man kann den Ausdruck so umformen, dass dies offensichtlich ist; im Anhang an die Aufgaben wurde vorgerechnet, dass die partikuläre Lösung die Gestalt

$$x_p(t) = \frac{C_{\text{Anr}}}{\omega^2} V \cos(\Omega t - \psi) \tag{16.15}$$

hat, also eine Cosinus-Schwingung mit Amplitude $\frac{C_{\text{Anr}}}{\omega^2} V$ und Phasenwinkel ψ wie in (15.2) ist.

Zu Cosinusschwingungen, Amplitude und Phase siehe S. 162.

Erneute Lösung durch direkten Ansatz

Wie auf S. 170 beschrieben, reicht es, bei einer inhomogenen DGL zweiter Ordnung eine einzige Lösung zu finden; sie kann beispielsweise geraten werden. Oft macht man dazu einen Ansatz $x_p(t)$, wie etwa den *Ansatz vom Typ der rechten Seite*, bestimmt die beiden Ableitungen $\dot{x}_p(t)$, $\ddot{x}_p(t)$ und setzt sie in die DGL ein, um zu verifizieren, ob der Ansatz tatsächlich eine Lösung ist oder für welche Werten von Konstanten, die er womöglich noch beinhaltet, er eine Lösung ist.

Wie in den Aufgaben erwähnt, kann man auch von Anfang an den Ansatz (16.15) machen und durch Einsetzen in die DGL eine Lösung dieser Gestalt zu erzwingen versuchen. Das wollen wir nun kurz darstellen. Wir machen also den Ansatz (16.15), das heißt

$$x_p(t) = \frac{C_{\text{Anr}}}{\omega^2} V \cos(\Omega t - \psi)$$

$$\dot{x}_p(t) = -\frac{C_{\text{Anr}}}{\omega^2} V \Omega \sin(\Omega t - \psi)$$

$$\ddot{x}_p(t) = -\frac{C_{\text{Anr}}}{\omega^2} V \Omega^2 \cos(\Omega t - \psi),$$

und setzen ihn in die DGL (16.11) ein, um ψ und V zu bestimmen:

$$-\frac{C_{\mathrm{Anr}}}{\omega^2} V \Omega^2 \cos(\Omega t - \psi) - 2\gamma \frac{C_{\mathrm{Anr}}}{\omega^2} V \Omega \sin(\Omega t - \psi) + \omega^2 \frac{C_{\mathrm{Anr}}}{\omega^2} V \cos(\Omega t - \psi)$$

$$= C_{\mathrm{Anr}} \cos(\Omega t)$$

Dies führt zu

$$\frac{V}{\omega^2}(\omega^2 - \Omega^2)\cos(\Omega t - \psi) - \frac{V}{\omega^2} 2\gamma\Omega \sin(\Omega t - \psi) = \cos(\Omega t)$$

Auch diese Gleichheit muss für alle t gelten, insbesondere für ganz spezielle t, und zwar die, bei denen der Sinus und der Cosinus 0 werden.

Wie man in einer Gleichung, die sowohl unbekannte Konstanten als auch Funktionen enthält, die Konstanten ermittelt, ist auf S. 178 beschrieben.

Hinweis für die Übungen

Die Teilnehmer sollen auch hier die geeigneten t selbst finden, die man einsetzt, um die Konstanten in der Gleichung zu ermitteln.

Das heißt, die Gleichheit gilt besonders für $t = \frac{\psi}{\Omega} + \frac{\pi/2}{\Omega}$, was zu

$$-\frac{V}{\omega^2} 2\gamma\Omega = \cos(\psi + \pi/2) = -\sin(\psi)$$

führt, und für $t = \frac{\psi}{\Omega}$, was

$$\frac{V}{\omega^2}(\omega^2 - \Omega^2) = \cos(\psi)$$

ergibt. Aus diesen beiden Zeilen erhalten wir

$$\tan\psi = \frac{\sin\psi}{\cos\psi} = \frac{\frac{V}{\omega^2} 2\gamma\Omega}{\frac{V}{\omega^2}(\omega^2 - \Omega^2)} = \frac{2\gamma\Omega}{\omega^2 - \Omega^2},$$

beziehungsweise

$$\psi = \arctan\left(\frac{2\gamma\Omega}{\omega^2 - \Omega^2}\right).$$

Das setzen wir nun wieder ein, um V zu ermitteln:

$$V = \frac{\omega^2 \cos\psi}{(\omega^2 - \Omega^2)} = \frac{\omega^2 \cos\left(\arctan\left(\frac{2\gamma\Omega}{(\omega^2 - \Omega^2)}\right)\right)}{(\omega^2 - \Omega^2)}$$

$$= \frac{\omega^2}{(\omega^2 - \Omega^2)^2 + 4\gamma^2\Omega^2}$$

$$= \frac{1}{\sqrt{(1 - \eta^2)^2 + \delta^2\eta^2}}.$$

Um Ausdrücke wie $\cos(\arctan x)$ aufzulösen, benutzt man einen geometrischen Trick: Man setzt $y = \arctan x$ und möchte also $\cos(y)$ bestimmen. Man zeichnet dazu ein rechtwinkliges Dreieck und nennt einen der spitzen Winkel y. Nach Definition ist im rechtwinkligen Dreieck

$$\cos(y) = \frac{\text{Ankathete}}{\text{Hypotenuse}}$$

wir brauchen also nur die Länge von Ankathete und Hypotenuse zu wissen, um den gesuchten Wert von $\cos(y)$ zu ermitteln. Um diese beiden Längen zu finden, tragen wir andere Längen in das Dreieck ein, die wir durch die gesetzte Abkürzung $y = \arctan x$ bekommen: Sie bedeutet gerade $\tan y = x$, und nach Definition ist im rechtwinkligen Dreieck

$$\tan(y) = \frac{\text{Gegenkathete}}{\text{Ankathete}}.$$

Damit also wirklich $\tan y = x$ gilt, setzen wir die Gegenkathete auf die Länge x und die Ankathete auf die Länge 1. Die Hypotenuse hat nach dem Satz von Pythagoras damit schließlich die Länge $\sqrt{1 + x^2}$.

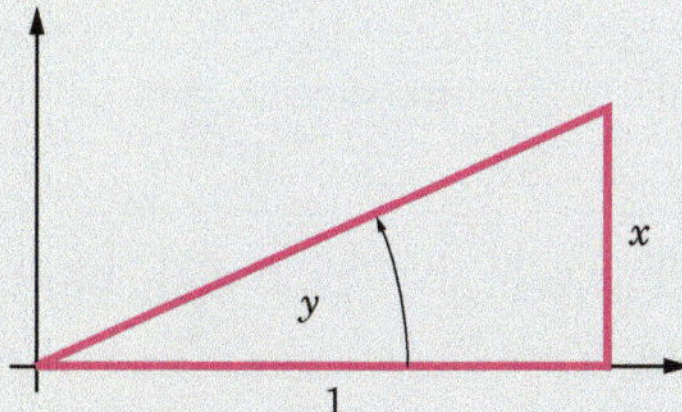

Jetzt kennen wir die Längen von Ankathete und Hypotenuse und können $\cos(y)$ berechnen.

Eine andere Möglichkeit, Ausdrücke wie $\cos(\arctan x)$ aufzulösen, ist die folgende:

$$\cos y = \frac{\cos y}{\sqrt{\cos^2 y + \sin^2 y}} = \frac{1}{\sqrt{\frac{\cos^2 y}{\cos^2 y} + \frac{\sin^2 y}{\cos^2 y}}} = \frac{1}{\sqrt{1 + \tan^2 y}}$$

Dabei haben wir erst

$$\cos(\arctan x) = \frac{1}{\sqrt{1 + x^2}}$$

am rechtwinkligen Dreieck abgelesen und im letzten Schritt die Variablen Ω und γ substituiert, sodass sie sich auf die Eigenfrequenz ω beziehen: $\eta = \Omega/\omega$ ist das Verhältnis von Anregungsfrequenz zur Eigenfrequenz, $\delta = 2\gamma/\omega$ das Verhältnis von Dämpfung zur Eigenfrequenz. Wir haben also durch den direkten Ansatz (16.15) das gleiche herausbekommen wie durch Umformen der partikulären Lösung (16.14) in die Gestalt (16.15).

Analyse der Vergrößerungsfunktion

Um die partikuläre Lösung zu analysieren, schauen wir uns die Vergrößerungsfunktion genauer an, denn wir haben ja gerade (auf zwei verschiedenen Wegen) nachgerechnet, dass die partikuläre Lösung die Gestalt (16.15) hat, also eine Cosinus-Schwingung mit Amplitude $\frac{C_{\text{Anr}}}{\omega^2} V$ und Phasenwinkel ψ wie in (15.2) ist. V wird dazu gezeichnet.

> **Hinweis für die Übungen**
>
> Die Grafiken können zuerst grob per Hand mit einer Wertetabelle und später exakt mit einem Computer erstellt werden.
> Die Teilnehmer sollen η, δ selbst deuten, das heißt erklären, warum man die Lösung just als Funktion dieser Größen schreibt.

Die Vergrößerungsfunktion

$$V(\eta, \delta) = \frac{1}{\sqrt{\left(1 - \eta^2\right)^2 + \delta^2 \eta^2}}$$

hängt von den dimensionslosen Größen $\eta = \Omega/\omega$, dem Verhältnis von Anregungsfrequenz zur Eigenfrequenz, und $\delta = 2\gamma/\omega$, dem Verhältnis von Dämpfung zu Eigenfrequenz, ab. Ein Plot von V um $\eta = 1$ für verschiedene Werte von δ zeigt, wie stark die Amplitude der Schwingung vergrößert wird, wenn die Masse an der Feder mit ihrer Eigenfrequenz oder nahe der Eigenfrequenz angeregt wird:

- Wenn δ groß ist, das heißt, wenn die Dämpfung wesentlich größer als die Erregung in Eigenfrequenz ist, dann ist die Amplitude klein, wir erhalten also eine Schwingung mit kleiner Amplitude.

- Je kleiner δ jedoch wird, das heißt je kleiner die Dämpfung relativ gesehen ist, desto größer wird die Amplitude, und wir erhalten eine Schwingung mit immer größeren Auslenkungen.

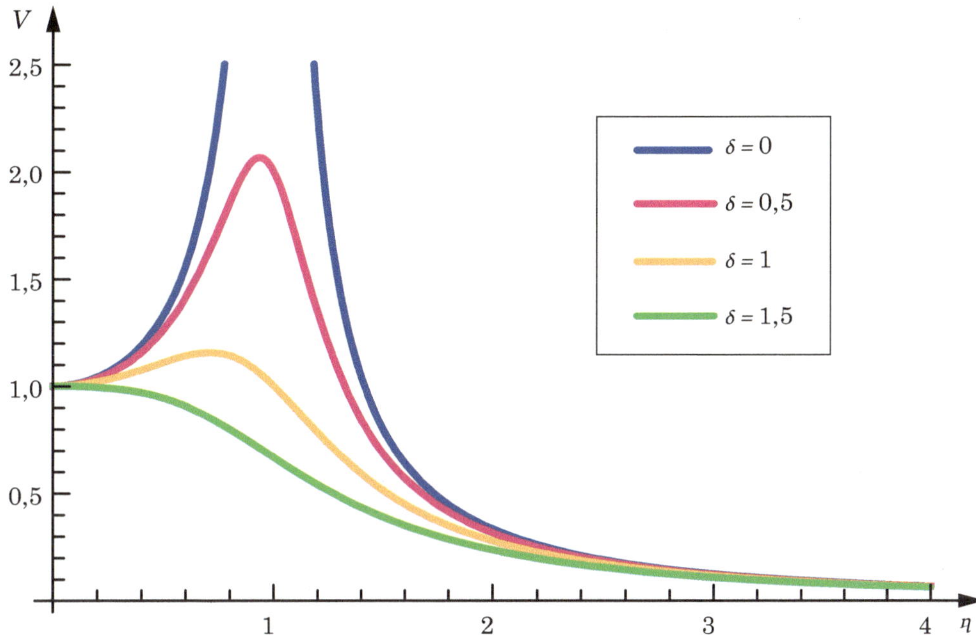

Abb. 16.2: Die Vergrößerungsfunktion V in Abhängigkeit von η (Verhältnis Anregungsfrequenz zu Eigenfrequenz) für vier verschiedene Werte $\delta = 2\gamma/\omega$ (Verhältnis Dämpfung zu Eigenfrequenz): $\delta = 0$, $\delta = 0{,}5$, $\delta = 1$, $\delta = 1{,}5$

16.3 Zwischenstand und lineare Differentialgleichungssysteme (Aufgaben 15.3)

Hinweis für die Übungen

Das Diagonalisieren einer Matrix, Eigenwerte und Eigenvektoren sowie lineare Differentialgleichungssysteme gehören zum Standardstoff der Mathematik für Ingenieurstudenten. Da die Verbindung von Methoden der linearen Algebra und Differentialgleichungen häufig als schwierig empfunden wird, und da zum Zeitpunkt, da lineare Differentialgleichungssysteme behandelt werden, die Themen Diagonalisieren, Eigenwerte und Eigenvektoren schon etwas zurückliegen, ist es sinnvoll, hier Methoden aufzufrischen.

Um zu verstehen, was man im Folgenden ausrechnet, ist Wissen über die grundlegenden Konzepte der Differentialgleichungen nötig. Die Teilnehmer sollten mathematisch und anschaulich erklären können, was etwa ein Eigenwert beziehungsweise eine Eigenfrequenz ist; deshalb ist es ebenfalls sinnvoll, an dieser Stelle Resümmee aus dem bisherigen Projekt zu ziehen.

Beispielaufgaben zu linearen Differentialgleichungssystemen

Wir betrachten drei Beispiele für Differentialgleichungssysteme.

Beispiel 1

Lineare DGL-Systeme des Typs $\dot{\vec{x}} = \mathbf{A}\vec{x}$, wobei $\vec{x} \in \mathbb{R}^n$ ein Vektor und $\mathbf{A} \in \mathbb{R}^{n \times n}$ eine Matrix ist, löst man, indem man die Matrix $\mathbf{A}$ diagonalisiert. Sind $\lambda_1, \ldots, \lambda_n$ die Eigenwerte von $\mathbf{A}$ und $\vec{v}_1, \ldots, \vec{v}_n$ die zugehörigen Eigenvektoren, so ist die Lösung der DGL eine Linearkombination der Bausteine $\vec{x}_i(t) = \vec{v}_i e^{\lambda_i t}$, $i = 1, \ldots, n$:

$$\vec{x}(t) = C_1 \vec{v}_1 e^{\lambda_1 t} + \ldots + C_n \vec{v}_n e^{\lambda_n t}$$

mit Konstanten $C_1, \ldots, C_n \in \mathbb{R}$, die man aus den Anfangswerten ermitteln muss. Ist $\mathbf{A}$ nicht diagonalisierbar, das heißt, tritt ein Eigenwert mehrfach auf, man findet aber nicht die gleiche Anzahl linear unabhängiger Eigenvektoren zu diesem Eigenwert, muss mit Hauptvektoren aufgefüllt werden, siehe S. 187.

Das System

$$\dot{x}_1 = x_1 + x_2$$
$$\dot{x}_2 = x_1 + x_2$$
$$\dot{x}_3 = x_3$$

lautet in Matrix-Schreibweise $\dot{\vec{x}} = \mathbf{A}\vec{x}$ mit

$$\mathbf{A} = \begin{pmatrix} 1 & 1 & 0 \\ 1 & 1 & 0 \\ 0 & 0 & 1 \end{pmatrix}$$

und $\vec{x}(t) = (x_1(t), x_2(t), x_3(t))$. Das charakteristische Polynom der Matrix $\mathbf{A}$ lautet

$$\chi_{\mathbf{A}}(\lambda) = \det(\mathbf{A} - \lambda \mathbf{I}) = \begin{vmatrix} 1 - \lambda & 1 & 0 \\ 1 & 1 - \lambda & 0 \\ 0 & 0 & 1 - \lambda \end{vmatrix} = \lambda(1 - \lambda)(\lambda - 2),$$

und damit erhalten wir die drei Eigenwerte $\lambda_1 = 1$, $\lambda_2 = 2$, $\lambda_3 = 0$. Wir bestimmen nun zu diesen drei Eigenwerten die Eigenvektoren.

$$\mathbf{A} - \lambda_1 \mathbf{I} = \begin{pmatrix} 0 & 1 & 0 \\ 1 & 0 & 0 \\ 0 & 0 & 0 \end{pmatrix}$$

und das lineare Gleichungssystem $(\mathbf{A} - \lambda_1\mathbf{I})\vec{y} = 0$ hat die Lösungen

$$\vec{u}_1 = \begin{pmatrix} 0 \\ 0 \\ s \end{pmatrix} \quad \text{für alle } s \in \mathbb{R},$$

der erste Eigenvektor ist also $\vec{v}_1 = (0,0,1)$ (wir haben ihn so aus den möglichen Lösungsvektoren gewählt, dass er möglichst einfach ist und die Länge 1 hat).

Hinweis für die Übungen

Wir sprechen meistens von *dem* Eigenvektor, aber es schadet nicht, in den Übungen abzufragen oder darauf hinzuweisen, dass es nie nur *einen* Eigenvektor gibt, sondern immer unendlich viele, da jedes Vielfache eines Eigenvektors selbst wieder ein Eigenvektor ist und da jede Linearkombination von Eigenvektoren (zum gleichen Eigenwert) auch wieder ein Eigenvektor ist. Es geht hier stets darum eine *Basis* auszuwählen, also eine minimale Menge von Stellvertretern aus dieser unendlichen Menge, aus denen alle anderen Basisvektoren durch Linearkombination erzeugt werden können. Basen sind besonders angenehm, wenn sie orthonormal sind, deshalb sucht man beim Diagonalisieren oft orthonormale Eigenvektoren. Die findet man auf jeden Fall, wenn die zu diagonalisierende Matrix symmetrisch ist.

Zu $\lambda_2 = 2$ haben wir

$$\mathbf{A} - \lambda_2\mathbf{I} = \begin{pmatrix} -1 & 1 & 0 \\ 1 & -1 & 0 \\ 0 & 0 & -1 \end{pmatrix} \sim \begin{pmatrix} -1 & 1 & 0 \\ 0 & 0 & 0 \\ 0 & 0 & -1 \end{pmatrix},$$

wobei wir mit der Notation $\mathbf{M} \sim \mathbf{M}'$ ausdrücken, dass die Matrix $\mathbf{M}'$ aus der Matrix $\mathbf{M}$ durch elementare Zeilenumformungen hervorgeht. Das lineare Gleichungssystem $(\mathbf{A} - \lambda_2\mathbf{I})\vec{y} = 0$ hat damit die Lösungen

$$\vec{u}_2 = \begin{pmatrix} s \\ s \\ 0 \end{pmatrix} \quad \text{für alle } s \in \mathbb{R},$$

der zweite Eigenvektor ist also

$$\vec{v}_2 = \frac{\vec{u}_2}{\|\vec{u}_2\|} = \frac{1}{\sqrt{2}} \begin{pmatrix} 1 \\ 1 \\ 0 \end{pmatrix}$$

(hier haben wir den Vektor $\vec{u}_2$ normiert, um einen Eigenvektor der Länge 1 zu erhalten).

 Soll ein Vektor $\vec{v}$ (vor allem wenn er Basisvektor eines Vektorraums ist) die Länge 1 haben, kann man ihn normieren, indem man statt $\vec{v}$ zu $\vec{v}/\|\vec{v}\|$ übergeht.

Zu $\lambda_3 = 0$ haben wir

$$\mathbf{A} - \lambda_3 \mathbf{I} = \begin{pmatrix} 1 & 1 & 0 \\ 1 & 1 & 0 \\ 0 & 0 & 1 \end{pmatrix} \sim \begin{pmatrix} 1 & 1 & 0 \\ 0 & 0 & 0 \\ 0 & 0 & 1 \end{pmatrix}$$

und das lineare Gleichungssystem $(A - \lambda_3 I)\vec{y} = 0$ hat die Lösungen

$$\vec{u}_3 = \begin{pmatrix} s \\ -s \\ 0 \end{pmatrix} \quad \text{für alle } s \in \mathbb{R},$$

der dritte Eigenvektor ist also, wieder durch Normieren auf Länge 1 gebracht,

$$\vec{v}_3 = \frac{\vec{u}_3}{\|\vec{u}_3\|} = \frac{1}{\sqrt{2}} \begin{pmatrix} 1 \\ -1 \\ 0 \end{pmatrix}.$$

Hinweis für die Übungen

Hier lassen sich gut Parallelen zwischen den abstrakten Grundlagen in Linearer Algebra und dem vergleichsweise angewandten Problem, ein Differentialgleichungssystem zu lösen, illustrieren. In der Linearen Algebra hat die Matrix $\mathbf{A}$ bezüglich der (orthonormalen) Basis $\mathbf{S} = (\vec{v}_1, \vec{v}_2, \vec{v}_3)$ die einfache Diagonalgestalt

$$\mathbf{S}^{-1}\mathbf{A}\mathbf{S} = \begin{pmatrix} 1 & 0 & 0 \\ 0 & 2 & 0 \\ 0 & 0 & 0 \end{pmatrix}.$$

Hier nun bilden die $(\vec{v}_1 e^{\lambda_1 t}, \vec{v}_2 e^{\lambda_3 t}, \vec{v}_3 e^{\lambda_3 t})$ eine einfache Basis des Lösungsraums der DGL $\dot{\vec{x}} = \mathbf{A}\vec{x}$.

Die Lösung des DGL-Systems $\dot{\vec{x}} = \mathbf{A}\vec{x}$ ist eine Linearkombinationen aus den Elementen des Fundamentalsystems $\vec{x}_i(t) = \vec{v}_i e^{\lambda_i t}$. Mit irgendwelchen Konstanten $C_1, C_2, C_3 \in \mathbb{R}$ erhalten wir also

$$\begin{aligned}
\vec{x}(t) &= C_1 \vec{x}_1(t) + C_2 \vec{x}_2(t) + C_3 \vec{x}_3(t) \\
&= C_1 \vec{v}_1 e^{\lambda_1 t} + C_2 \vec{v}_2 e^{\lambda_2 t} + C_3 \vec{v}_3 e^{\lambda_3 t} \\
&= C_1 e^{t} \begin{pmatrix} 0 \\ 0 \\ 1 \end{pmatrix} + C_2 e^{2t} \begin{pmatrix} 1 \\ 1 \\ 0 \end{pmatrix} + C_3 e^{0t} \begin{pmatrix} 1 \\ -1 \\ 0 \end{pmatrix} \\
&= \begin{pmatrix} C_2 e^{2t} + C_3 \\ C_2 e^{2t} - C_3 \\ C_1 e^{t} \end{pmatrix}.
\end{aligned}$$

Wir haben hier die Normierungskonstante $1/\sqrt{2}$ weggelassen; ohnehin stehen hier noch die Konstanten C_1, C_2, C_3, die wir nicht kennen (man kann sie konkret bestimmen, wenn man Anfangswerte kennt). Durch Ableiten kann man schnell verifizieren, dass $\vec{x}(t)$ tatsächlich eine Lösung ist.

Beispiel 2

Auf S. 184 ist beschrieben, wie man lineare DGL-Systeme des Typs $\dot{\vec{x}} = \mathbf{A}\vec{x}$ löst, wenn $\mathbf{A}$ diagonalisierbar ist. Ist $\mathbf{A}$ jedoch nicht diagonalisierbar, das heißt, tritt ein Eigenwert λ mehrfach auf, aber man findet nicht die gleiche Anzahl linear unabhängiger Eigenvektoren, muss mit Hauptvektoren aufgefüllt werden.
Ein Vektor $\vec{w}$ ist Hauptvektor der Stufe k der Matrix $\mathbf{B}$ zum Eigenwert λ, wenn $(\mathbf{B} - \lambda\mathbf{I})^k \vec{w} = 0$ und gleichzeitig $(\mathbf{B} - \lambda\mathbf{I})^{k-1}\vec{w} \neq 0$. (Ein Eigenvektor ist also ein Hauptvektor der Stufe 1.) Es ist dabei darauf zu achten, dass der Hauptvektor die Länge 1 hat und zu den anderen Eigenvektoren orthogonal ist.
Die Lösung des DGL-Systems $\dot{\vec{x}} = \mathbf{A}\vec{x}$ ist eine Linearkombinationen aus den Elementen des Fundamentalsystems. Für jeden Eigenwert λ_i mit Eigenvektor $\vec{v}_i$ sind diese Elemente $\vec{x}_i(t) = \vec{v}_i e^{\lambda_i t}$. Für einen Hauptvektor $\vec{w}$ der Stufe k zum Eigenwert λ ist das

$$\vec{x}_{\vec{w}}(t) = e^{\lambda t}\left(\vec{w} + t(\mathbf{A} - \lambda\mathbf{I})\vec{w} + \ldots + \frac{t^{k-1}}{(k-1)!}(\mathbf{A} - \lambda\mathbf{I})^{k-1}\vec{w}\right).$$

Das Differentialgleichungssystem

$$\dot{x}_1 = x_1 + x_2$$
$$\dot{x}_2 = x_2$$
$$\dot{x}_3 = x_3$$

sieht ähnlich aus, ist jedoch nicht ganz so leicht lösbar wie das vorherige; es lautet in Matrix-Schreibweise $\dot{\vec{x}} = \mathbf{B}\vec{x}$ mit

$$\mathbf{B} = \begin{pmatrix} 1 & 1 & 0 \\ 0 & 1 & 0 \\ 0 & 0 & 1 \end{pmatrix}$$

und $\vec{x}(t) = (x_1(t), x_2(t), x_3(t))$. Das charakteristische Polynom der Matrix $\mathbf{B}$ lautet

$$\chi_{\mathbf{B}}(\lambda) = \det(\mathbf{B} - \lambda\mathbf{I}) = (1 - \lambda)^3,$$

und damit erhalten wir den (algebraisch) dreifachen Eigenwert $\lambda_{1,2,3} = \lambda = 1$. Wir bestimmen nun zu diesem Eigenwerten die Eigenvektoren (und hoffen, dass wir drei linear unabhängige finden):

$$\mathbf{B} - \lambda\mathbf{I} = \begin{pmatrix} 0 & 1 & 0 \\ 0 & 0 & 0 \\ 0 & 0 & 0 \end{pmatrix}$$

und das lineare Gleichungssystem $(\mathbf{B} - \lambda\mathbf{I})\vec{y} = 0$ hat die Lösungen

$$\vec{u} = \begin{pmatrix} s \\ 0 \\ t \end{pmatrix} \quad \text{für alle } s, t \in \mathbb{R},$$

also haben wir als die ersten zwei (orthonormalen) Eigenvektoren

Beim Diagonalisieren einer Matrix $\mathbf{A} \in \mathbb{R}^{n \times n}$ sucht man eine Basis des $\mathbb{R}^n$ aus Eigenvektoren $\vec{v}_1, \ldots, \vec{v}_n$, denn bezüglich dieser Basis $\mathbf{S} = (\vec{v}_1, \ldots, \vec{v}_n)$ hat $\mathbf{A}$ dann die Diagonalgestalt $\mathbf{S}^{-1}\mathbf{A}\mathbf{S}$. Eine Basis ist besonders angenehm, wenn sie orthonormal ist, das heißt hier, wenn die Eigenvektoren $\vec{v}_i$ alle Länge 1 haben und senkrecht aufeinander stehen. Man versucht geschickterweise, das direkt beim Wählen der $\vec{v}_i$ zu erreichen. Basisvektoren aus dem gleichen Eigenraum (das heißt zu dem gleichen Eigenwert) kann man nachträglich aber auch immer mit dem *Gram-Schmidtschen Orthonormalisierungsverfahren* orthonormieren.

Es ist allerdings nicht immer möglich, orthogonale Eigenräume zu finden. (Das bedeutet: Eigenvektoren zu *verschiedenen* Eigenwerten müssen nicht orthogonal sein, und man darf sie auch nicht mit dem Gram-Schmidtschen Orthonormalisierungsverfahren behandeln, da sie aus verschiedenen Unterräumen stammen.)

Ist die Matrix $\mathbf{A}$ symmetrisch, so klappt das jedoch: Dann sind Eigenvektoren zu verschiedenen Eigenwerten praktischerweise immer automatisch orthogonal.

$$\vec{v}_1 = \begin{pmatrix} 1 \\ 0 \\ 0 \end{pmatrix}, \quad \vec{v}_2 = \begin{pmatrix} 0 \\ 0 \\ 1 \end{pmatrix},$$

aber das sind leider nur zwei linear unabhängige Eigenvektoren, die Nullstelle im charakteristischen Polynom ist aber eine dreifache. Das heißt, wir können die Matrix $\mathbf{B}$ nicht diagonalisieren, sondern müssen den fehlenden Eigenvektor durch einen Hauptvektor ergänzen. Wir überprüfen, ob es einen Hauptvektor der Stufe 2 gibt:

$$(\mathbf{B} - \lambda\mathbf{I})^2 = \begin{pmatrix} 0 & 1 & 0 \\ 0 & 0 & 0 \\ 0 & 0 & 0 \end{pmatrix} \begin{pmatrix} 0 & 1 & 0 \\ 0 & 0 & 0 \\ 0 & 0 & 0 \end{pmatrix} = \begin{pmatrix} 0 & 0 & 0 \\ 0 & 0 & 0 \\ 0 & 0 & 0 \end{pmatrix},$$

und $(\mathbf{B} - \lambda\mathbf{I})^2\vec{w}$ wird von allen beliebigen $\vec{w}$ gelöst, wir wählen als Hauptvektor also einen, der zu $\vec{v}_1$ und $\vec{v}_2$ orthogonal ist und der die Länge 1 hat:

$$\vec{w} = \begin{pmatrix} 0 \\ 1 \\ 0 \end{pmatrix},$$

Das Fundamentalsystem für die Lösung des DGL-Systems $\dot{\vec{x}} = \mathbf{B}\vec{x}$ ist damit

$$\vec{x}_1 = \vec{v}_1 e^t$$
$$\vec{x}_2 = \vec{v}_2 e^t$$
$$\vec{x}_{\vec{w}} = e^t \left(\vec{w} + t(\mathbf{B} - \mathbf{I})\vec{w} \right),$$

und damit erhalten wir die Lösung des DGL-Systems mit irgendwelchen Konstanten $C_1, C_2, C_3 \in \mathbb{R}$

$$\vec{x}(t) = C_1 x_1(t) + C_2 x_2(t) + C_3 x_{\vec{w}}(t)$$

$$= C_1 e^t \begin{pmatrix} 1 \\ 0 \\ 0 \end{pmatrix} + C_2 e^t \begin{pmatrix} 0 \\ 0 \\ 1 \end{pmatrix} + C_3 e^t \left(\begin{pmatrix} 0 \\ 1 \\ 0 \end{pmatrix} + t \begin{pmatrix} 0 & 1 & 0 \\ 0 & 0 & 0 \\ 0 & 0 & 0 \end{pmatrix} \begin{pmatrix} 0 \\ 1 \\ 0 \end{pmatrix} \right)$$

$$= C_1 e^t \begin{pmatrix} 1 \\ 0 \\ 0 \end{pmatrix} + C_2 e^t \begin{pmatrix} 0 \\ 0 \\ 1 \end{pmatrix} + C_3 e^t \left(\begin{pmatrix} 0 \\ 1 \\ 0 \end{pmatrix} + t \begin{pmatrix} 1 \\ 0 \\ 0 \end{pmatrix} \right)$$

$$= \begin{pmatrix} (C_1 + tC_3)e^t \\ C_3 e^t \\ C_2 e^t \end{pmatrix}.$$

Wieder verifizieren wir durch Ableiten, dass $\vec{x}(t)$ tatsächlich eine Lösung ist.

Beispiel 3

Wir schreiben das System

$$\dot{x}_1 = x_1 + x_2$$
$$\dot{x}_2 = x_2 + x_3$$
$$\dot{x}_3 = x_3$$

um in Matrix-Schreibweise und erhalten die Differentialgleichung $\dot{\vec{x}} = \mathbf{C}\vec{x}$ mit

$$\mathbf{C} = \begin{pmatrix} 1 & 1 & 0 \\ 0 & 1 & 1 \\ 0 & 0 & 1 \end{pmatrix}$$

und $\vec{x}(t) = (x_1(t), x_2(t), x_3(t))$. Das charakteristische Polynom der Matrix $\mathbf{C}$ lautet

$$\chi_{\mathbf{C}}(\lambda) = \det(\mathbf{C} - \lambda \mathbf{I}) = (1 - \lambda)^3$$

und damit erhalten wir die drei identischen Eigenwerte $\lambda_{1,2,3} = \lambda = 1$. Wir bestimmen nun zu diesem dreifachen Eigenwert die Eigenvektoren (und hoffen wieder, dass wir drei linear unabhängige finden).

$$\mathbf{C} - \lambda\mathbf{I} = \begin{pmatrix} 0 & 1 & 0 \\ 0 & 0 & 1 \\ 0 & 0 & 0 \end{pmatrix}$$

und das lineare Gleichungssystem $(\mathbf{C} - \lambda\mathbf{I})\vec{y} = 0$ hat die Lösungen

$$\vec{u} = \begin{pmatrix} s \\ 0 \\ 0 \end{pmatrix} \quad \text{für alle } s \in \mathbb{R}.$$

Wir haben einen dreifachen Eigenwert, aber zu ihm nur einen linear unabhängigen Eigenvektor, nämlich

$$\vec{v}_1 = \begin{pmatrix} 1 \\ 0 \\ 0 \end{pmatrix}$$

gefunden. Das heißt, wir können die Matrix $\mathbf{C}$ nicht diagonalisieren. Um das DGL-System trotzdem zu lösen, müssen wir die fehlenden Eigenvektoren mit Hauptvektoren auffüllen. Wir suchen zuerst einen Hauptvektor der Stufe 2:

> Achtung: Für eine Matrix $\mathbf{A}$ meint die Notation $2\mathbf{A}$, dass alle Einträge von $\mathbf{A}$ mit 2 multipliziert werden, allerdings bedeutet $\mathbf{A}^2$ nicht, dass alle Einträge quadriert werden, sondern die Matrizenmultiplikation $\mathbf{A}^2 = \mathbf{A} \cdot \mathbf{A}$.

$$(\mathbf{C} - \lambda\mathbf{I})^2 = \begin{pmatrix} 0 & 1 & 0 \\ 0 & 0 & 1 \\ 0 & 0 & 0 \end{pmatrix} \begin{pmatrix} 0 & 1 & 0 \\ 0 & 0 & 1 \\ 0 & 0 & 0 \end{pmatrix} = \begin{pmatrix} 0 & 0 & 1 \\ 0 & 0 & 0 \\ 0 & 0 & 0 \end{pmatrix},$$

und das System $(\mathbf{C} - \lambda\mathbf{I})^2\vec{w} = 0$ hat die Lösung

$$\vec{w} = \begin{pmatrix} s \\ t \\ 0 \end{pmatrix} \quad \text{für alle } s, t \in \mathbb{R},$$

wir wählen also als ersten Hauptvektor (eingedenk, dass er $(\mathbf{C} - \lambda\mathbf{I})\vec{w} \neq 0$ erfüllen muss)

$$\vec{w}_1 = \begin{pmatrix} 0 \\ 1 \\ 0 \end{pmatrix}.$$

Wir benötigen noch einen weiteren Hauptvektor und probieren es mit der Stufe 3:

$$(\mathbf{C} - \lambda\mathbf{I})^3 = \begin{pmatrix} 0 & 0 & 1 \\ 0 & 0 & 0 \\ 0 & 0 & 0 \end{pmatrix} \begin{pmatrix} 0 & 1 & 0 \\ 0 & 0 & 1 \\ 0 & 0 & 0 \end{pmatrix} = \begin{pmatrix} 0 & 0 & 0 \\ 0 & 0 & 0 \\ 0 & 0 & 0 \end{pmatrix},$$

und da die Gleichung $(\mathbf{C} - \lambda\mathbf{I})^3\vec{w} = 0$ von jedem Vektor gelöst wird, wählen wir als zweiten Hauptvektor

$$\vec{w}_2 = \begin{pmatrix} 0 \\ 0 \\ 1 \end{pmatrix}.$$

Das Fundamentalsystem für die Lösung des DGL-Systems $\dot{\vec{x}} = \mathbf{C}\vec{x}$ ist also

$$\vec{x}_1 = \vec{v}_1 e^t$$
$$\vec{x}_{\vec{w}_1} = e^t \left(\vec{w}_1 + t(\mathbf{B} - \mathbf{I})\vec{w}_1\right)$$
$$\vec{x}_{\vec{w}_2} = e^t \left(\vec{w}_2 + t(\mathbf{B} - \mathbf{I})\vec{w}_2 + \frac{t^2}{2}(\mathbf{B} - \mathbf{I})^2\vec{w}_2\right),$$

und damit erhalten wir die Lösung des DGL-Systems mit irgendwelchen Konstanten $C_1, C_2, C_3 \in \mathbb{R}$

$$\vec{x}(t) = C_1 x_1(t) + C_2 x_{\vec{w}_1}(t) + C_3 x_{\vec{w}_2}(t)$$

$$= C_1 e^t \begin{pmatrix} 1 \\ 0 \\ 0 \end{pmatrix} + C_2 e^t \left(\begin{pmatrix} 0 \\ 1 \\ 0 \end{pmatrix} + t \begin{pmatrix} 0 & 1 & 0 \\ 0 & 0 & 1 \\ 0 & 0 & 0 \end{pmatrix} \begin{pmatrix} 0 \\ 1 \\ 0 \end{pmatrix}\right)$$

$$+ C_3 e^t \left(\begin{pmatrix} 0 \\ 0 \\ 1 \end{pmatrix} + t \begin{pmatrix} 0 & 1 & 0 \\ 0 & 0 & 1 \\ 0 & 0 & 0 \end{pmatrix} \begin{pmatrix} 0 \\ 0 \\ 1 \end{pmatrix} + \frac{t^2}{2} \begin{pmatrix} 0 & 0 & 1 \\ 0 & 0 & 0 \\ 0 & 0 & 0 \end{pmatrix} \begin{pmatrix} 0 \\ 0 \\ 1 \end{pmatrix}\right)$$

$$= C_1 e^t \begin{pmatrix} 1 \\ 0 \\ 0 \end{pmatrix} + C_2 e^t \left(\begin{pmatrix} 0 \\ 1 \\ 0 \end{pmatrix} + t \begin{pmatrix} 1 \\ 0 \\ 0 \end{pmatrix}\right) + C_3 e^t \left(\begin{pmatrix} 0 \\ 0 \\ 1 \end{pmatrix} + t \begin{pmatrix} 0 \\ 1 \\ 0 \end{pmatrix} + \frac{t^2}{2} \begin{pmatrix} 1 \\ 0 \\ 0 \end{pmatrix}\right)$$

$$= \begin{pmatrix} \left(C_1 + C_2 t + C_3 \frac{t^2}{2}\right) e^t \\ (C_2 + t C_3) e^t \\ C_3 e^t \end{pmatrix}.$$

Wieder verifizieren wir durch Ableiten, dass $\vec{x}(t)$ das DGL-System $\dot{\vec{x}} = \mathbf{C}\vec{x}$ löst.

16.4 Das Praxisproblem (Aufgaben 15.4)

Im Folgenden werden wir ein Differentialgleichungssystem für das Zwei-Massen-Feder-System aufstellen, daraus seine Eigenfrequenzen bestimmen und das System schließlich lösen. Wenn wir dabei bereits fordern, dass sich die erste Masse nicht bewegt, was ja das Ziel des Projekts ist, erhalten wir eine Bedingung an die zweite Masse – genau das, was wir gesucht haben.

16.4.1 Korrektur der ersten Masse

Um im Versuchsaufbau an die erste Masse eine weitere Feder anhängen zu können (an der dann die zweite Masse aufgehängt ist), müssen wir sie um eine kleine Befestigungseinrichtung erweitern. Damit erhöht sich für alle folgenden Berechnungen die Masse $m = m_1$, und zwar in unserem konkreten Versuchsaufbau um 29,7 Gramm. Je nach Aufbau ist dieser Wert natürlich anders (zum Beispiel null, wenn die Aufhängung für die weitere Feder von Anfang an installiert und miteingerechnet ist).

16.4.2 Aufstellen des homogenen DGL-Systems

Auf die erste Masse wirkt nun wie zuvor auch die Federkraft $F_1 = c_1 x_1$, zusätzlich aber auch noch die Federkraft F_2 der zweiten Feder, siehe Abb. 16.3, die in entgegengesetzte Richtung zu F_1 wirkt und proportional zur Auslenkung der zweiten Feder ist. Diese Auslenkung ist umso größer, je größer x_1 ist (die Feder wird „von oben" stärker gestaucht) und je kleiner x_2 ist (die Feder wird bei großem x_2 „nach unten" entlastet). Somit ist die Auslenkung $x_1 - x_2$ und damit $F_2 = c_2(x_1 - x_2)$. Wir erhalten für die erste Masse die Kräftebilanz

$$m_1 \ddot{x}_1 + c_1 x_1 + c_2(x_1 - x_2) = 0. \tag{16.16}$$

Die zweite Masse ist nur auf einer Seite mit einer Feder eingespannt, weshalb auf sie auch nur deren Federkraft F_2 wirkt. Wir haben eben bereits die Auslenkung und die Federkraft $F_2 = c_2(x_1 - x_2)$ bestimmt. Nach dem Wechselwirkungsprinzip und gemäß Abb. 16.3 wirkt auf die untere Masse diese Kraft in entgegengesetzter Richtung, und wir erhalten für die untere Masse die Kräftebilanz

$$m_2 \ddot{x}_2 + c_2(x_2 - x_1) = 0. \tag{16.17}$$

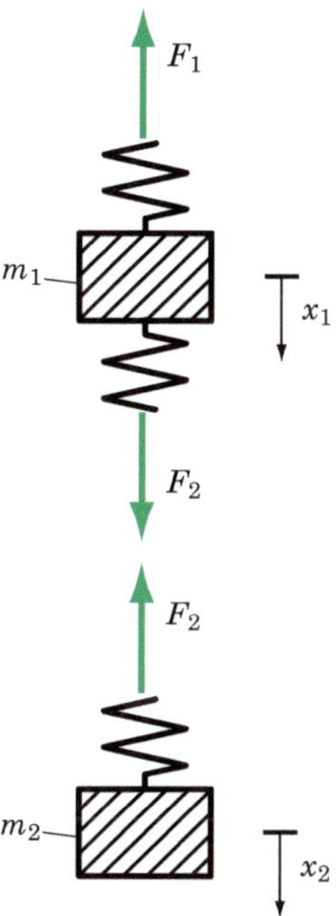

Abb. 16.3: Eine zusätzliche Masse m_2 wird über eine Feder mit Federkonstante c_2 angehängt. Die x-Koordinaten zeigen nach unten. Bei $x_1 = 0$, $x_2 = 0$ befindet sich das System in der statischen Ruhelage

Dieses DGL-System, die Gleichungen (16.16) und (16.17), können wir in Matrixschreibweise als

$$\begin{pmatrix} m_1 & 0 \\ 0 & m_2 \end{pmatrix} \begin{pmatrix} \ddot{x}_1 \\ \ddot{x}_2 \end{pmatrix} + \begin{pmatrix} c_1 + c_2 & -c_2 \\ -c_2 & c_2 \end{pmatrix} \begin{pmatrix} x_1 \\ x_2 \end{pmatrix} = \begin{pmatrix} 0 \\ 0 \end{pmatrix} \tag{16.18}$$

oder nach Division der beiden Zeilen durch die jeweiligen Massen als

$$\begin{pmatrix} \ddot{x}_1 \\ \ddot{x}_2 \end{pmatrix} = \begin{pmatrix} -\frac{c_1 + c_2}{m_1} & \frac{c_2}{m_1} \\ \frac{c_2}{m_2} & -\frac{c_2}{m_2} \end{pmatrix} \begin{pmatrix} x_1 \\ x_2 \end{pmatrix} \tag{16.19}$$

darstellen. Wir schreiben für (16.18) kurz

$$\mathbf{M}\ddot{\vec{x}} + \mathbf{C}\vec{x} = 0 \tag{16.20}$$

und für (16.19) kurz

$$\ddot{\vec{x}} = \mathbf{A}\vec{x}. \tag{16.21}$$

Die Matrizen $\mathbf{M}$ und $\mathbf{C}$ sind immer symmetrisch. (Falls nicht, hat man sich also verrechnet.) Dies liegt am Wechselwirkungsprinzip: Der Einfluss einer Masse auf eine zweite ist immer exakt so groß wie der Einfluss der zweiten Masse auf die erste.

16.4.3 Bestimmen der Eigenfrequenzen

Wir wollen nun die Eigenfrequenzen des DGL-Systems (16.20), beziehungsweise (16.21) ermitteln, für eine Auswahl an konkreten Werten für m_2. In der Praxis machen Ingenieure das etwas anders als es Ingenieurstudenten in den meisten Mathematikvorlesungen vermittelt wird. Wir werden im Folgenden deshalb beide Wege darstellen – und danach für mathematisch interessierte Leser kurz begründen, warum die zwei Methoden gleichwertig sind.

Methode der Mechaniker

Beim Ein-Massen-System haben wir einen Cosinus-Ansatz gewählt, und er hat tatsächlich eine Lösung geliefert. Wir wollen das auch hier bei der DGL $\mathbf{M}\ddot{\vec{x}} + \mathbf{C}\vec{x} = 0$ versuchen und den Ansatz

$$\vec{x}(t) = \hat{\vec{x}}e^{\lambda t} = \begin{pmatrix} \hat{x}_1 \\ \hat{x}_2 \end{pmatrix} e^{\lambda t}$$

probieren.

Wir versuchen, das DGL-System $\ddot{\vec{x}} = \mathbf{A}\vec{x}$ zu lösen, indem wir eine Lösung raten, und zwar $\vec{x}(t) = \hat{\vec{x}}e^{\lambda t}$, wobei $\hat{\vec{x}} = (\hat{x}_1, \hat{x}_2)$ ein Vektor mit Amplituden ist. Wir rechnen dazu die beiden Ableitungen $\dot{\vec{x}}(t)$, $\ddot{\vec{x}}(t)$ aus und setzt sie in die DGL ein, um herauszufinden, für welche Werte der Konstanten $\hat{\vec{x}}$ und λ der Ansatz eine Lösung ist. (Dabei kann auch herauskommen, dass es keine solchen Werte gibt; das bedeutet dann, dass der Ansatz nicht geschickt war und die Lösung gegebenenfalls von einem anderen Typ ist.)

Hinweis für die Übungen

Die Teilnehmer sollten, notfalls mit Hilfe, selbst darauf kommen, dass analog zum Fall einer einzelnen schwingenden Masse, wo der Ansatz vom Typ der rechten Seite, $x_p(t) = d_1 \cos(\Omega t)$, eine partikuläre Lösung geliefert hat, auch in diesem Fall der Ansatz

$$\vec{x}_p(t) = \begin{pmatrix} \hat{x}_1 \\ \hat{x}_2 \end{pmatrix} \cos(\omega t)$$

eine partikuläre Lösung liefern könnte (wir regen mit $\Omega = \omega$ an). Was er auch tut.

Eigentlich ist alles wie beim Ein-Massen-Fall, nur dass wir jetzt mit Vektoren und Matrizen statt mit Skalaren arbeiten. Wir setzen den Ansatz in (16.20) ein und erhalten

$$(\lambda^2 \mathbf{M} + \mathbf{C})\vec{x}(t) = 0.$$

Zu lösen ist also das Gleichungssystem $\mathbf{D}\vec{x} = 0$ mit der Matrix $\mathbf{D} = \lambda^2 \mathbf{M} + \mathbf{C}$. Dabei soll $\vec{x}(t)$ nie 0 werden, aber gerade das wäre die einzige Lösung des Gleichungssystems, wenn es eindeutig lösbar wäre. Deshalb soll es nicht eindeutig lösbar sein, was gerade bedeutet, dass $\det \mathbf{D} = 0$ gelten muss. Aus dieser Bedingung leiten wir nun die Eigenfrequenzen $\lambda_{1,2}$ des gekoppelten Systems her.

> Wir wissen an dieser Stelle bereits, dass das gekoppelte System maximal zwei Eigenfrequenzen $\lambda_{1,2}$ hat, denn besitzt ein DGL-System die Dimension n, kann es höchstens n Eigenwerte/Eigenfrequenzen haben. Hier sind $\mathbf{M}, \mathbf{C} \in \mathbb{R}^{2\times 2}$, also gibt es maximal zwei Eigenwerte.

> Eine Matrix $\mathbf{M}$ ist genau dann invertierbar, wenn $\det \mathbf{M} \neq 0$, und invertierbar bedeutet, dass genau dann das lineare Gleichungssystem $\mathbf{M}\vec{x} = 0$ eindeutig lösbar ist. In diesem Fall ist die Lösung schlicht $\vec{x} = 0$, also $\vec{x}$ ist der Nullvektor. Ist hingegen $\det \mathbf{M} = 0$, so ist das Gleichungssystem $\mathbf{M}\vec{x} = 0$ nicht eindeutig lösbar, und es gibt unendlich viele Lösungen, genauer gesagt, einen ganzen Untervektorraum von Lösungen.

Hinweis für die Übungen

Warum soll das Gleichungssystem $(\lambda^2 \mathbf{M} + \mathbf{C})\vec{x}(t) = 0$ unendlich viele Lösungen haben? Hätte es nur eine Lösung, wäre diese Lösung der Nullvektor $\vec{x} = 0$, und das bedeutet: Das gekoppelte System steht still. Unendlich viele Lösungen bedeutet hingegen: Alle Vielfachen $s \cdot \vec{x}(t)$ einer Lösung $\vec{x}(t) = \hat{\vec{x}}e^{\lambda t}$ sind ebenfalls Lösungen, und das leuchtet ein. Denn es wird zwar immer die gleiche Schwingung $e^{\lambda t}$ auftreten, aber die Amplitude $s \cdot \hat{\vec{x}}$ der Schwingung kann verschieden groß sein (je nach s). Egal wie groß die Amplitude $s \cdot \hat{\vec{x}}$ auch ist, das Verhältnis der beiden Amplituden $\hat{x}_1$ und $\hat{x}_2$ wird allerdings immer identisch sein, denn die Schwingung der einen Masse bestimmt die der anderen.

Hinweis für die Übungen

Eigenfrequenzen sind Frequenzen und haben natürlich eine Einheit. Zur besseren Lesbarkeit lassen wir hier häufig allerdings die Einheiten weg. Die Teilnehmer können sich mangels Übersicht und Erfahrung diesen Luxus jedoch nicht leisten, sondern sollten zur eigenen Sicherheit immer Einheiten notieren.

- Für $m_2 = 0{,}2$ erhalten wir

$$\det \mathbf{D} = \det \begin{pmatrix} 262{,}118 + 0{,}3252\lambda^2 & -176{,}077 \\ -176{,}077 & 176{,}077 + 0{,}2\lambda^2 \end{pmatrix} = 0$$

und das hat die komplexen Lösungen

$$\lambda_{1,2} = \pm 12{,}3201i, \quad \lambda_{3,4} = \pm 39{,}1742i.$$

Wir erhalten also die zwei Eigenfrequenzen

$$\omega_{200,1} = 12{,}3201 \qquad\qquad \omega_{200,2} = 39{,}1742$$

$$f_{200,1} = 1{,}9608 \qquad\qquad f_{200,2} = 6{,}23477.$$

Dabei ist ω jeweils die Eigenfrequenz im Bogenmaß mit der Einheit rad/s und f die Eigenfrequenz in Hertz mit der Einheit 1/s.

Der Vollwinkel hat das Maß 2π rad, was 360 Grad entspricht. Somit kann man zwischen Bogenmaß und Gradmaß mit der Formel 2π rad $= 360$ Grad umrechnen. Der Zusammenhang zwischen einer Frequenz ω im Bogenmaß (mit Einheit rad/s) und der gleichen Frequenz f in Hertz (mit Einheit 1/s, beziehungsweise 360 Grad/s) ist entsprechend $\frac{\omega}{2\pi} = f$.

Hinweis für die Übungen

Es kann interessant sein, mit den Teilnehmer zu besprechen, warum die komplexe Lösung $\lambda_{1,2} = \pm 12{,}3201i$ eine reelle Eigenfrequenz von $\omega_{200,1} = 12{,}3201$ bedeutet. Wir hatten den Ansatz $\vec{x}(t) = \vec{\hat{x}}e^{\lambda t}$ gemacht, und setzt man $\lambda_1 = 12{,}3201i$ ein, erhält man

$$e^{\lambda t} = e^{12{,}3201it} = \cos(12{,}3201t) + i\sin(12{,}3201t),$$

und das gerade heißt, die reelle Funktion $c_1\cos(12{,}3201t) + c_2\sin(12{,}3201t)$ mit Konstanten $c_1, c_2 \in \mathbb{R}$ ist eine Lösung. $\lambda_2 = -12{,}3201i$ liefert dieselbe Lösung.

- Für $m_2 = 0{,}4$ erhalten wir analog die zwei Eigenfrequenzen

$$\omega_{400,1} = 10{,}0879 \qquad\qquad \omega_{400,2} = 33{,}8297$$

$$f_{400,1} = 1{,}60554 \qquad\qquad f_{400,2} = 5{,}38416.$$

- Für $m_2 = 0{,}6$ ist ebenso

$$\omega_{600,1} = 8{,}70927 \qquad \omega_{600,2} = 31{,}9942$$
$$f_{600,1} = 1{,}38612 \qquad f_{600,2} = 5{,}09204.$$

- Für $m_2 = 0{,}9$ erhalten wir schließlich

$$\omega_{900,1} = 7{,}39319 \qquad \omega_{900,2} = 30{,}7734$$
$$f_{900,1} = 1{,}17666 \qquad f_{900,2} = 4{,}89774.$$

Hinweis für die Übungen

Wenn wir den Elektromotor hochfahren auf die Eigenfrequenz des Ein-Massen-Feder-Systems $\Omega = \omega = 16{,}27\,\mathrm{rad/s}$, dann durchlaufen wir eine der Eigenfrequenzen des gekoppelten Systems und können, je nach dem, wie schnell wir hochfahren, kurz Resonanz beobachten.

Das lässt sich gut mit der Aufforderung an die Teilnehmer vorführen, den beobachteten Effekt zu erklären. Da sie zuvor das Projekt zusammengefasst und sich noch einmal über Begriffe wie Eigenfrequenz/Eigenwert informiert haben, sollte es ihnen gelingen.

Wir notieren kurz, wo wir stehen: Wir haben gerade eben die Eigenfrequenzen des gekoppelten Systems bestimmt, wenn wir als untere Masse eine Masse mit 200 g, 400 g, 600 g und 900 g anhängen. Dabei haben wir mit einbezogen, dass sich durch die Aufhängung der zweiten Masse die erste Masse geringfügig, nämlich um 29,7 g vergrößert. Unser Ziel bleibt es, das Gewicht der unteren Masse so zu bestimmen, dass die obere Masse in Ruhe bleibt, wenn das gekoppelte System in der Eigenfrequenz des Ein-Massen-Systems von $\omega = \sqrt{c/m}$ angeregt wird, das heißt bei unserem Versuchsaufbau mit $\omega = 17{,}06\,\mathrm{rad/s}$.

Methode nach Mathe-Skript

Ein DGL-System höherer Ordnung lässt sich lösen, indem man neue Koordinaten einführt und das System in ein (größeres) System erster Ordnung umschreibt. Mit den neuen Koordinaten

$$y_1 = x_1 \qquad\qquad y_3 = x_2$$
$$y_2 = \dot{x}_1 = \dot{y}_1 \qquad\qquad y_4 = \dot{x}_2 = \dot{y}_3$$

Für DGL 1. und 2. Ordnung haben wir Lösungsrezepte (siehe etwa S. 168 und 170). DGL höherer Ordnung des Typs

$$x^{(n)}(t) = a_{n-1}x^{(n-1)} + a_{n-2}x^{(n-2)} + \ldots + a_1 x^{(1)} + a_0 x,$$

wobei $x^{(n)} = x^{(n)}(t)$ die n-te Ableitung der Funktion $x(t)$ bezeichnet und $a_i \in \mathbb{R}, i = 0, \ldots, n-1$ konstante Koeffizienten sind, kann man mit einem Trick umformen, sodass zwar aus dieser einen DGL ein System von neuen DGL wird, dafür aber mit geringerer Ordnung (*Reduktion der Ordnung*). Wir führen dazu n Variablen ein:

$$x_1 = x, \qquad x_2 = \dot{x}, \qquad x_3 = \ddot{x}, \qquad \ldots \qquad x_n = x^{(n-1)}$$

Leiten wir diese neuen Variablen ab und beachten dabei die Gleichheiten, die bisher hier schon stehen, so erhalten wir:

$$\dot{x}_1 = x_2, \qquad \dot{x}_2 = x_3, \qquad \dot{x}_3 = x_4, \qquad \ldots \qquad \dot{x}_n = a_{n-1}x_n + \ldots + a_1 x_2 + a_0 x_1$$

Durch diese Transformation haben wir ein DGL-System $\dot{\vec{x}} = \mathbf{A}\vec{x}$ erhalten mit

$$\mathbf{A} = \begin{pmatrix} 0 & 1 & 0 & 0 & \ldots & 0 \\ 0 & 0 & 1 & 0 & & \vdots \\ 0 & 0 & 0 & 1 & & \\ \vdots & & & & \ddots & \\ & & & & & 1 \\ a_0 & a_1 & a_2 & & \ldots & a_{n-1} \end{pmatrix},$$

und $\vec{x} = (x_1, x_2, \ldots, x_n)$. Das System hat die Ordnung 1, und wir können es lösen, siehe S. 184 und 187. Die erste Koordinate des Lösungsvektors $\vec{x} = (x_1, x_2, \ldots, x_n)$ löst unsere ursprüngliche DGL n-ter Ordnung, denn wir hatten ja oben $x_1 = x$ gesetzt.

wird aus (16.19)

$$\begin{pmatrix} \dot{y}_1 \\ \dot{y}_2 \\ \dot{y}_3 \\ \dot{y}_4 \end{pmatrix} = \begin{pmatrix} 0 & 1 & 0 & 0 \\ -\frac{c_1+c_2}{m_1} & 0 & \frac{c_2}{m_1} & 0 \\ 0 & 0 & 0 & 1 \\ \frac{c_2}{m_2} & 0 & -\frac{c_2}{m_2} & 0 \end{pmatrix} \begin{pmatrix} y_1 \\ y_2 \\ y_3 \\ y_4 \end{pmatrix}, \tag{16.22}$$

was wir kurz mit

$$\dot{\vec{y}} = \mathbf{K}\vec{y} \tag{16.23}$$

schreiben. Dieses lineare DGL-System ist offensichtlich von erster Ordnung, und Sie können es mit Standardmethoden lösen. Aus dieser Lösung lässt sich dann die Lösung des ursprünglichen linearen DGL-Systems (16.21) leicht zurückrechnen.

Eine Lösung von (16.23) erhalten Sie bekanntlich, indem Sie $\mathbf{K}$ diagonalisieren. Wir hoffen zunächst einmal, dass das gelingt. Wenn es geht, dann hat $\mathbf{K}$ genau $n = 4$ Eigenwerte $\lambda_1, \ldots, \lambda_4$ (die allerdings nicht paarweise verschieden sein müssen, sondern auch mehrfach auftreten können), zu denen sich insgesamt $n = 4$ linear unabhängige Eigenvektoren $\vec{q}_1, \ldots, \vec{q}_4$ finden lassen (wir können annehmen, dass sie normiert sind). Lösungen für das lineare DGL-System (16.23) sind dann alle Linearkombinationen der Basisvektoren

$$\vec{y}_1 = \vec{q}_1 e^{\lambda_1 t}, \quad \vec{y}_2 = \vec{q}_2 e^{\lambda_2 t}, \quad \vec{y}_3 = \vec{q}_3 e^{\lambda_3 t}, \quad \vec{y}_4 = \vec{q}_4 e^{\lambda_4 t}.$$

Eine quadratische Matrix $\mathbf{A} \in \mathbb{R}^{n \times n}$ zu diagonalisieren, bedeutet, eine Basis zu finden, bezüglich der sie Diagonalgestalt hat. Mit diagonalen Matrizen lässt sich bedeutend leichter rechnen, weshalb man oft versucht, eine solche Diagonalgestalt zu erreichen.

Dazu bestimmt man die Eigenwerte λ_i und die zugehörigen Eigenvektoren $\vec{v}_i$ von $\mathbf{A}$. λ ist Eigenwert der Matrix $\mathbf{A}$ zum Eigenvektor $\vec{v}$, wenn $A\vec{v} = \lambda\vec{v}$. Die Eigenwerte sind die Nullstellen des charakteristischen Polynoms $\chi_{\mathbf{A}}(\lambda) = \det(\mathbf{A} - \lambda\mathbf{I})$. Lassen sich n linear unbahängige Eigenvektoren finden, bilden diese eine Basis, bezüglich der $\mathbf{A}$ diagonal ist. Besitzt $\chi_{\mathbf{A}}$ beispielsweise n verschiedene Nullstellen, so ist das der Fall. Tritt eine Nullstelle in $\chi_{\mathbf{A}}$ k-fach auf, müssen auch k linear unabhängige Eigenvektoren dazu gefunden werden; andernfalls ist die Matrix nicht diagonalisierbar.

Das charakteristische Polynom von $\mathbf{K}$ ist

$$\det(\mathbf{K} - \lambda\mathbf{I}) = \det \begin{pmatrix} -\lambda & 1 & 0 & 0 \\ -\frac{c_1+c_2}{m_1} & -\lambda & \frac{c_2}{m_1} & 0 \\ 0 & 0 & -\lambda & 1 \\ \frac{c_2}{m_2} & 0 & -\frac{c_2}{m_2} & -\lambda \end{pmatrix}$$

$$= \lambda^4 + \lambda^2 \left(\frac{c_1}{m_1} + \frac{c_2}{m_1} + \frac{c_2}{m_2} \right) + \frac{c_1 c_2}{m_1 m_2}$$

Nullstellen eines Polynoms 4. Grades kann man besonders einfach ermitteln, wenn nur die Potenzen 2 und 4 auftreten, das heißt bei Polynomen des Typs $x^4 + ax^2 + b$ (man nennt die Gleichung dann auch *biquadratisch*). Dann substituiert man $z = x^2$ und bestimmt mit der p-q-Formel die Nullstellen $z_{1,2}$ des quadratischen Polynoms $z^2 + az + b$. Die gesuchten Nullstellen des ursprünglichen Polynoms sind dann $x_{1,2} = \pm\sqrt{z_1}, x_{3,4} = \pm\sqrt{z_2}$.

Ist das Polynom 4. Grades nicht biquadratisch, gibt es analytische Verfahren, um die Nullstellen zu ermitteln, die jedoch aufwändig sind. Alternativ kann man versuchen, zwei Nullstellen zu raten und mit Polynomdivision herauszuteilen. Wenn die Nullstellen allerdings nicht gerade handliche Zahlen sind und geraten werden können, werden sie am einfachsten mit dem Computer bestimmt.

und mit den Abkürzungen

$$z := \lambda^2, \quad p := \frac{c_1}{m_1} + \frac{c_2}{m_1} + \frac{c_2}{m_2}, \quad q := \frac{c_1 c_2}{m_1 m_2}$$

können Sie die p-q-Formel anwenden und erhalten die Nullstellen

$$z_{1,2} = -\frac{p}{2} \pm \sqrt{\left(\frac{p}{2}\right)^2 - q},$$

beziehungsweise

$$\lambda_{1,2,3,4} = \pm\sqrt{-\frac{p}{2} \pm \sqrt{\left(\frac{p}{2}\right)^2 - q}}.$$

Genau für diese Eigenwerte λ_j, $j = 1, \ldots, 4$ interessieren wir uns.

> **Hinweis für die Übungen**
>
> Die Teilnehmer können zum Ausrechnen der Eigenwerte ein Computeralgebrasystem benutzen.

Äquivalenz beider Methoden

Anschauliche Begründung   Bei Reduktion der Ordnung/Transformation auf ein größeres System ist die erste Koordinate $y_1 = x_1$ die ursprüngliche erste Koordinate und die dritte Koordinate $y_3 = x_2$ die ursprüngliche zweite. Wenn man nun diagonalisiert und das System löst (mit dem Fundamentalsystem $\vec{v}_1 e^{\lambda_1 t}$, $\vec{v}_2 e^{\lambda_2 t}$, $\vec{v}_3 e^{\lambda_3 t}$, $\vec{v}_4 e^{\lambda_4 t}$), so sind die erste und dritte Komponente der Lösung nach Definition Lösungen für x_1 und x_2. Unter den Eigenfrequenzen λ_1, λ_2, λ_3, λ_4 aus unserem Fundamentalsystem müssen sich also bereits die beiden gesuchten Eigenfrequenzen des ursprünglichen Systems befinden. Naiv sieht man also, dass man zumindest die richtigen Eigenfrequenzen erhält, gegebenenfalls allerdings zu viele.

Formale Begründung   Zu lösen ist das System

$$\ddot{\vec{x}} = \mathbf{A}\vec{x}, \qquad \mathbf{A} = \begin{pmatrix} a_{11} & a_{12} \\ a_{21} & a_{22} \end{pmatrix}.$$

Die Vorgehensweise in der technischen Mechanik macht den Ansatz

$$\vec{x} e^{\lambda t} = \begin{pmatrix} \hat{x}_1 \\ \hat{x}_2 \end{pmatrix} e^{\lambda t},$$

was durch Einsetzen $(\lambda^2 \mathbf{I} - \mathbf{A})\vec{x} = 0$ liefert. Dieses Gleichungssystem hat eine nicht-triviale Lösung (das heißt, eine Lösung, die nicht nur aus dem Nullvektor besteht), wenn $\det(\mathbf{A} - \lambda^2 \mathbf{I}) = 0$; dies ist die Bestimmungsgleichung für λ. Wenn α Eigenwert von $\mathbf{A}$ ist, so ist ganz offensichtlich $\lambda^2 = \alpha$.

Die Mathematiker-Lösung kommt auf die gleiche Bestimmungsgleichung. Wir reduzieren die Ordnung und erhalten

$$
\begin{pmatrix} \dot{y}_1 \\ \dot{y}_2 \\ \dot{y}_3 \\ \dot{y}_4 \end{pmatrix} = \underbrace{\begin{pmatrix} 0 & 1 & 0 & 0 \\ a_{11} & 0 & a_{12} & 0 \\ 0 & 0 & 0 & 1 \\ a_{21} & 0 & a_{22} & 0 \end{pmatrix}}_{\mathbf{B}} \begin{pmatrix} y_1 \\ y_2 \\ y_3 \\ y_4 \end{pmatrix}.
$$

Wir zeigen nun, dass die Eigenwerte von $\mathbf{B}$ ebenfalls die λ sind und die gleiche Bestimmungsgleichung haben. Dazu benutzen wir Rechenregeln für Determinanten:

Einige Rechenregeln für Determinanten:

- $\det(\mathbf{A} \cdot \mathbf{B}) = \det \mathbf{A} \cdot \det \mathbf{B}$

- Entsteht die Matrix $\mathbf{A}'$ dadurch aus $\mathbf{A}$, dass eine Zeile mit $c \in \mathbb{R}$ multipliziert wird, so ist $\det \mathbf{A}' = c \cdot \det \mathbf{A}$.

- Daraus folgt für $\mathbf{A} \in \mathbb{R}^{n \times n}$: $\det(c \cdot \mathbf{A}) = c^n \det \mathbf{A}$

- Entsteht die Matrix $\mathbf{A}'$ dadurch aus $\mathbf{A}$, dass das Vielfache einer Zeile zu einer anderen Zeile addiert wird, ändert das die Determinante nicht: $\det \mathbf{A}' = \det \mathbf{A}$. Das gleiche gilt, wenn das Vielfache einer Spalte zu einer anderen Spalte addiert wird.

- Wenn $\mathbf{A}$ invertierbar ist, ist $\det(\mathbf{A}^{-1}) = (\det \mathbf{A})^{-1}$.

- Wenn $\mathbf{A}$ diagonal ist, ist $\det \mathbf{A}$ schlicht das Produkt der Diagonaleinträge: Für $\mathbf{A} = \mathrm{diag}(\lambda_1, \ldots, \lambda_n)$ ist $\det \mathbf{A} = \lambda_1 \cdot \ldots \cdot \lambda_n$.

Wir addieren das λ-Fache der ersten zur zweiten Zeile sowie das λ-Fache der dritten zur vierten Zeile; diese Zeilenumformungen ändern den Wert der Determinante nicht.

$$
\det(\mathbf{B} - \lambda \mathbf{I}) = \begin{vmatrix} -\lambda & 1 & 0 & 0 \\ a_{11} & -\lambda & a_{12} & 0 \\ 0 & 0 & -\lambda & 1 \\ a_{21} & 0 & a_{22} & -\lambda \end{vmatrix} = \begin{vmatrix} -\lambda & 1 & 0 & 0 \\ a_{11} - \lambda^2 & 0 & a_{12} & 0 \\ 0 & 0 & -\lambda & 1 \\ a_{21} & 0 & a_{22} - \lambda^2 & 0 \end{vmatrix}
$$

Jetzt entwickeln wir diese Determinante nach der zweiten Spalte und die verbleibende (3×3)-Determinante nach der dritten Spalte. Wir erhalten unter Beachtung der Schachbrettregel

$$
\det(\mathbf{B} - \lambda \mathbf{I}) = - \begin{vmatrix} a_{11} - \lambda^2 & a_{12} & 0 \\ 0 & -\lambda & 1 \\ a_{21} & a_{22} - \lambda^2 & 0 \end{vmatrix} = \begin{vmatrix} a_{11} - \lambda^2 & a_{12} \\ a_{21} & a_{22} - \lambda^2 \end{vmatrix} = \det(\mathbf{A} - \lambda^2 \mathbf{I}).
$$

Die Eigenwerte von $\mathbf{B}$ sind die Nullstellen dieser Determinante, also ebenfalls die λ (denn sie genügen der selben Bestimmungsgleichung wie die des Mechaniker-Ansatzes, $\det(\mathbf{A} - \lambda^2\mathbf{I}) = 0$).

Hinweis für die Übungen

Alternativ kann man die (4×4)-Determinante $\det(\mathbf{B} - \lambda\mathbf{I})$ in eine Gestalt bringen, dass sie die Determinante einer Blockmatrix ist, die sich aus vier (2×2)-Blöcken zusammensetzt:

$$\det(\mathbf{B} - \lambda\mathbf{I}) = \begin{vmatrix} -\lambda & 1 & 0 & 0 \\ a_{11} & -\lambda & a_{12} & 0 \\ 0 & 0 & -\lambda & 1 \\ a_{21} & 0 & a_{22} & -\lambda \end{vmatrix} = - \begin{vmatrix} -\lambda & 1 & 0 & 0 \\ 0 & 0 & -\lambda & 1 \\ a_{11} & -\lambda & a_{12} & 0 \\ a_{21} & 0 & a_{22} & -\lambda \end{vmatrix}$$

$$= \begin{vmatrix} -\lambda & 0 & 1 & 0 \\ 0 & -\lambda & 0 & 1 \\ a_{11} & a_{12} & -\lambda & 0 \\ a_{21} & a_{22} & 0 & -\lambda \end{vmatrix} =: \begin{vmatrix} \mathbf{B}_1 & \mathbf{B}_2 \\ \mathbf{B}_3 & \mathbf{B}_4 \end{vmatrix}.$$

Ist $\mathbf{B}_1$ invertierbar, so folgt aus der Zerlegung

$$\begin{pmatrix} \mathbf{B}_1 & \mathbf{B}_2 \\ \mathbf{B}_3 & \mathbf{B}_4 \end{pmatrix} = \begin{pmatrix} \mathbf{B}_1 & 0 \\ \mathbf{B}_3 & 1 \end{pmatrix} \begin{pmatrix} 1 & \mathbf{B}_1^{-1}\mathbf{B}_2 \\ 0 & \mathbf{B}_4 - \mathbf{B}_3\mathbf{B}_1^{-1}\mathbf{B}_2 \end{pmatrix}$$

die Formel

$$\det \begin{pmatrix} \mathbf{B}_1 & \mathbf{B}_2 \\ \mathbf{B}_3 & \mathbf{B}_4 \end{pmatrix} = \det(\mathbf{B}_1)\det(\mathbf{B}_4 - \mathbf{B}_3\mathbf{B}_1^{-1}\mathbf{B}_2),$$

hier also

$$\det(\mathbf{B} - \lambda\mathbf{I}) = \lambda^2 \det\left(\begin{pmatrix} -\lambda & 0 \\ 0 & -\lambda \end{pmatrix} - \begin{pmatrix} a_{11} & a_{12} \\ a_{21} & a_{22} \end{pmatrix} \begin{pmatrix} -1/\lambda & 0 \\ 0 & -1/\lambda \end{pmatrix}\right)$$

$$= \det\left(\begin{pmatrix} -\lambda^2 & 0 \\ 0 & -\lambda^2 \end{pmatrix} + \begin{pmatrix} a_{11} & a_{12} \\ a_{21} & a_{22} \end{pmatrix}\right)$$

$$= \det(-\lambda^2\mathbf{I} + \mathbf{A}) \overset{!}{=} 0$$

Wir erhalten also abermals dieselbe Bestimmungsgleichung für die Eigenwerte von $\mathbf{B}$.

16.4.4 Lösen des inhomogenen DGL-Systems

Nun regen wir das Zwei-Massen-System an, wieder mit dem Elektromotor an der Aufhängung der ersten Feder, und zwar in der kritischen Eigenfrequenz ω des Einmassen-Systems. Die erste Masse spürt diese Anregung direkt, wie im

Einmassen-System, die zweite Masse spürt die Anregung jedoch nur über die Wechselwirkung mit der ersten Masse. Das zu lösende DGL-System ist also

$$\begin{pmatrix} m_1 & 0 \\ 0 & m_2 \end{pmatrix} \begin{pmatrix} \ddot{x}_1 \\ \ddot{x}_2 \end{pmatrix} + \begin{pmatrix} c_1 + c_2 & -c_2 \\ -c_2 & c_2 \end{pmatrix} \begin{pmatrix} x_1 \\ x_2 \end{pmatrix} = \begin{pmatrix} C'_{\mathrm{Anr}} \cos(\omega t) \\ 0 \end{pmatrix}, \tag{16.24}$$

vergleichen Sie mit (16.18). Wir haben hier nicht wie bei der Gleichung zum Ein-Massen-System die Masse herausgeteilt, deshalb steht rechts die Konstante $C'_{\mathrm{Anr}} = c_1 r$ statt der Konstante $C_{\mathrm{Anr}} = c_1 r / m_1$. Hier ist es ganz förderlich, wenn wir die Matrixschreibweise auflösen und zwei einzelne Zeilen schreiben – beim Lösen einer inhomogenen DGL brauchen wir ja nicht unbedingt ein allgemeines Rechenschema, sondern müssen bloß eine einzige partikuläre Lösung finden.

$$m_1 \ddot{x}_1 + (c_1 + c_2)x_1 - c_2 x_2 = C'_{\mathrm{Anr}} \cos(\omega t) \tag{16.25}$$

$$m_2 \ddot{x}_2 - c_2 x_1 + c_2 x_2 = 0 \tag{16.26}$$

Rufen Sie sich kurz das globale Ziel in Erinnerung: Wir wollen die Masse m_2 so wählen, dass m_1 in Ruhe bleibt. Wir werden nun also diese DGL lösen und dabei versuchen, eine Bedingung herauszufinden, die das garantiert.

> Analog zum Hinweis auf S. 179 kann man auch bei DGL-Systemen eine partikuläre Lösung raten. Durch Ableiten und Einsetzen muss man verifizieren, dass die geratene Funktion das DGL-System tatsächlich löst, beziehungsweise ermitteln, für welche Konstanten, die sie noch enthält, sie nur eine Lösung sein kann.

Bei einer einzelnen schwingenden Masse hatte der Ansatz vom Typ der rechten Seite, $x_p(t) = d_1 \cos(\Omega t)$, eine partikuläre Lösung geliefert. Wir hoffen, dass er das auch in diesem Fall tut, und versuchen den Ansatz

$$\vec{x}_p(t) = \begin{pmatrix} x_1 \\ x_2 \end{pmatrix} = \begin{pmatrix} \hat{x}_1 \\ \hat{x}_2 \end{pmatrix} \cos(\omega t),$$

wobei wir allerdings schon gleich unsere Zielforderung $x_1 \equiv 0$, das heißt $\hat{x}_1 = 0$, einsetzen. Wir werden sehen, ob das zu einer gültigen Lösung führt.

$$\vec{x}_p(t) = \begin{pmatrix} x_1 \\ x_2 \end{pmatrix} = \begin{pmatrix} 0 \\ \hat{x}_2 \end{pmatrix} \cos(\omega t)$$

$$\dot{\vec{x}}_p(t) = \begin{pmatrix} \dot{x}_1 \\ \dot{x}_2 \end{pmatrix} = -\omega \begin{pmatrix} 0 \\ \hat{x}_2 \end{pmatrix} \sin(\omega t)$$

$$\ddot{\vec{x}}_p(t) = \begin{pmatrix} \ddot{x}_1 \\ \ddot{x}_2 \end{pmatrix} = -\omega^2 \begin{pmatrix} 0 \\ \hat{x}_2 \end{pmatrix} \cos(\omega t).$$

Wenn wir dies in die zweite Zeile der DGL, in (16.26), einsetzten, ergibt sich

$$-m_2\omega^2\hat{x}_2\cos(\omega t) + c_2\hat{x}_2\cos(\omega t) = 0,$$

und da das für alle t gelten muss, gilt es insbesondere für $t = 0$, und wir erhalten mit $\hat{x}_1 \equiv 0$

$$-m_2\omega^2\hat{x}_2 + c_2\hat{x}_2 = 0.$$

Sucht man den Wert von Konstanten in einer Gleichung, die Funktionen enthält, so setzt man häufig einen konkreten Wert in die Funktionen ein – denn da die Gleichung für die ganze Funktion gelten muss, gilt sie erst recht für einen einzelnen Funktionswert, und durch das Einsetzen eines Wertes ergeben sich oft hilfreiche Bedingungen an die gesuchten Konstanten, siehe S. 178.

Hinweis für die Übungen

Alternativ kann man beim Auflösen der Gleichung

$$-m_2\omega^2\hat{x}_2\cos(\omega t) + c_2\hat{x}_2\cos(\omega t) = 0$$

auch $\cos(\omega t)$ ausklammern und erhält

$$\cos(\omega t)\left(-m_2\omega^2\hat{x}_2 + c_2\hat{x}_2\right) = 0.$$

Da diese Gleichung für alle t gelten muss, muss die Klammer den Wert 0 haben. Wir erhalten wie oben die Bedingung $-m_2\omega^2\hat{x}_2 + c_2\hat{x}_2 = 0$.

Bereits diese zweite Zeile liefert eine Bedingung an m_2, nämlich

$$m_2 = \frac{c_2}{\omega^2}.$$

Mit den konkreten Werten ergibt sich für unseren Aufbau $m_2 = 0{,}604\,\text{kg}$. Hier haben wir die Eigenfrequenz ω des Ein-Massen-Systems eingesetzt, die auf der ursprünglichen Masse m_1 beruht (ohne die Erhöhung um $29{,}7\,\text{g}$ durch die Aufhängung); schließlich ist das die kritische Frequenz des ursprünglichen Ein-Massen-Systems.

Setzen wir nun unseren Lösungsansatz auch in die erste Zeile (16.25) ein, erhalten wir

$$-c_2\hat{x}_2\cos(\omega t) = C'_{\text{Anr}}\cos(\omega t),$$

mit anderen Worten

$$\hat{x}_2 = -\frac{C'_{\mathrm{Anr}}}{c_2},$$

das heißt eine gültige Lösung für die inhomogene DGL (16.24) ist

$$\vec{x}_p(t) = \begin{pmatrix} x_1 \\ x_2 \end{pmatrix} = \begin{pmatrix} 0 \\ -\frac{C'_{\mathrm{Anr}}}{c_2} \end{pmatrix} \cos(\omega t);$$

wir sehen also, dass in diesem Fall m_1 bewegungslos bleibt, während m_2 eine ähnliche Schwingung wie die Anregung vollführt. Anschaulich gesprochen, klemmen die zwei Schwingungen (die des anregenden Pleuels und die der zweiten Masse m_2) durch ihre Bewegung m_1 von oben und unten ein.

16.4.5 Allgemeine Lösung der inhomogenen DGL

Unser Ziel ist erreicht, wir haben die Masse m_2 so bestimmt, dass die Schwingung der Masse m_1 getilgt wird. Wir können uns allerdings (zum Beispiel aus Interesse) nach der kompletten Bewegung des Systems fragen und die Bewegungsgleichung (16.24) auch komplett lösen. Wir betrachten nun nicht mehr den Spezialfall, dass wir mit der Eigenfrequenz $\Omega = \omega$ anregen, sondern lassen die Frequenz Ω variabel.

Die Gleichung, die die Bewegung des Zwei-Massen-Systems, das mit der Frequenz Ω angeregt wird, lautet in Matrix/Vektor-Schreibweise

$$\mathbf{M}\ddot{\vec{x}} + \mathbf{C}\vec{x} = \hat{F}\cos(\Omega t) \quad \text{mit} \quad \hat{F} = \begin{pmatrix} C'_{\mathrm{Anr}} \\ 0 \end{pmatrix}.$$

Wir versuchen mit dem Ansatz $\vec{x}(t) = \hat{\vec{x}}\cos(\Omega t)$ wieder einmal einen Ansatz vom Typ der rechten Seite und erhalten nach Einsetzen

$$(-\Omega^2\mathbf{M} + \mathbf{C})\hat{\vec{x}} = \hat{F},$$

und das ist nichts weiter als ein zweizeiliges lineares Gleichungssystem mit den Variablen $\hat{x}_1$, $\hat{x}_2$, und wir können es elementar lösen, zum Beispiel mit der Cramerschen Regel.

Wir erhalten

$$\hat{x}_1 = \frac{C'_{\mathrm{Anr}}(c_2 - m_2\Omega^2)}{(c_1 + c_2 - m_1\Omega^2)(c_2 - m_2\Omega^2) - c_2^2}$$

$$\hat{x}_1 = \frac{c_2 C'_{\mathrm{Anr}}}{(c_1 + c_2 - m_1\Omega^2)(c_2 - m_2\Omega^2) - c_2^2}.$$

 Lineare Gleichungssysteme $\mathbf{A}\vec{x} = \vec{b}$ mit

$$
\mathbf{A} = \begin{pmatrix} a_{11} & a_{12} & \cdots & a_{1n} \\ a_{21} & a_{22} & \cdots & a_{2n} \\ \vdots & \vdots & \ddots & \vdots \\ a_{n1} & a_{n2} & \cdots & a_{nn} \end{pmatrix}, \quad \vec{x} = \begin{pmatrix} x_1 \\ x_2 \\ \vdots \\ x_n \end{pmatrix}, \quad \vec{b} = \begin{pmatrix} b_1 \\ b_2 \\ \vdots \\ b_n \end{pmatrix}
$$

kann man mit der *Cramerschen Regel* lösen, wenn $\mathbf{A}$ invertierbar ist. Die Lösung lautet dann $\vec{x} = (x_1, \ldots, x_n)$ mit

$$
x_i = \frac{\det(\mathbf{A}_i)}{\det(\mathbf{A})}
$$

für alle $i = 1, \ldots, n$, wobei $\mathbf{A}_i$ diejenige Matrix ist, die entsteht, wenn man aus $\mathbf{A}$ die i-te Spalte entfernt und stattdessen $\vec{b}$ einsetzt.

Da die Cramersche Regel numerisch aufwändig ist, ist sie höchstens für kleine Gleichungssysteme geeignet (allerdings ist sie für theoretische Überlegungen in der Mathematik nützlich); besser löst man lineare Gleichungssysteme mit dem *Gaußschen Eliminationsverfahren*.

Der Übersicht halber führen wir die folgenden Abkürzungen ein:

$$
\frac{c_1}{m_1} = \omega_{10}^2 \qquad\qquad \frac{c_2}{m_2} = \omega_2^2
$$

$$
\frac{c_1 + c_2}{m_1} = \omega_1^2 \qquad\qquad \frac{m_2}{m_1} = \mu
$$

Und mit $C'_{\mathrm{Anr}} = c_1 r$ wird daraus

$$
\hat{x}_1 = \frac{\omega_{10}^2 r (\omega_2^2 - \Omega^2)}{(\omega_1^2 - \Omega^2)(\omega_2^2 - \Omega^2) - \mu\omega_2^4}
$$

$$
\hat{x}_2 = \frac{\omega_{10}^2 r \omega_2^2}{(\omega_1^2 - \Omega^2)(\omega_2^2 - \Omega^2) - \mu\omega_2^4}.
$$

Wenn das System in seinen Eigenfrequenzen angeregt wird, wird die Amplitude unendlich groß, das heißt, die Eigenfrequenzen treten an den Nullstellen des Nenners auf. Diese lassen sich leicht mit der *p-q*-Formel ermitteln und sind

$$
\Omega_{1,2,3,4} = \pm\sqrt{\frac{\omega_1^2 + \omega_2^2}{2} \pm \sqrt{\frac{\omega_1^2 - \omega_2^2}{4} + \mu\omega_2^2}}.
$$

Für die konkreten Werte des Versuchsaufbaus ergeben sich die Eigenfrequenzen (in der Einheit $\mathrm{rad/s}$)

$$
\Omega_1 = 8{,}68, \quad \Omega_2 = 31{,}97.
$$

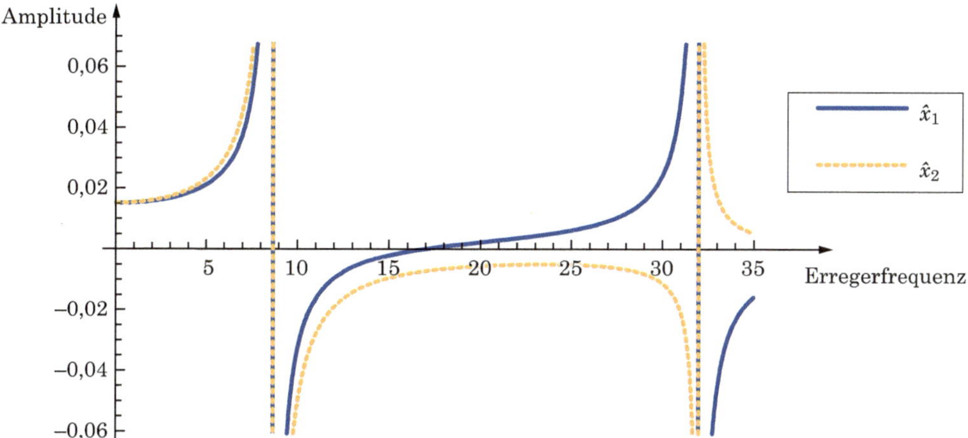

Abb. 16.4: Amplituden $\hat{x}_1$ und $\hat{x}_2$ beim mit Ω angeregten Zwei-Massen-System. Deutlich zu erkennen sind die Eigenfrequenzen $\Omega_1 = 8{,}68\,\text{rad/s}$, $\Omega_2 = 31{,}97\,\text{rad/s}$ des Zwei-Massen-Systems und die Eigenfrequenz $\omega = 17{,}06\,\text{rad/s}$ des Ein-Massen-Systems, bei der die erste Masse die Amplitude 0 hat, das heißt, bei der ihre Schwingung getilgt wird

In Abb. 16.4 sind für die konkreten Werte des Versuchsaufbaus die Amplituden $\hat{x}_1$ und $\hat{x}_2$ gezeigt, wenn wir das Zwei-Masssen-System mit $\Omega = \omega$ anregen und als zweite Masse die Tilgermasse $m_2 = 604{,}72\,\text{g}$ anhängen. Man erkennt die Eigenfrequenzen $\Omega_1 = 8{,}68\,\text{rad/s}$ und $\Omega_2 = 31{,}97\,\text{rad/s}$ des Zwei-Massen-Systems als Polstellen (hier werden die Amplituden theoretisch unendlich groß) sowie die Eigenfrequenz $\omega = 17{,}06\,\text{rad/s}$ des Ein-Massen-Systems (hier wird die Schwingung der ersten Masse getilgt, und sie hat somit die Amplitude $\hat{x}_1 = 0$). In Abschn. 17.2 zeigen wir, wie sich diese verschiedenen Eigenfrequenzen in einem Versuch verdeutlichen lassen.

17 Das Experiment

Das Beispiel eines getilgten Schwingersystems haben wir aus mehreren Gründen gewählt: Zum einen sind Schwingungen und ihre Tilgung sowohl im Maschinenbau als auch im Bauingenieurwesen von großer Bedeutung, zum anderen bereitet es häufig Schwierigkeiten, in Vorlesungen und Übungsgruppen bei Studentinnen und Studenten Verständnis für die mathematischen Begrifflichkeiten *Eigenwert* und *Eigenvektor* zu wecken, die zur Lösung von Tilgungsproblemen nötig sind – in manchen Fällen schrecken die abstrakten Konzepte sogar so stark ab, dass sie zu Resignation führen. Daher bietet es sich an, die mathematischen Objekte Eigenwert und Eigenvektor durch einen experimentellen Aufbau in ihr jeweiliges mechanisches Synonym *Eigenfrequenz* und *Eigenform* zu überführen. In einem physikalisch-experimentellen Kontext sind die Begriffe naturgemäß oft einfacher zu erfassen als in einem mathematisch-theoretischen Zusammenhang. Aus diesem Grund haben wir einen experimentellen Aufbau entworfen, dessen Herstellung und Anwendung wir im Folgenden erläutern.

17.1 Experimenteller Aufbau

17.1.1 Ziele und Anforderungen

Mit dem Demonstrator wollen wir das Ein-Massen-System und das Zwei-Massen-System darstellen, die wir in den vorangegangenen Kapiteln zusammen mit ihrer Lösung vorgestellt haben. Grundsätzlich wollen wir dazu eine oder zwei Massen *translatorisch* (geradlinig) periodisch erregen und gleichzeitig sicherstellen, dass sie sich auch nur so bewegen können. Weiterhin haben wir bereits theoretisch gezeigt, dass es bei einer Erregung des Systems in Eigenfrequenz zu sehr großen Amplituden und damit zu sehr großen Federkräften kommen kann. Um den Massen also nur Bewegungen in vertikaler Richtung zu erlauben und gleichzeitig eine sichere Handhabung des Demonstrators zu gewährleisten, werden wir sie über eine Stahlstange führen. Zur Erregung übersetzen wir eine *rotatorische* Bewegung (Drehbewegung) eines Elektromotors mittels eines Schwungrads und eines daran befestigten Pleuels in eine translatorische. Die einzelnen Massen sollen variabel gewählt und alle relevanten Erregungsfrequenzen des Systems angesteuert werden können. Weiterhin müssen wir gewährleisten, dass der Demonstrator die auftretenden Kräfte aufnehmen kann und die Massen sicher geführt werden, wobei ein Verkanten der Gewichte

J. Härterich, A. Rooch, *Das Mathe-Praxis-Buch*, Springer-Lehrbuch,
DOI 10.1007/978-3-642-38306-9_17, © Springer-Verlag Berlin Heidelberg 2014

und des Motors vermieden werden sollen – das alles gilt insbesondere bei Erregung in Eigenfrequenz. Zusätzlich soll das Experiment so dimensioniert werden, dass es auch bei Verwendung in einem Hörsaal gut sichtbar ist.

17.1.2 Aufbau und Fertigung

Der Demonstrator ist in Abb. 17.1 gezeigt. Das Gerüst des Demonstrators bildet ein Rahmen, der aus zwei stabilen Holzplatten (Länge 750 mm, Breite 380 mm, Dicke 25 mm, siehe Abb. 17.2) und fünf zylindrischen Stahlstangen aus Vollmaterial (beispielsweise Baustahl S235, Länge 900 mm, vier Mal Durchmesser je 25 mm, ein Mal Durchmesser 8 mm) besteht. Die vier dickeren Stangen bilden den Rahmen, die dünnere Stange ist die Führungsstange für die Gewichte. Eine Holzplatte wird als Fundament, die andere als obere Deckplatte verwendet. In die Stahlstangen werden an beiden Enden Gewinde in Längsrichtung gedreht. Die Holzplatten erhalten insgesamt fünf Bohrungen: Je vier Bohrungen (M6) werden mit einem Abstand von 150 mm von der Kante in Längsrichtung und 50 mm von der Kante in Tiefenrichtung gesetzt, je eine M5 Bohrung wird zentrisch gesetzt. Weiterhin erhält die obere Platte eine Nut, die eine Breite von 20 mm und eine Länge von 160 mm hat. Die Nut verläuft parallel zur Längskante, und ihr Mittelpunkt wird mit einem Abstand von 165 mm von der Längskante zentrisch zu dieser gesetzt. Zusätzlich müssen zwei Befestigungslöcher für M5 Schrauben an einer beliebigen Seite in der Nähe der Aussparung angebracht werden; sie dienen später zur Befestigung der Frequenzmessung. Vier letzte Bohrungen (M5) (je 300 mm und 60 mm von der zentrischen Bohrung entfernt, Abstand zueinander in Längsrichtung der Holzplatte 30 mm) werden benötigt, um den Elektromotor zu befestigen.

Die Massen fertigen wir aus PVC. Dieses Material hat den Vorteil sehr stabil zu sein und gleichzeitig eine niedrige Dichte zu haben. So kommen wir mit einer geringen Motorleistung aus und können gleichzeitig große Gewichte verwenden, die auch bei Vorführung in einem Hörsaal gut gesehen werden.

Die Massen werden als zylindrische Stücke gefertigt (Durchmesser 70 mm), die eine Ursprungslänge von 55 mm haben, siehe Abb. 17.3 und Abb. 17.4. In diese Zylinder wird eine Bohrung mit einem Durchmesser von 10 mm gesetzt. Anschließend wird an einem Ende des Zylinders ein Außengewinde mit einem Durchmesser von 25 mm und einer Länge von 18 mm geschnitten. Dazu sollte zunächst Material abgedreht werden, bis ein Ansatz mit Länge 18 mm und Durchmesser 30 mm stehen bleibt. In diesen kann leicht ein Gewinde geschnitten werden, dessen Steigung mit der Federsteigung übereinstimmt (gleicher Gangwinkel). Ein zum Außengewinde passendes Innengewinde (ebenfalls M25) wird auf die gegenüberliegende Seite des Werkstücks geschnitten. Hierdurch erreichen wir, dass wir die unterschiedlichen Gewichte ineinander verschrauben können. Da wir die Gewichte auf der inneren Stange führen und gleichzeitig eine einfache Montage und Demontage der einzelnen

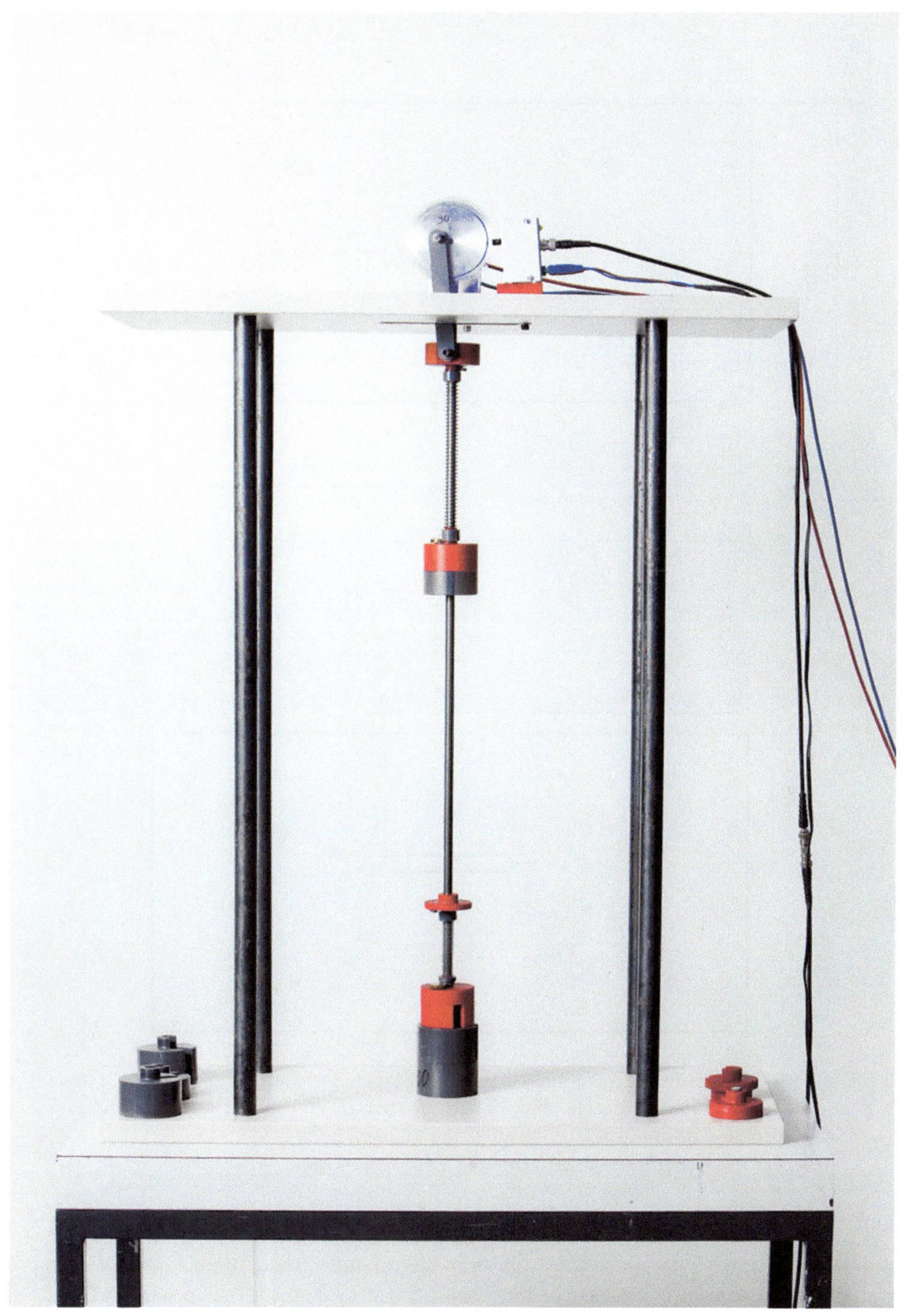

Abb. 17.1: Experimenteller Demonstrator mit verschiedenen Gewichten unterschiedlicher Massen und Lichtbrücke zur Messung der Frequenz

a)

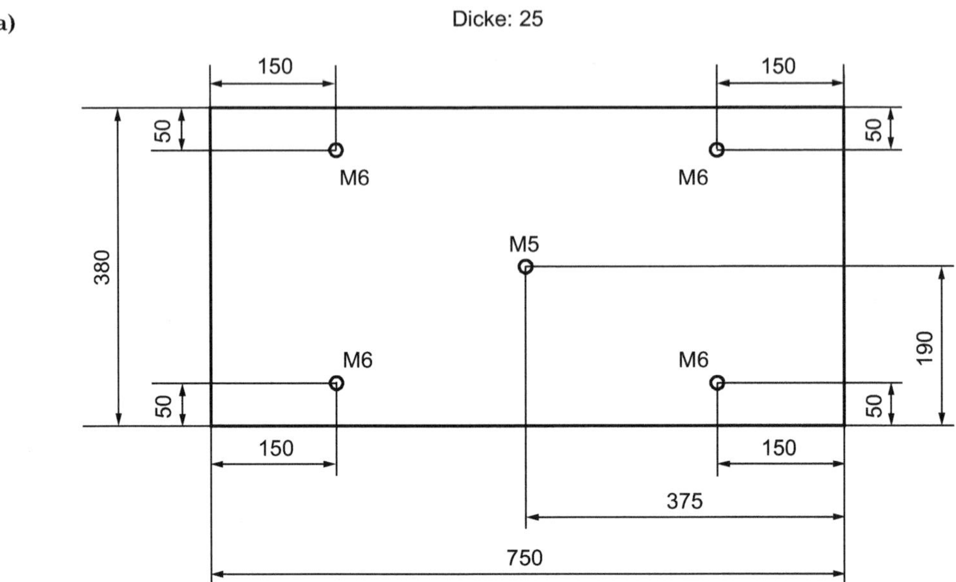

b)

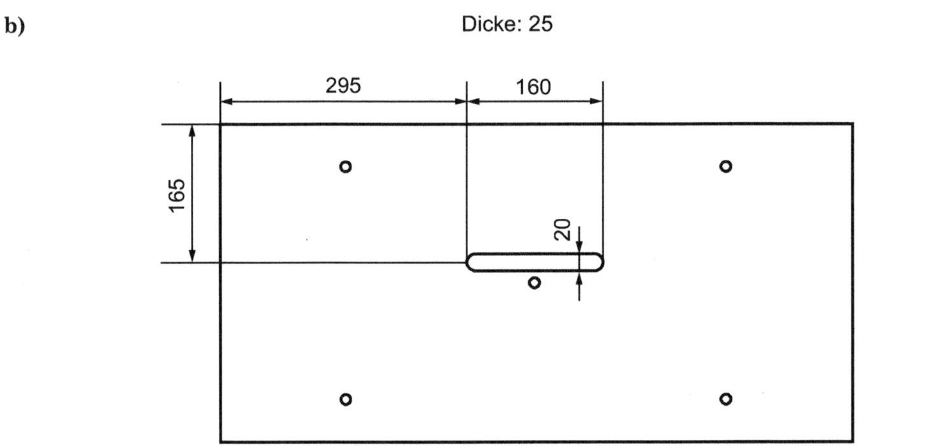

Abb. 17.2: a Untere Platte des Rahmens. b Obere Platte des Rahmens; alle nicht ein-
gezeichneten Bemaßungen sind der Bodenplatte (*oben*) zu entnehmen; alle
Angaben in Millimetern

Gewichte ermöglichen wollen, wird eine Aussparung von 18 mm über die komplette
Längsseite des Werkstücks ausgefräst. Abschließend muss das finale Gewicht der
Masse möglichst genau angepasst werden (bis auf 0,1 g genau). Hierzu wird an der
oberen Seite, an der das Außengewinde angebracht wurde, Material abgenommen,
bis die gewünschte Masse (ein Gewicht zu 295,5 g für die obere Masse, fünf Ge-

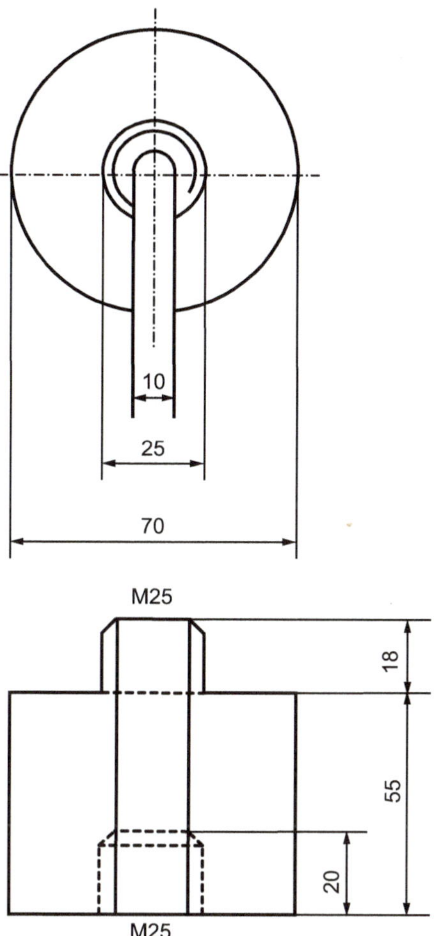

Abb. 17.3: Geometrie eines Gewichts, Draufsicht (*links*) und Seitenansicht (*rechts*); alle Angaben in Millimetern. Vergleiche mit Abb. 17.4

wichte zu je 200 g, um unterschiedliche Massen testen und die untere Masse zur Tilgung einstellen zu können) erreicht ist. Hierbei ist selbstredend ein vorsichtiges Vorgehen notwendig. Allerdings stellt sich der Versuch als recht robust heraus, was die genaue Wahl der entsprechenden Größen angeht: Der Effekt der Systemantwort bei Eigenfrequenz tritt auch bei Frequenzen nah an der berechneten Eigenfrequenz so stark auf, dass kleine Ungenauigkeiten in der Fertigung kein Problem für die finale Einsatzfähigkeit bedeuten. Die obere Masse kann ohne Aussparung gefertigt werden, da sie nicht variabel ist, ebenso wie eine der Massen zu 200 g, an der die untere Feder befestigt wird. Zusätzlich müssen eine Scheibe zur Befestigung der oberen Feder mit der oberen Masse sowie eine weitere Scheibe zur Befestigung der unteren Feder mit der oberen Masse gefertigt werden.

Abb. 17.4: Masse mit Aussparung und Gewinde, vergleiche mit Abb. 17.3

Auf die zentrische Stange schieben wir zuerst die Masse zu 200 g, die ohne Aussparung gefertigt wurde; dabei muss das Außengewinde nach oben zeigen. Die untere Feder wird derart auf dieses Gewinde gewickelt, dass ein letztes Stück der Feder (ca. 10 mm) vom Gewinde gelöst und mit einer Schraube an der unteren Masse befestigt werden kann (die Feder nachwickeln, damit die Feder möglichst das gesamte Außengewinde erfasst). Abschließend wird eine Hülse um Außengewinde und Feder gelegt, die weiter zur Stabilisierung beiträgt. Ein identisches Verfahren wird nun zur Befestigung der unteren Feder mit der Befestigungsmasse für das obere Gewicht angewendet.

Nach diesen Schritten kann die obere Masse (295,5 mm) auf die Stange geführt werden. Beide Seiten der oberen Feder werden wiederum mittels des erwähnten Befestigungsverfahrens mit der oberen Masse und der Verbindungsscheibe Feder-Pleuel verbunden. Abschließend werden die Stahlstangen mit M6, beziehungsweise M5 Schrauben, die durch die Bohrungen in den Holzplatten geführt werden, fest verschraubt. Damit ist der Rahmen des Demonstrators fertiggestellt.

Auf der Deckplatte wird der Elektromotor befestigt; diesen haben wir über einen Fachhändler bezogen (die Preise lagen 2012 unter 40 EUR). Die meisten Motoren werden in einem runden Gehäuse geliefert. Außerdem liegt die Motorwelle meist nicht zentrisch, da ein Gewindemotor verwendet wird. Wichtig bei der Auswahl des Motors ist das geleistete Drehmoment bei moderater Drehzahl: Je höher das

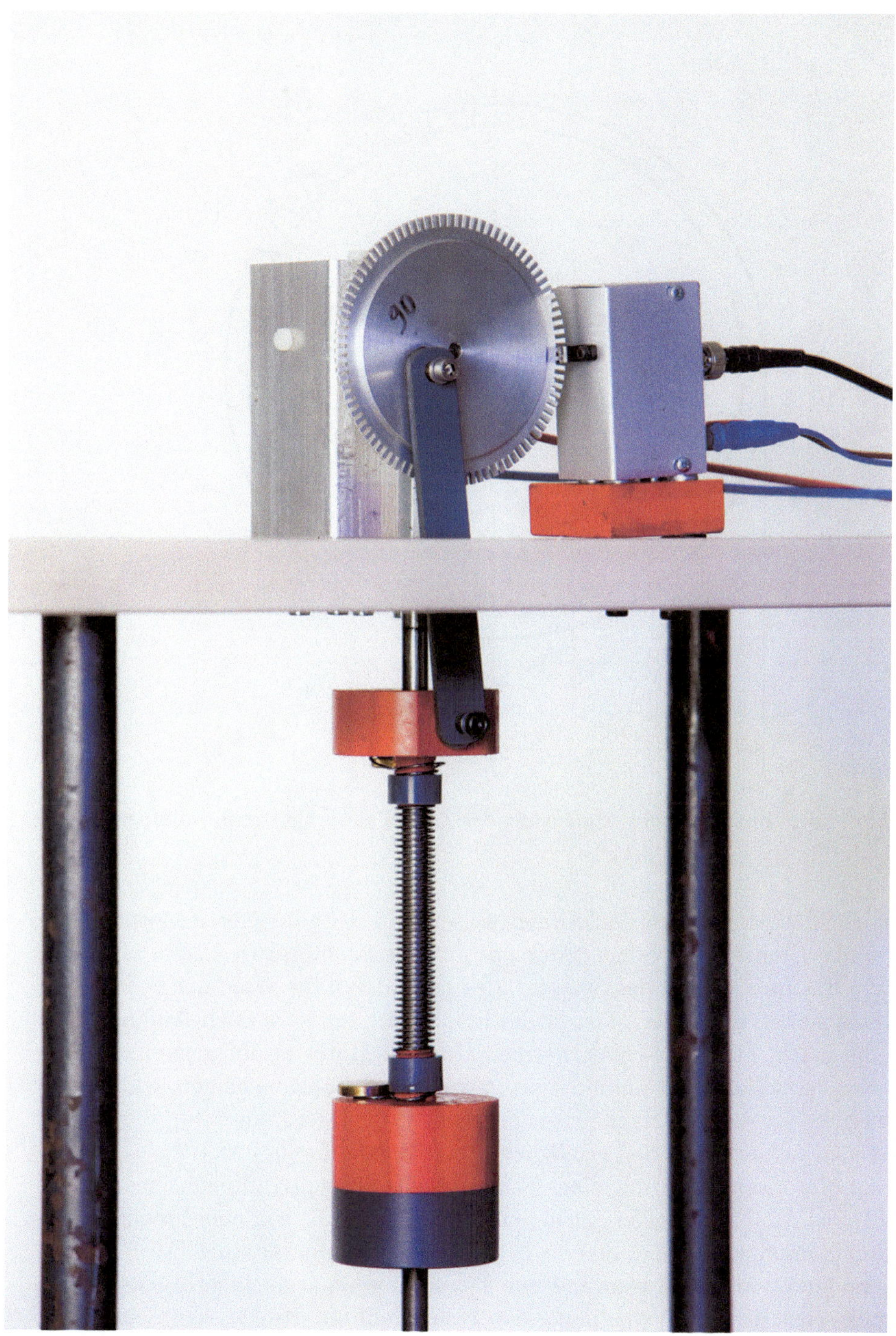

Abb. 17.5: Schwungrad, Lichtbrücke und Pleuel, vergleiche mit Abb. 17.6 und 17.7

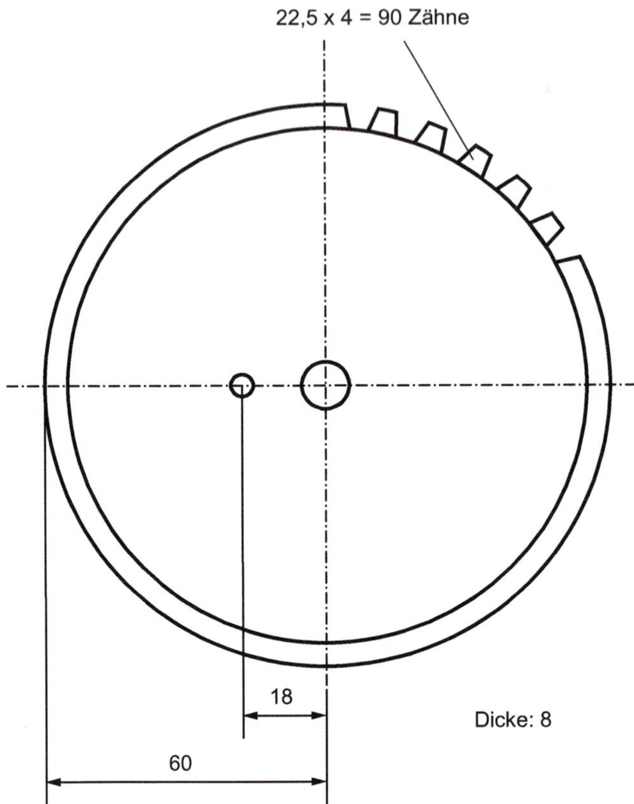

Abb. 17.6: Schwungrad mit Andeutung der Zähne; alle Angaben in Millimetern

Drehmoment ist, desto besser, allerdings weisen viele der günstigeren Motoren eine sehr geringe Drehzahl bei hohem Moment auf; die benötigte Drehzahl wird aber durch die Eigenfrequenzen des Systems, das heißt durch die Wahl der Federn und ihrer Steifigkeiten sowie der Massen bestimmt. Hier muss, je nach Aufbau, nach einem optimalen Motor geschaut werden. Um den Motor zu integrieren, wird in ein Vierkantmaterial aus Aluminium eine zylindrische Bohrung eingebracht, die an den Durchmesser des Motorgehäuses angepasst wird. Zwei Fixierschrauben (oben und an einer Seite des Blocks) ermöglichen eine Justierung des Motors.

An die Motorwelle wird mit einer Schraube das Schwungrad befestigt, das wir ebenfalls aus Aluminium gefertigt haben, siehe Abb. 17.6. Um eine Frequenzmessung durchführen zu können, fügen wir auf einem Teilapparat einer Fräsmaschine eine Verzahnung in den Außenrand ein. Durch eine separate Lichtbrücke, die so eingestellt wird, dass die Verzahnung den Lichtstrahl unterbricht, kann ein Signal an einen Frequenzzähler übermittelt werden, siehe Abb. 17.5. Damit beheben wir das Problem, dass der Motor über seine elektrische *Spannung* gesteuert wird, wir

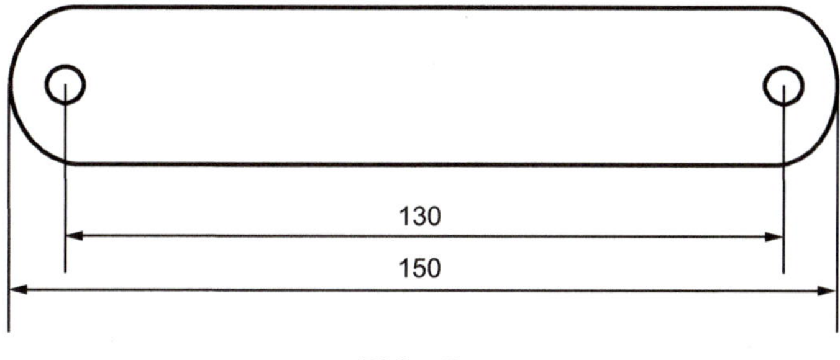

Abb. 17.7: Pleuel; alle Angaben in Millimetern

aber für die Rechnungen in unserem Projekt, wie in den letzten Abschnitten beschrieben, die Größe *Frequenz* benötigen.

Ein Pleuel aus PVC, siehe Abb. 17.7, wird über eine exzentrische Bohrung mit dem Schwungrad verbunden. Hier sollte darauf geachtet werden, dass die Bohrung im Schwungrad nicht zu exzentrisch gewählt wird; durch das Verhältnis von Exzentrizität der Bohrung zur Pleuellänge wird der maximale Winkel bestimmt, der mit größer werdenden Werten ein schlechteres Verhalten des Demonstrators bewirkt: Je größer die Exzentrizität wird, desto geringer wird die Gesamtkraft, die der Motor bei konstantem Drehmoment leisten kann. Zusätzlich wird die Reibkraft, die auf die Führungsstange übertragen wird, mit größerem Winkel ebenfalls größer. Dies bewirkt im Extremfall ein Verkanten des Systems. Zur Lösung muss vorsichtig ein vernünftiges Verhältnis gefunden werden, sollten andere Werte als die hier angegebene genommen werden (Pleuellänge 130 mm, Exzentrizität 18 mm). Weiterhin müssen wir die Führungsstange leicht ölen.

17.2 Durchführung

In unserem Demonstrator haben wir Federn mit einer freien Länge im ungespannten Zustand von ca. 100 mm verwendet. In unserem Beispiel betragen die Federsteifigkeiten 86,041 $^\mathrm{N}/\mathrm{m}$ für die obere Feder und 176,077 $^\mathrm{N}/\mathrm{m}$ für die untere Feder.

Die Federsteifigkeit c einer Feder können wir berechnen, wenn wir eine Masse mit bekanntem Gewicht m an die Feder hängen und die sich einstellende Längenänderung Δl messen:

$$c = \frac{m[\mathrm{kg}] \cdot 9{,}81[\mathrm{m/s^2}]}{\Delta l[\mathrm{m}]}$$

Hierbei ist es wichtig, alle Größen in den entsprechenden SI-Einheiten anzugeben, um korrekte Ergebnisse zu erhalten.

Die Eigenfrequenz des Ein-Massen-Systems ist damit

$$\omega = \sqrt{c_{\text{oben}}/m_{\text{oben}}} = \sqrt{86{,}0411/0{,}2955} = 17{,}064\,\text{rad/s}.$$

Da wir diese Frequenz mittels des Frequenzzählers einstellen wollen, müssen wir sie noch in Umdrehungen pro Zeit (mit der Einheit $^1/\text{s}$) umrechnen. Wir erhalten

$$\omega = \frac{17{,}0637}{2\pi} = 2{,}716\,^1/\text{s}.$$

In unser Schwungrad haben wir 90 Zähne eingefügt; somit erhält der Frequenzzähler 90 Signale pro Umdrehung. Wenn wir nun die Frequenz $\omega = 2{,}716\,^1/\text{s}$ einstellen wollen, muss der Frequenzzähler $\omega \cdot 90 = 244{,}42$ Signale pro Sekunde anzeigen. In diesem Fall ist das System in Resonanz, was durch die deutlich erhöhte Amplitude zu sehen ist. Wird die elektrische Spannung weiter erhöht, so erhöht sich auch die Frequenz des Motors. Es ist oft eine interessante Erfahrung zu beobachten, dass trotz erhöhter Frequenz die Amplitudengröße wieder abnimmt, je weiter die Erregerfrequenz des Motors sich von der Eigenfrequenz entfernt. Damit wird die Besonderheit des Resonanz-Phänomens aus einer anderen Perspektive deutlich: Nicht die Größe der Erregerfrequenz hat einen Einfluss auf eine zerstörerische Amplitude, sondern ausschließlich das Verhältnis η von Erregerfrequenz zu Eigenfrequenz. Der Resonanzfall tritt bei einem Verhältnis von $\eta = 1$ auf. Erhöht sich das Verhältnis wieder (die Eigenfrequenz ist durchfahren), so nimmt die Amplitude wieder ab. Wird die elektrische Spannung schnell genug auf einen Wert gesetzt, der mit einer Erregerfrequenz größer als die Eigenfrequenz einhergeht, so verhindert die Trägheit des Systems, dass sich Resonanz zeigt.

> **Hinweis für die Übungen**
>
> Mit dieser Beobachtung kann man beispielsweise den Anfahrprozess einer Kraftwerksturbine verdeutlichen: Liegt hier die Betriebsfrequenz über einer (oder mehreren) Eigenfrequenzen, so wird ebenfalls versucht, die Betriebsfrequenz in einer möglichst geringen Zeit anzufahren, um so den Resonanzfall zu vermeiden.

Nach diesen ersten Erfahrungen befassen wir uns in einem nächsten Schritt mit der Tilgung eben dieser Eigenfrequenz. Dazu berechnen wir die Tilgermasse $m_T = c_{\text{unten}}/\omega^2 = 0{,}60472\,\text{kg} = 604{,}72\,\text{g}$. Die einzelnen Gewichtsscheiben zu $200\,\text{g}$ sind variabel kombinierbar. Somit können unterschiedliche Zustände getestet werden. Für das System mit einem unteren Gesamtgewicht von $600\,\text{g}$ (Befestigungsgewicht plus zwei Gewichte zu je $200\,\text{g}$) ergeben sich die Eigenfrequenzen (in Anzahl der Signale des Frequenzmessers pro Sekunde) $\omega_1 = 1{,}386 \cdot 90\,^1/\text{s} = 124{,}75\,^1/\text{s}$ und $\omega_2 = 5{,}092 \cdot 90\,^1/\text{s} = 458{,}28\,^1/\text{s}$. Damit liegt die kleinere der Eigenfrequenzen des Zwei-Massen-Systems ω_1 unter der zu tilgenden Frequenz $\omega = 244{,}42\,^1/\text{s}$, während

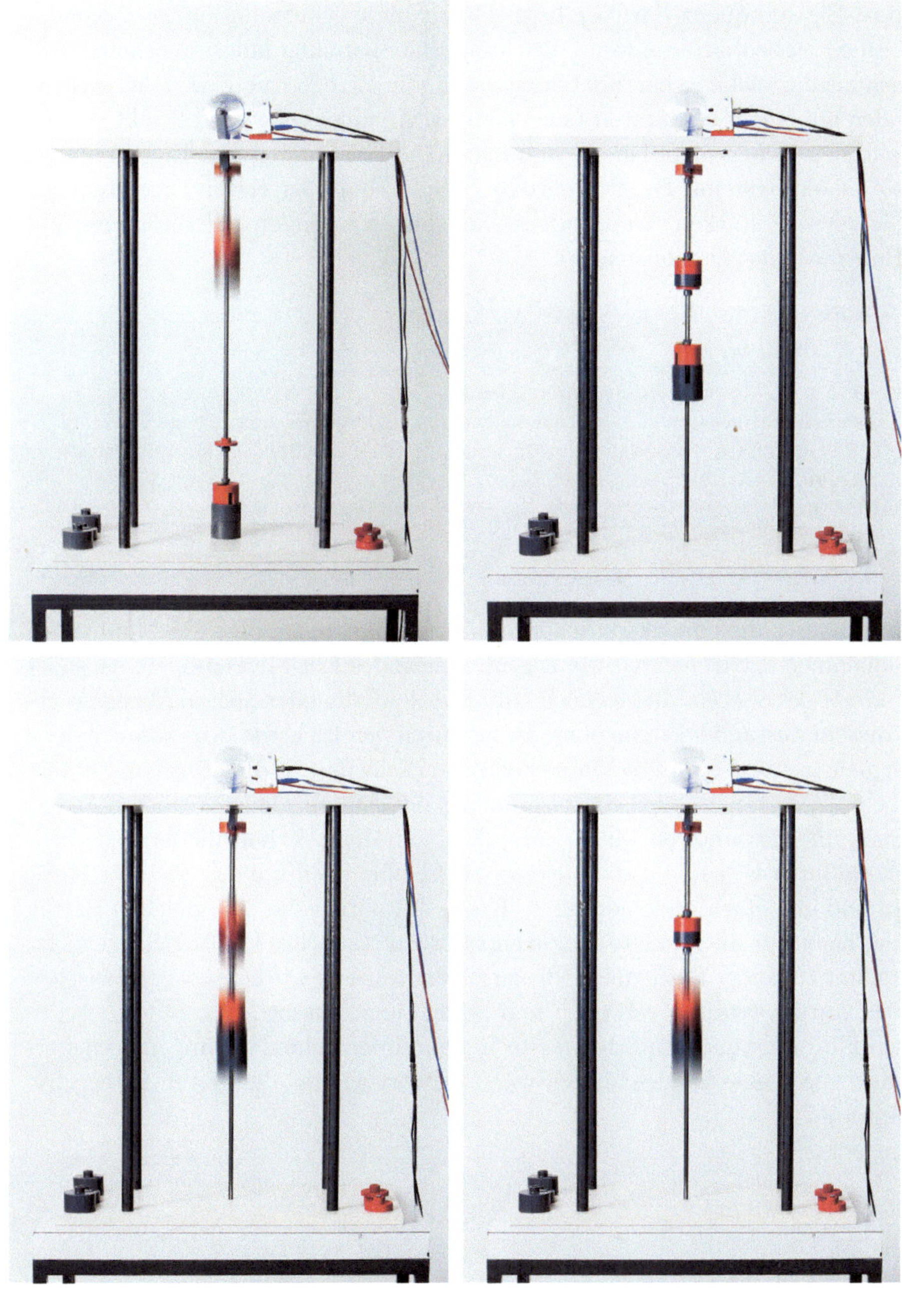

Abb. 17.8: Verschiedene Szenarien beim Demonstrator: Das Ein-Massen-System wird in Eigenfrequenz erregt (*oben links*), das Zwei-Massen-System in Ruhe (*oben rechts*), das Zwei-Massen-System wird in seiner oberen Eigenfrequenz erregt (*unten links*), bei Erregung in der Ein-Massen-Eigenfrequenz tilgt die untere Masse m_2 die Schwingung der oberen Masse m_1 (*unten rechts*)

die größere Eigenfrequenz darüber liegt. Durch diese Konstellation ist folgender schöner Effekt zu beobachten, wenn die elektrische Spannung langsam erhöht wird: Mit zunehmender elektrischer Spannung steigt die Erregerfrequenz, während die Amplituden auf einem moderaten Level bleiben. Ab einem gewissen Punkt steigen die Amplituden jedoch merklich an, und man nähert sich der ersten Eigenfrequenz des Zwei-Massen-Systems. Bei Erregerfrequenzen nah an der ersten Eigenfrequenz kommt es zu sehr starken Amplituden: Die Massen schlagen auf die obere und untere Holzplatte des Demonstrators.

Hinweis für die Übungen

Durch die Stöße kommen weitere Einflüsse hinzu, die beschrieben werden können, indem man in die Betrachtung zusätzlich den Impulssatzes mit einbezieht. Da ein Stoß ein plötzliches Ereignis ist, werden die resultierenden Gleichungen deutlich komplizierter. Es ist allerdings nicht notwendig, diese Betrachtung anzustellen, da auch mit dem vereinfachten mechanischen System, in dem wir keine Stöße berücksichtigen, der Zustand hinreichend genau beschrieben wird.

Ein weiteres Erhöhen der elektrischen Spannung führt dazu, dass die Amplituden wieder abnehmen. Erreichen wir die Eigenfrequenz des Ein-Massen-Systems, so ist die Amplitude der oberen Masse gleich null: Die Bewegung der oberen Masse ist getilgt. In diesem Zustand wird die obere Feder durch den Elektromotor komprimiert, während gleichzeitig die untere Masse nach oben schwingt und dadurch die untere Feder ebenfalls gestaucht wird. Das Verhältnis der Amplituden der oberen Federaufhängung und der unteren Masse entspricht nun dem Verhältnis der Federsteifigkeiten. Dadurch wirken auf die mittlere Masse eine nach unten gerichtete Kraft von oben und eine nach oben gerichtete Kraft von unten, die den gleichen Betrag haben, das heißt, für die mittlere Masse herrscht ein statisches Kräftegleichgewicht, und es kommt zu keiner Bewegung – die zu tilgende Masse wird sozusagen zwischen zwei gleich starken Kräften von oben und unten eingeklemmt.

Je nach Motorleistung kann die zweite Eigenfrequenz ebenfalls angefahren werden, wodurch sich eine vergleichbare Systemantwort wie bei der ersten Erregerfrequenz ergibt.

18 Exemplarischer Zeitplan

Woche 1

- Modellaufbau: Vorführung des normalen Betriebs (Erregung durch Auslenkung / Erregung durch E-Motor, aber nicht in Eigenfrequenz)

- Modell klären

- Hausaufgaben: Einfaches Feder-Masse-System lösen, angeregtes Feder-Masse-System lösen, Begrifflichkeiten klären (Aufgaben 15.1)

Woche 2

- Diskussion der Hausaufgaben

- Dabei vor allem: Was passiert bei $\Omega = \omega$ (also bei Erregung in Eigenfrequenz)?

- Diskussion des Modells und gemeinsame Vorbereitung: Dämpfungskraft berücksichtigen

- Hausaufgaben: Einfaches Feder-Masse-System mit Anregung und Dämpfung lösen, Analyse der Vergrößerungsfunktion (Aufgaben 15.2)

(Woche 3, kein Treffen)

Woche 4

- Diskussion der Hausaufgaben

- Dabei vor allem: Was passiert bei $\Omega = \omega$ (also Erregung in Eigenfrequenz)? Schaubild der Vergrößerungsfunktion diskutieren!

- Modellaufbau: Vorführung Resonanzkatastrophe (Erregung in Eigenfrequenz)

- Diskussion: Was passiert bei einer Resonanzkatastrophe? Wie könnte man das tilgen?

- Hausaufgaben: Zusammenfassung „Was bisher geschah" und Anleitung „Wie löst man lineares DGL-System?" (Aufgaben 15.3)

J. Härterich, A. Rooch, *Das Mathe-Praxis-Buch*, Springer-Lehrbuch,   221
DOI 10.1007/978-3-642-38306-9_18, © Springer-Verlag Berlin Heidelberg 2014

(Woche 5, kein Treffen)

Woche 6

- Diskussion der Hausaufgaben / gemeinsam wiederholen: Wie löst man ein lineares DGL-System?
- Gemeinsam DGL-System erarbeiten, das hier gelöst werden muss
- Modellaufbau: Messen der konkreten Werte
- Diskussion: Was passiert bei einer Resonanzkatastrophe? Wie könnte man das tilgen?
- Hausaufgaben: Lösen des Praxisproblems (Aufgaben 15.4)

(Woche 7, kein Treffen)

Woche 8

- Diskussion der Hausaufgaben
- Modellaufbau: Verifizieren der Lösung im Experiment
- Hinweis: das könnte dauern, vor allem das Sichern der richtigen Lösung

Woche 9

- ggf. Modellaufbau: Verifizieren der Lösung im Experiment, Fortsetzung
- ggf. Diskutieren der Probleme, die es beim Projekt gab
- Präsentationstraining

Woche 10

- Optionaler Zusatztermin

Woche 11

- Generalprobe/Prüfungen

Woche 12

- Abschlusspräsentation